本书受到国家重点研发计划“绿色宜居村镇技术创新”重点专项项目“村镇聚落空间重构数字化模拟及评价模型”（2018YFD1100300）支持

村镇聚落空间重构规律与设计优化研究丛书

# 乡村聚落发展监测、评价和集成

赵　亮　周文生　周政旭等　著

科 学 出 版 社

北　京

## 内 容 简 介

针对我国既有乡村聚落发展评价与监测方法依赖现场勘测、入户调查，既耗费人力物力，又存在时空尺度单一、精确度差等问题，本书旨在介绍从县域、乡镇、村庄等不同空间尺度，乡村聚落可持续发展监测的关键指标识别提取技术和乡村聚落发展评价的技术方法。填补监测空白、提高监测和评价的效率和精度、适应基层人力条件，创新形成一套管用、好用、实用的监测和评价方法。

本书可为城乡规划、人文地理、区域治理等研究领域的科研人员，硕士博士研究生，以及对乡村聚落发展监测、评价和集成感兴趣的读者提供理论、方法和实践参考，也可供相关专业的师生学习参考。

**审图号：GS 京(2024)2158 号**

---

**图书在版编目(CIP)数据**

乡村聚落发展监测、评价和集成 / 赵亮等著．—北京：科学出版社，2024. 11

(村镇聚落空间重构规律与设计优化研究丛书)

ISBN 978-7-03-074618-4

Ⅰ. ①乡…　Ⅱ. ①赵…　Ⅲ. ①乡村规划-研究-中国　Ⅳ. ①TU982. 29

中国版本图书馆 CIP 数据核字（2022）第 255433 号

---

责任编辑：李晓娟 / 责任校对：樊雅琼

责任印制：徐晓晨 / 封面设计：美　光

科 学 出 版 社 出版

北京东黄城根北街 16 号

邮政编码：100717

http://www. sciencep. com

北京建宏印刷有限公司印刷

科学出版社发行　各地新华书店经销

*

2024 年 11 月第　一　版　开本：787×1092　1/16

2024 年 11 月第一次印刷　印张：15

字数：350 000

**定价：188. 00 元**

（如有印装质量问题，我社负责调换）

# “村镇聚落空间重构规律与设计优化研究丛书”编委会

# 总　　序

村镇聚落是兼具生产、生活、生态、文化等多重功能，由空间、经济、社会及自然要素相互作用的复杂系统。村镇聚落及乡村与城市空间互促共生，共同构成人类活动的空间系统。在工业化、信息化和快速城镇化的背景下，我国乡村地区普遍面临资源环境约束、区域发展不平衡、人口流失、地域文化衰微等突出问题，迫切需要科学转型与重构。由于特有的地理环境、资源条件与发展特点，我国乡村地区的发展不能简单套用国外的经验和模式，这就需要我们深入研究村镇聚落发展衍化的规律与机制，探索适应我国村镇聚落空间重构特征的本土化理论和方法。

国家"十三五"重点研发计划"绿色宜居村镇技术创新"重点专项项目"村镇聚落空间重构数字化模拟及评价模型"，聚焦研究中国特色村镇聚落空间转型重构机制与路径方法，突破村镇聚落空间发展全过程数字模拟与全息展示技术，以科学指导乡村地区的经济社会发展和空间规划建设，为乡村地区的政策制定、规划建设管理提供理论指导与技术支持，从而服务于国家乡村振兴战略。在项目负责人重庆大学李和平教授的带领和组织下，由19家全国重点高校、科研院所与设计机构科研人员组成的研发团队，经过四年努力，基于村镇聚落发展"过去、现在、未来重构"的时间逻辑，遵循"历时性规律总结—共时性类型特征—实时性评价监测—现时性规划干预"的研究思路，针对我国村镇聚落数量多且区域差异大的特点，建构"国家—区域—县域—镇村"尺度的多层级样本系统，选择剧烈重构的典型地文区的典型县域村镇聚落作为研究样本，按照理论建构、样本分析、总结提炼、案例实证、理论修正、示范展示的技术路线，探索建构了我国村镇聚落空间重构的分析理论与技术方法，并将部分理论与技术成果结集出版，形成了这套"村镇聚落空间重构规律与设计优化研究丛书"。

本丛书分别从村镇聚落衍化规律、谱系识别、评价检测、重构优化等角度，提出了适用于我国村镇聚落动力转型重构的可持续发展实践指导方法与技术指引，对完善我国村镇发展的理论体系具有重要学术价值。同时，对促进乡村地区经济社会发展，助力国家的乡村振兴战略实施具有重要的专业指导意义，也有助于提高国土空间规划工作的效率和相关政策实施的精准性。

当前，我国乡村振兴正迈向全面发展的新阶段，未来乡村地区的空间、社会、经济发展与治理将逐渐向智能化、信息化方向发展，积极运用大数据、人工智能等新技术新方法，深入研究乡村人居环境建设规律，揭示我国不同地区、不同类型乡村人居环境发展的地域差异性及其深层影响因素，以分区、分类指导乡村地区的科学发展具有十分重要的意义。本丛书在这方面进行了卓有成效的探索，希望宜居村镇技术创新领域不断推出新的成果。

王建国

2022年11月

# 前　言

针对我国既有村镇聚落发展评价与监测方法耗费人力物力、时空尺度单一、精确度差等问题，为满足国家实时掌握村镇发展状况和动态变化的技术需求，满足地方政府对于乡村地区发展监测的治理需求，由清华大学、东南大学、中国科学院城市环境研究所、北京市农林科学院智能装备技术研究中心、智慧足迹数据科技有限公司五家单位共同开展《村镇聚落发展评价模型与变化监测》课题研究，课题从属于重庆大学牵头组织开展的国家重点研发计划“绿色宜居村镇技术创新”重点专项项目“村镇聚落空间重构数字化模拟及评价模型”。

经过2019年至2022年共四年的研究工作，课题主要完成了三部分成果：第一，在村镇聚落发展变化智能化监测技术方面，课题从县域和村庄两个尺度，物质空间、经济社会和生态环境三个维度，探索开发了乡村地区发展变化的监测技术，通过监测技术实验和应用，为村镇聚落发展评价和决策提供新的数据；第二，在村镇聚落高质量发展评价体系方面，围绕我国乡村振兴中高质量乡村发展的现实需求，以“三生”空间综合发展、土地利用效益、社会发展水平、生态环境质量、村庄公共空间使用水平、村落风貌形态6个高质量发展目标为导向，形成了覆盖县域和村庄两个尺度的评价模型；第三，课题研发了基于新型地理计算模式的乡村聚落变化监测集成平台，该平台涵盖村镇聚落物质空间、经济社会和资源生态环境可持续评价基础数据库，包括土地利用变化分析、生态环境质量评价等10个模块，并在天津市蓟州区、重庆市永川区、浙江省宁海县、陕西省杨凌区、广东省番禺区5个县区进行了验证。

本书以“村镇聚落发展评价模型与变化监测”课题为基础，重点介绍在县域、村镇生活圈等不同空间尺度运用高精遥感、手机信令、环境传感器等进行快速识别、自动提取和实时评价的新技术及其示范应用，成果可供县域乡镇国土空间总体规划的编制、实施和评估参考，服务于乡村地区治理的精准施策。

本书第一篇总论部分，由清华大学秦李虎、周雪婷、赵亮完成，重点阐述乡村聚落监测、评价的技术需求和工作框架。第二篇监测技术篇部分，第2章由清华大学周政旭、孟城玉、高鹏、宋雨薇、季家琦、贾子玉、刘孙相与完成，阐述基于倾斜摄影的乡村聚落建筑性质自动分类技术；第3章由清华大学熊鑫昌、支业繁、白楠、王露莹、黄子愚、黄蔚欣完成，阐述基于Wi-Fi定位和摄像头的乡村聚落人员行为监测技术；第4章由北京市农林科学院智能装备技术研究中心孙想、冯献、淮贺举完成，阐述基于多模态数据分析的乡村聚落人员需求感知与服务技术；第5章由中国科学院城市环境研究所李妍、窦弘毅、李方芳、刘玉琴完成，阐述基于“三感”的乡村地区生态环境监测技术。第三篇评价方法篇部分，第6章由清华大学秦李虎、周雪婷、赵亮完成，阐述乡村聚落综合发展质量评价方法；第 7 章由清华大学周政旭、李亚丽、秦李虎完成，阐述乡村聚落土地利用效益评价方法；第 8 章由东南大学史北祥、张晨阳、张钟虎，北京市农林科学院智能装备技术研究中心孙想、冯献，智慧足迹数据科技有限公司冯永恒、杜巍、荣冲共同完成，阐述乡村聚落经济社会活动评价方法；第 9 章由中国科学院城市环境研究所余鸽、李妍、窦弘毅、张国钦完成，阐述乡村聚落生态环境质量评价方法。第四篇集成平台篇部分，由清华大学周文生和甘肃省自然规划研究院汪延彬、王娅妮完成，阐述基于新型地理计算语言的乡村聚落变化监测和评价集成平台。

本书在乡村聚落的监测、评价和系统集成方面开展了一系列技术探索，但要真正发展成为可推广可应用的成熟技术还需要坚持不懈的努力。我们诚挚地欢迎广大同仁批评指正，携手共进，持续推动国家乡村振兴事业的技术创新。

作　者

2024 年 8 月

# 目　　录

## 第三篇 评价方法篇

## 第四篇　集成平台篇

# 第一篇　总　　论

# 第1章　总体研究框架

## 1.1　研究背景

伴随着中国更深更快地融入全球经济体系，国内的工业化、城镇化和现代化得以稳步推进，乡村人口不断涌入城市地区，在寻求发展机会的同时，乡村地区社会内部也在发生着剧烈且持续的变化。一方面，乡村地区人口减少，部分地区中青年人口流失严重，老龄化日益加重，甚至出现较为严重的空心化现象。另一方面，部分乡村地区随着产业结构的调整，乡村制造业、乡村旅游取得了显著的发展，提高了农民的收入和村庄建设质量，随之而来，又带来了环境污染、生态质量下降的风险。此外，在距离城区、县城较近的乡村社区，城乡兼业、城乡双栖的现象普遍存在，城乡间融合的水平不断提高。

2018年中共中央、国务院提出《关于实施乡村振兴战略的意见》，明确了乡村振兴"三步走"的目标，并随后发布了《乡村振兴战略规划（2018—2022年）》，指出乡村振兴的五大宏观目标是"产业兴旺、生态宜居、乡风文明、治理有效、生活富裕"，并对乡村空间布局优化、乡村类型化发展等提出了较为明确的指导意见。

我国幅员辽阔，乡村地区发展的差异巨大，即便在同一县域内部，乡村聚落的自然本底条件、经济发展基础与潜力等也存在较大的差异，要求乡村振兴战略实现精准施策。要实现精准施策，就需要摸清乡村聚落的实际发展状况，定期评价发展成果，并有效地将乡村信息集成起来，这样可以高效、简便地支撑包括县域、村镇国土空间规划在内的各类规划决策和行动计划。为此，我们面临以下挑战。

第一，如何摸清乡村发展的实际状况。传统的乡村监测技术主要采用人工调研的方式，工作量庞大、费时长，且由于各地实际情况千差万别，较难形成统一的、标准的信息统计模式，因此也造成了以典型代表总体、以宏观表征整体的技术策略，这也导致在实施层面不得不抓大放小，在忽略乡村内部差异的条件下完成任务。因此，新的技术要具备更好的可操作性和便捷性，以乡村单元监测为核心，提高乡村摸底粒度、精度和准确度，让每个村庄都能在摸底过程中展示自身的特征特点。

第二，如何评价乡村发展的状况。通过构建指标体系评价乡村地区发展状况可以快速了解乡村地区在人口、土地、资产等的变化态势，另外也为乡村制定阶段性目标找到切实可行的抓手，为评估地方在乡村发展建设方面的绩效提供切实的证据基础。既有的评价体系受制于公开数据获得性不足、精度不足，面临数据搜集处理的周期长、数据质量不稳定、指标时间连续性不足、评价精度不足等问题，需要结合新的监测数据来源，面向乡村振兴的具体业务需求，构建评价指标体系，创新评价方法。

第三，如何简便有效地将各类监测和评价信息集成和使用起来。目前关于乡村发展状况的数据非常丰富，有统计数据、遥感数据、村庄治理的台账数据、问卷调查数据等，这些数据或以不同的形式储存在不同的部门，或通过智慧城市、智慧乡村等平台进行集成，服务政府决策。但传统的集成平台往往体量庞大、投资和运行费用高、使用技术门槛高、不易为部门和行业机构使用，特别是对于技术人员匮乏的乡村地区，更难以普遍使用，迫切需要一套符合乡村地区人力资源情况、简明易用的集成平台。

# 1.2 研究框架

针对我国既有乡村聚落发展评价与监测方法耗费人力物力、时空尺度单一、精确度不足等问题，为满足国家实时掌握村镇发展状况和动态变化的技术需求，满足地方政府对于乡村地区发展监测的治理需求，本书尝试从县域、乡镇、村庄等不同空间尺度，研发乡村聚落发展变化智能化监测的关键指标识别提取技术和乡村聚落综合发展质量评价的技术方法，希望在一定程度上能够填补监测空白、提高监测和评价的效率与精度、适应基层人力条件，形成一套管用、好用、实用的监测、评价和集成方法（图 1-1）。

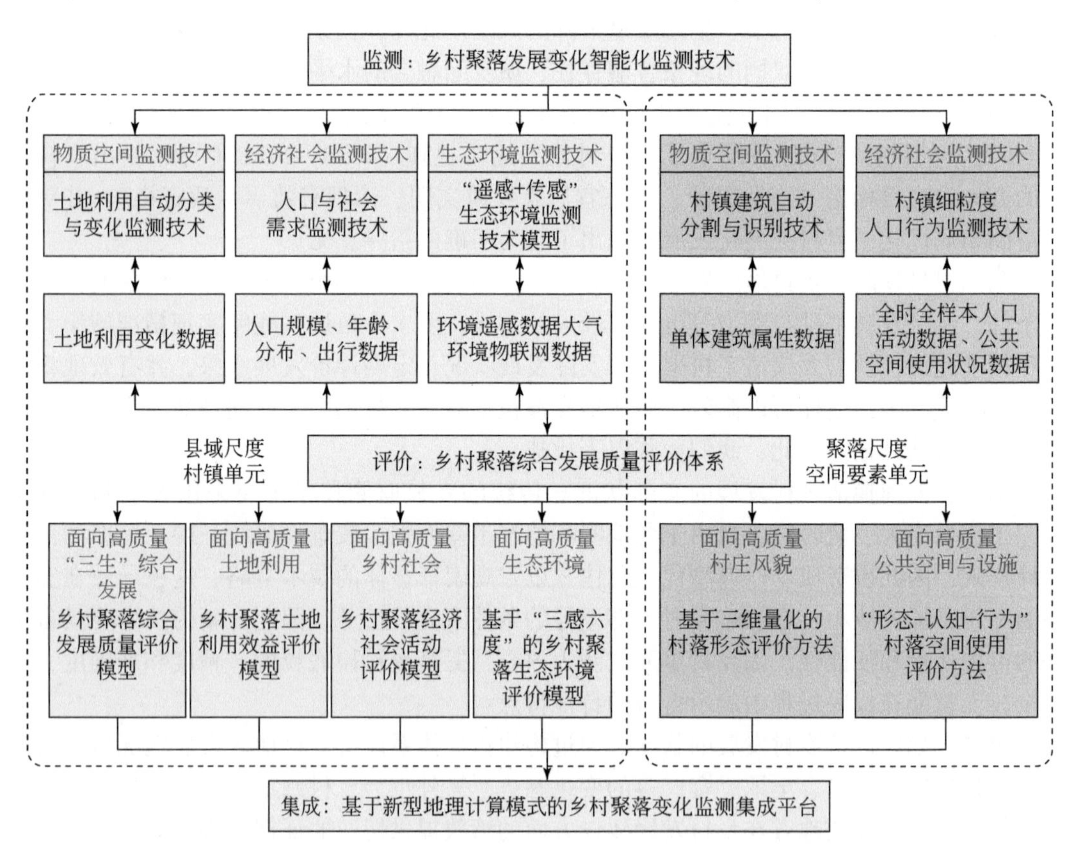


图 1-1　乡村聚落监测、评价和集成技术方法研究框架

# 1.3 监测技术

面对低密度、分散化、小尺度乡村地区在物质空间、经济社会和生态环境领域的快速监测问题，以及城市领域新技术在乡村地区的适用性问题，研究尝试从县域和村庄两个尺度，围绕物质空间、经济社会、生态环境三个核心议题，采用高精遥感、移动信令、Wi-Fi、摄像头、倾斜摄影、物联网传感等数据，综合运用机器学习等新技术，开发一套智能化的乡村聚落发展变化监测技术方法，以填补监测空白，提高监测精度，降低监测成本（图1-2）。

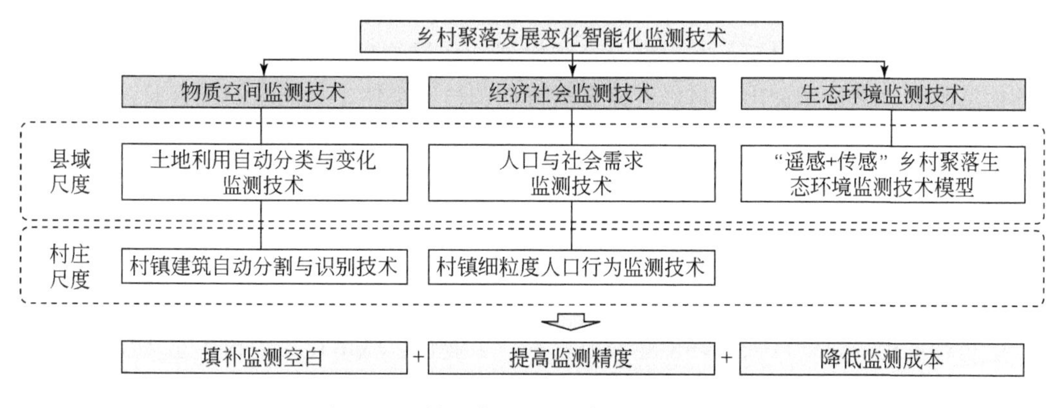


图1-2 乡村聚落发展变化智能化监测技术

## 1.3.1 县域尺度土地利用自动分类与变化监测技术

土地既是乡村发展的资源载体，也是重要的约束条件，土地利用是我国乡村国土空间规划的核心内容。

面向用地分类，课题组开发了随机森林的机器学习土地利用自动分类技术。该技术利用遥感影像数据，辅助谷歌高清影像（0.23m）、第二次全国土地调查（简称土地二调）数据等数据，建立训练样本库，开展样本质量评价，总体精度达到93.13%，Kappa系数达到0.9020，实现快速、批量、自动计算。该技术包括用地分类和变化监测两个部分。

面向用地变化监测，本书开发了基于Python的土地利用转移矩阵计算工具，以1990～2015年的五年一期共六期县域土地利用遥感监测解译数据（30m分辨率栅格数据），实现不同时期土地利用转移矩阵的批量自动计算。该技术可提高土地利用变化监测的工作效率，为科研工作者在欠缺土地详查数据的情况下利用公开的遥感数据开展研究工作，快速揭示乡村地区土地利用变化状况。

## 1.3.2 县域尺度人口与社会需求监测技术

乡村地区人口发展变化、乡村居民社会需求信息的实时获取、分析和反馈服务，对于促进乡村地区产业发展、提升公共服务水平、提高治理效率具有重要意义。

面向乡村地区对人口规模、分布、出行特征的监测，本书针对移动基站密度较低、覆盖水平不高的乡村地区，在既有的有效手机用户识别、基础扩样算法、互联网数据扩样三项技术的基础上，研发了基于跨网话单数据的机器学习扩样技术，对人口驻留、人口移动等 13 项重点指标进行监测。实际业务应用表明，该技术对区县级人口监测的准确率达到了 80% 以上。

面对乡村地区人口在生活、生产方面的多样化监测需求，本书开发了村镇社会需求服务快速采集和分析系统，以村镇“需求-资源-服务”知识图谱为基础建立生产生活知识资源语义关联，通过用户精准画像自动获取文化体育、行政服务、医疗卫生、养老幼托、商业服务、生产服务、交通物流等 7 类社会需求信息，面向村镇居民、管理人员、产业从业人员提供基于数据的村镇公共设施、经济发展、乡村治理、居民服务、生态环境5 个方面的信息服务。该技术突出对村民群体客观特征和村民个体主观需求的融合监测，以“物联网+智能化+数据化”手段提升监测效率，形成需求动态感知、需求信息分析、需求精准服务的闭环。

### 1.3.3　县域尺度“遥感+传感”生态环境监测技术

生态环境是乡村地区人居环境建设的根本，工业化、城市化给乡村生态环境保护带来了巨大挑战，部分工业化村庄、旅游村的生态环境质量迅速下降。开展乡村振兴战略中“生态宜居”相关建设行动，其基本前提是构建合理有效的乡村聚落生态环境监测体系。

围绕乡村地区的本底特征，本书研发了“村镇生态环境指数”（villages and towns ecological index，VTEI）监测模型。该模型在保留原有生态学意义的前提下，对《生态环境状况评价技术规范》的指标体系进行简化，以土地利用为核心，选取了人类干扰、植被覆盖、水网密度、生境质量 4 个指标进行监测，表征乡村地区生态本底的变化。围绕乡村地区的气候特征，研发了“遥感生态指数”（remote sensing ecological index，RSEI）监测模型。该模型采用 Landsat 7 ETM+遥感影像和 Landsat 8 OLI 遥感影像，以多光谱影像得到的绿度、湿度、热度、干度来表征生态质量变化。

针对乡村环境质量监测设备点位稀疏、覆盖面不广，监测手段也主要以手工监测为主而自动监测能力不足的问题，本书研发了软硬件一体化的乡村聚落空气环境质量物联网监测技术。该技术包括物联网监测设备、监测平台和典型空气污染物浓度分布模拟模型三个部分。课题组定制采购了综合监测多种环境参数的物联网传感监测设备，选取乡村聚落生态环境关键参数作为监测对象，温度、湿度、风速和风向等气象参数作为辅助观测数据，利用物联网卡将实时监测数据上传到本书开发的环境物联网监测平台。本书构建了典型空气污染物浓度分布模拟模型，采用基于最小二乘法的线性多元回归分析，建立了监测点所在地区的 $NO_2$ 年均浓度与各地理因素的拟合模型，从而获得研究区域内的 $NO_2$ 浓度表面模拟结果。该技术将遥感和传感结合，能够快捷、准确地分析县域内乡村聚落生态环境质量的时空特征，为开展县域内乡村聚落生态环境质量评价提供了数据基础与技术储备。

### 1.3.4 村庄尺度村镇建筑自动分割与识别技术

农村住房是乡村居民生活和福祉的核心，在我国建筑总量中占据重要份额。在村庄规划设计、村庄风貌保护、传统村落保护以及相应的建设工作中，往往采取手工作业的方式进行现场调查，在地形图的基础上进行人工建模，需要大量的现场测绘、标记、影像记录工作，这不仅要耗费大量的人力和时间，受每个调查者主观因素的影响，对农房建筑特征的描述也具有不稳定性。

为提高对村庄建筑监测的效率以及保持稳定性，本书引入深度学习方法，构建了从图像采集、建筑物三维自动分割、建筑物特征自动分类，到图纸输出的标准化工作流程。本书研发了村庄建筑自动分割与识别技术整合 GIS 平台，将建筑信息提取、识别和监测三个模块通过 ArcGIS 工具箱调用。该技术方法具有高效、易用、准确的优势。在天津蓟州区 4 个村庄的实验表明，如需覆盖全区 949 个村庄，采用该技术的 10 人调研团队仅需 24 天即可完成全部信息采集工作，相比传统人工采集可减少 90% 的时间，可大大提高农村住房调查的效率。在模型选择时考虑到在广大农村应用的可行性，该技术的分类和出图都易于操作，且高度自动化，尽可能降低了对硬件的要求，也降低了软件操作的复杂性。同时，该技术具有对感性认知指标分类的潜力，这有助于减少今后农村建筑调研工作中由人为认知差别造成结果不稳定的情况。

### 1.3.5 村庄尺度村镇细粒度人口行为监测技术

在村庄规划中，乡村人口的日常活动行为特征对于村庄公共空间、公共设施的布局规划具有重要的意义，传统做法是通过现场访谈、空间和设施使用状况调研等方式进行，既费时费力，又无法全时全样本地把握村庄人口行为的全貌。本书探索了在我国农村条件下利用 Wi-Fi 数据与视频数据进行居民行为监测的技术方法。

基于 Wi-Fi 定位数据的村庄人口行为监测技术。Wi-Fi 即无线通信技术，以手机为代表的通过 Wi-Fi 联网的移动设备，在打开 Wi-Fi 开关时即会搜索附近的接入点（access point，AP）；即使并不连接对应的 Wi-Fi 网络，移动设备也会与该 AP 产生一次“握手”，告知对方自己的媒体存取控制地址（media access control address，MAC 地址）。实际使用场景中，AP 将持续记录握手信息，从而记录下移动设备的出现、离开，并通过多个 AP 组成的网络实现跨 AP 的捕捉，追踪某一用户不同时刻的位置。基于 Wi-Fi 的定位方法仅需铺设较为廉价的路由器充当 AP，即可被动收集移动手机的签到数据，获取覆盖全时段、规模庞大的人员行为轨迹数据；此外，该方法不会对被观测的行人行为产生干预，数据可以真实反映村镇居民的生活习惯，非常适用于乡村聚落人员的行为监测。然而乡村地区由于供电条件的局限，Wi-Fi 设备的布设点位数量受到限制，使得监测覆盖范围不够理想，同时，时空定位数据的采集密度与数据量巨大，一个 AP 点位在一天之内可以采集到 200000 条以上的数据，数十个 AP 组成的网络，在几个月时间内形成的数据规模将更加庞大，直接处理分析十分困难。本书开发了无效数据清洗、轨迹数据压缩、数据标签标记模型，建立了包括流量整体监测、人群到达-离开行为模式、节点流量波动聚类分析、居民在线时间质心分析、节点间转移行为分析的行为特征分析模型。选择对人员监测需求较大的旅游型村庄——江西安义古村落进行实验，实验结果表明，该技术能够对自动、大量获取的结构化定位数据进行有效的压缩处理，对全村整体人口流动情况、村庄重要节点的使用情况进行全天候、细粒度分析。

基于视频图像数据的村庄人口行为监测技术。与 Wi-Fi 定位数据不同，视频数据在记录行人出现日期、时间等签到信息之外，还可精准地记录行人的平面坐标，补足了Wi-Fi数据空间精度不足（仅能到 AP 粒度）的缺陷。我国乡村地区的视频数据为监测人员行为特征和村庄重要节点的使用情况提供了新的可能。本书优化研发了“目标检测+行人重识别”“行人活动范围蒙版+不连续轨迹行人 ID 去重”“轨迹投影交换+轨迹数据压缩”的人员行为轨迹监测模型，以监测得到的人员轨迹数据为基础，优化开发了人流量、人员聚集、行人速度、轨迹形态等分析模型。该技术在算法模型优化方面，引入动态卷积模型实现行人图像中的部位对齐，增强行人重识别模型的鲁棒性和泛化能力，提高重识别的准确率。在数据结构优化方面，对于 TB 规模的视频数据，引入层次聚类的方法，将行人轨迹片段数据由线性结构整合为树形结构，解决了遍历方法完成行人轨迹追踪和重识别的大规模计算量和硬件算力受限的问题，提高搜索匹配的效率，从而缩短运算时间。

# 1.4 评价方法

乡村聚落的发展评价是把握村庄发展状态、诊断村庄发展短板、服务村庄布局规划和乡村振兴精准施策的重要任务。目前国内外政府部门、学术界既有的评价指标体系和评价模型，受制于数据条件和应用场景，往往尺度大、精度不足、评价周期长、评价指标繁多、数据获取难度大、缺乏居民参与。

面向乡村地区可持续发展和乡村振兴战略任务，本书建立了面向乡村地区高质量发展的乡村聚落发展评价体系，该评价体系包括“县域尺度-村镇单元”和“聚落尺度-空间要素单元”两部分。在县域尺度，以村镇为单元，面向高质量“三生”综合发展、高质量土地利用、高质量乡村社会、高质量生态环境 4 个目标，建立乡村聚落综合发展质量评价模型、乡村聚落土地利用效益评价模型、乡村聚落经济社会活动评价模型、基于“三感六度”的乡村聚落生态环境评价模型。在村庄尺度，以公共空间和建筑单位为单元，面向高质量公共空间与设施和高质量村庄风貌两个目标，建立了“形态-认知-行为”村落空间使用评价方法和基于三维量化的村落形态评价方法（图 1-3）。

## 1.4.1 高质量“三生”综合发展：乡村聚落综合发展质量评价通用模型

为了缩小评价尺度、实现县域间通用的问题，以面向高质量“三生”综合发展为导向，本书构建了乡村聚落发展综合评价基础模型。模型评价指标体系的构建遵循以下原

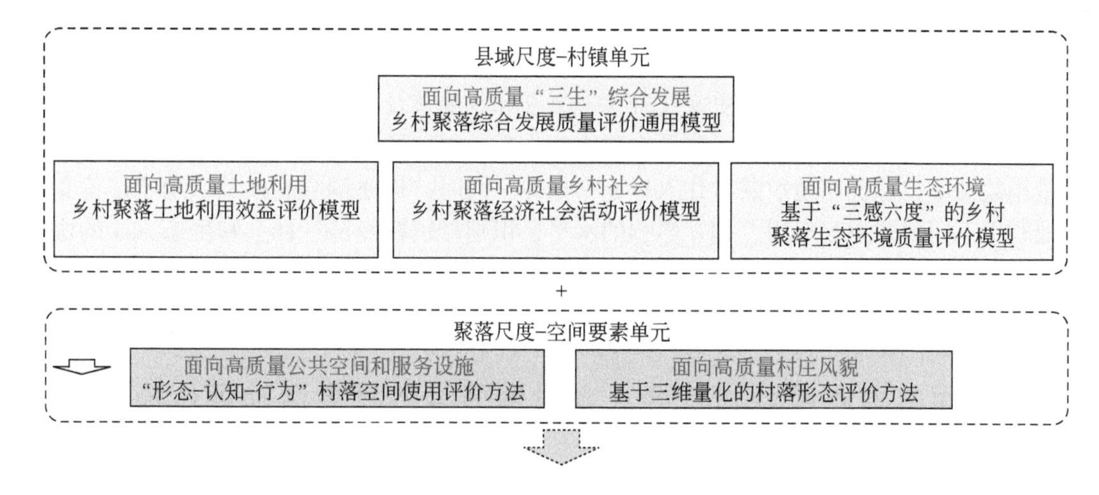


图 1-3　乡村聚落综合发展质量评价体系

则：①代表性原则，指标选取能够反映村镇聚落在生产、生活、生态三方面的基本状况；②快速性原则，村庄尺度数据应能够快速获得（充分利用大数据、遥感监测等新的监测技术）；③通用性原则，能够反映县域内村庄间的差异，且能够反映全国不同地文区的村镇聚落发展状况，在指标上可跨县比较；④指标权重的科学性原则，通过 AHP 方法科学确定指标权重。模型最终选择生活、生产、生态 3 个一级指标、9 个二级指标和 21 项三级指标，对 5 个示范区县进行评价测试。

同时，课题建立了基于特征指标的村镇聚落分类方法。以天津蓟州区为例，对 21 个指标进行 z-score 标准化后，进行 PCA 因子分析，采用 K-means 方法进行聚类，识别出城郊功能型、传统农业型、生态农业型、旅游发展型、社会留守型、边缘衰退型六类村庄。该分类方法是对乡村实际情况的发展特征进行分类，可称之为特征导向，是对村庄当下发展状态的结构化认知和描述，也可称之为面向精准施策的村庄画像方法，与乡村振兴战略中提出的政策导向的村庄分类（集聚提升类村庄、城郊融合类村庄、特色保护类村庄和搬迁撤并类村庄）互为补充，可反映同样政策导向村庄的内在差异，为近期发展建设提供政策参考。

## 1.4.2　面向高质量土地利用：乡村聚落土地利用效益评价模型

土地利用一直是城乡规划关注的核心问题，其中村镇土地利用效益是影响乡村规划和发展的重要原因。当前关于土地利用效益的研究主要集中在省、市、县等较大区域和尺度下，村镇层面的定量研究较少。本书以高质量土地利用为目标，遵循科学性、系统性、综合性、可比性和可操作性等原则，同时结合村镇土地利用特征，从经济、社会和生态三个维度选取 18 个评价因子，构建乡村聚落土地利用效益评价指标体系，反映村镇土地利用的可持续发展水平。经济效益主要表征村镇经济发展过程中土地或人力等资源投入与产出效率，包括农民人均可支配收入、单位用地农业产值、单位用地工业产值、单位用地旅游业产值、单位用地社会就业人数和人均耕地面积6个指标。社会效益主要表征村镇基础服务设施水平，包括村庄常住率、人均道路用地面积、自来水普及率、宽带网络入户普及率、公共服务设施丰富度、历史文化资源丰富度和水厕普及率7个指标。生态效益主要表征村镇自然生态环境质量水平，包括水网密度指数、植被覆盖指数、人类干扰指数、生境质量指数及单位建设用地承载常住人口5个指标。同时，构建耦合度模型，用于评价乡村土地利用不同效益相互作用、相互影响的水平，识别村镇在经济、社会和生态方面的协调水平，特别识别如经济发展与生态环境失衡等不协调的村镇，为乡村振兴精准施策提供参考。

### 1.4.3 面向高质量乡村社会：乡村聚落经济社会活动评价模型

城市经济社会活动的评价方法在乡村地区并不适用，乡村地区的评价缺少成体系的方法和工具。本书以构建高质量乡村社会为目标，围绕优化村镇人口结构、促进村镇经济发展、提升村镇生活水平、缩小城乡差距，制定符合现阶段村镇发展状况的评价体系。

基于手机信令数据、统计年鉴数据、线上线下问卷数据、空间矢量数据、功能业态数据等5种主要的数据类型，在县域整体尺度和典型镇域尺度两种研究尺度下，本书从人群活动、经济社会、公共服务三个方面，筛选出职住平衡水平、人口吸引力和人口保有率；产业发展水平、人口就业水平与居民收入水平；公共服务设施布局合理性、使用强度和使用满意度，共计9个关键评价指标，形成乡村聚落经济社会活动综合评价模型。这个评价模型在分属不同地文区的天津市蓟州区、重庆市永川区、浙江省宁波市宁海县、陕西省咸阳市杨陵区、广东省广州市番禺区5个县区，进行县域乡村聚落经济社会活动综合评价的实证研究。并选取蓟州区上仓镇代表较不发达的农业镇，永川区板桥镇代表山地型产业强镇，宁海县岔路镇代表现代化生态型中心镇，杨陵区大寨镇代表乡村治理和现代农业示范乡镇，番禺区沙湾街道代表大都市近郊的经济文化发达的城镇，总共5个典型镇域进行镇域尺度的实证研究。该方法构建的经济社会活动监测体系，可以快速找到发展中存在的不平衡之处和相对落后之处，优化村镇发展结构，实现惠及所有村镇居民的高质量发展。

### 1.4.4 面向高质量生态环境：基于“三感六度”的乡村聚落生态环境质量评价模型

我国村镇生态环境质量评价大多套用城市、省域等较大尺度的评价模式，缺少针对村镇尺度的评价方法与体系。随着科技水平的进步，传统生态环境评价手段的弊端也逐渐显现。本书以“景感生态学”为指导，以创造高质量生态环境为目标，强调人类感知与生态系统的关系，建立基于“三感六度”的“天-地-人”一体化评价模型，将遥感、传感和人感三种手段融合在一个生态环境质量评价体系里，实现三种手段的时空互补和属性互补。

根据指标的可获得性和可用性，传感生态指数基于布设在5个示范区县的环境物联网数据，结合国家开源环境数据，选取空气质量达标率作为评价因子；遥感生态指数以利用高精和多光谱遥感获得的 RSEI 指数进行表征；人感生态指数以村镇问卷调查中对村周边生态环境质量相关部分进行计算。

模型以目标层、要素层、指标层、因子层为框架，构建了一种融合多感知手段的乡村聚落生态环境质量评价体系。模型在天津蓟州区的测试应用，表明可在县域、乡镇和村庄尺度实现快速、全面、科学的生态环境质量评价，能够为当地村镇相关部门的生态规划和建设提供科学依据。

### 1.4.5 面向高质量公共空间和服务设施："形态–认知–行为"村落空间使用评价方法

该方法将村庄空间使用分为形态层、认知层、行为层三个层级，分别对村落本身的空间路网结构与物理环境特征、不同人群对于村落中关键的场所和元素的认知意象，以及村落当中不同人群在不同时间、不同地点的行为分布模式进行整合研究，建立空间活力预测模型和空间营造效果评估模型，创新村落空间使用评价的技术方法。

形态层包括村落建筑遗产价值、空间特质及路网结构，并使用空间句法对关键的聚集与交通模式进行揭示；在认知层中参考城市意象的研究范式，分别以深度访谈和问卷调研的形式对不同来源的多个个体进行研究，获得村落群中最具代表性和最具人群聚集力的场所，并将这些场所在村民与非村民中的差异进行区分，得到完整的"村落认知意象"；在行为层中使用 Wi-Fi 定位设备对村落中最具代表性的一些关键点位进行监测，对相应范围内人群的时空分布情况进行监测，得到游客和本地人的不同行为模式以及他们在不同时间段不同点位的分布特征。

该方法建立的空间活力预测模型和空间营造效果评估模型在江西安义古村落进行了实验验证，结果表明，预测模型与观察数据的拟合程度达到 85% 以上，同时也发现一些公共空间的形态认知度与行为认知度之间存在偏差，人群的聚集与意向公共空间分布之间存在一定偏差，表明规划设计仍存在优化的空间。该方法在新数据时代通过多源数据分析村落环境与人的关系，为村庄公共空间布局、村庄公共设施建设等提供了有效工具。

### 1.4.6 面向高质量村庄风貌：基于三维量化的村落形态评价方法

伴随着新村建设、乡村旅游等的大发展，乡村地区面临聚落形态破坏、风貌丧失、生态失衡、文脉断裂等众多问题。除了传统的设计方法以外，规划师与设计师需要在结合地域特色的基础上定量地、更加科学地认识聚落空间形态的特征，解析聚落形态的不同类型与发展规律，为规划实践提供更加高效的指导。

本书在乡村聚落二维平面量化方法基础之上，创新探索了基于三维量化的村落形态评价方法，并在三维地形更丰富、传统形态保护压力更巨大的山地传统聚落进行实验验证。实验结果表明：①该方法通过现场调研、卫星影像分析、人工标绘与无人机倾斜摄影和三维建筑分割手段，建立的二维与三维相结合的工作流程和路径，对于复杂地形、复杂建筑群体的聚落形态评价是有效的；②评价模型建立的三级（平面空间描述因子、竖向空间描述因子、建筑三维混乱度描述因子）9 项指标体系，特别是其中的地表起伏度、粗糙度、建筑高程混乱度、建筑角度混乱度等三维指标，对于立体描述乡村聚落形态是有效的；③基于上述指标体系进行的因子聚类，对于分类识别村落形态是有效的。

该方法对于乡村聚落形态的定量化描述使得以往感性认知有了量化数据的支撑，聚类形成的不同类型、风貌、文化传统的乡村聚落的形态基因，为村庄风貌塑造、传统村落保护更新提供了量化引导。同时该方法提供了对于大样本山地聚落的民族属性自动分类的指标依据，通过三维形态指标的量化，可以快速实现对于山地聚落民族文化属性的聚类分析与识别，成果为研究民族聚落的科研工作者提供了重要的参考。

## 1.5 集成方法

乡村聚落监测与评价的集成平台可为实现乡村振兴精准施策、开展全国范围内的县域国土空间总体规划和乡村详细规划提供重要支撑。随着大数据、智能时代的到来，空间数据的可获取度越来越高，复杂空间分析逐步由研究领域向工程应用领域扩展，为此，人们对 GIS 应用的便捷性和分析成果的可验证性提出了更高的要求。长期以来，由于目前的编程技术具有较高的技术门槛，普通无编程能力的业务人员只能通过工具箱模式构建地理分析模型，解决地理空间问题。这种作业模式不但低效，且分析结果很难进行验证。

### 1.5.1 新型地理计算模式研发

清华大学周文生团队在提出了“文档即系统”（document as a system，DAS）这一新型地理计算模式，其核心思想是在 MS Word 或金山 WPS 文档处理环境下由业务人员利用地理计算语言（GeoComputation langage，G 语言）对地理计算过程进行规范化描述，形成计算机可以理解的智能文档，之后由智能文档驱动后台系统完成地理计算。

G 语言是一种业务人员易于理解和掌握、计算机可识别并执行的一套地理计算的指令集，与具体的编程语言无关，与具体的 GIS 平台无关，这就意味着业务人员即使不懂编程、不熟悉 GIS 软件（如 ESRI 的 ArcGIS，超图的 SuperMap）的操作，也可利用 G 语言进行地理分析模型的构建。

与传统 GIS 应用模式相比，DAS 的技术创新主要体现在以下三个方面。

第一，为复杂地理计算提供便利的计算环境和描述语言。DAS 模式采用人们熟悉的 MS Word 或金山 WPS 作为地理分析构建和分析的环境，极大方便了地理计算的实施。而 G 语言采用独特的关键词技术和表格化编程技术，降低了地理分析模型或分析系统构建的技术门槛，对 GIS 技术的广泛应用具有重要作用。

第二，为系统化、规范化地进行空间分析提供可行的计算范式。DAS 技术通过人们易于理解的 G 语言详细记录了每一个地理计算处理步骤所使用的方法、参数和中间结果，为回溯和检查地理计算成果提供了可靠的技术保证，同时也为杜绝研究成果造假提供了可行的解决方案。

第三，首次实现了地理处理知识的完整表达。在传统 GIS 应用模式中，地理计算过程与地理分析模型、计算成果是分离的，这给后续地理计算模型的复用和计算成果的验证造成了极大的困难。DAS 模式首次将三者在 MS Word 或金山 WPS 中进行了整合，形成了完整的知识表达体系，从而可以实现地理分析知识的高效传播和复用。

### 1.5.2 乡村聚落变化监测集成平台总体架构

乡村聚落变化监测集成平台采用 C/S 三层结构体系，主要包括数据库层、地理分析模型层和应用层。

数据库层：该层整合了所有的数据资源，并分 6 个主题进行管理，分别形成基础地理数据库、土地利用数据库、环境质量数据库、物质空间数据库、人口流动数据库和社会经济数据库。这些数据库包括了矢量数据、栅格数据、遥感数据、表格数据，以及网络时空数据等内容。

地理分析模型层：该层为平台的核心内容，用于提供面向不同主题的地理分析模型，根据本书研究内容和应用需求，目前该层主要包括土地利用变化分析模型、生态环境质量评价模型、人口迁徙分析模型、公共服务设施匹配度评价模型、公共服务可达性评价模型、“三生”综合发展质量评价模型、乡村聚落类型识别模型、土地利用效益评价模型、基于社会调查的村镇发展水平评价模型以及 CA 模拟模型等 10 个模型。

应用层：该层面向最终业务用户，支持基层村镇规划与管理的分析业务，目前该层提供土地利用监测、环境质量监测、人口迁徙监测、社会经济监测以及 CA 模拟预测等多个业务子系统。

平台利用天津市蓟州区、重庆市永川区、浙江省宁波市宁海县、陕西省咸阳市杨陵区、广东省广州市番禺区 5 个县区的数据进行了技术验证。根据数据完备程度和地域特点，设置不同的监测和评价模型。

## 1.3.2 农村聚落安全监测数据平台总体架构

[illegible]

[illegible]

[illegible]

[illegible]

[illegible]

[illegible]

# 第二篇　监测技术篇

# 第2章 基于倾斜摄影的乡村聚落建筑性质自动分类技术

## 2.1 研发背景

根据世界银行的统计数据，截至2020年，全球仍有近34亿人口居住在乡村地区。农村住房问题，如恶劣的住房条件、地方性住房短缺和地理上的交通不便，是与农村居民福祉相关的核心问题之一，因此有必要考虑农村景观和建筑实践的变化如何影响农村居民的福祉（Gawrys and Carswell，2020；Gkartzios et al.，2020；Lyu et al.，2020）。截至2019年，在中国农村共居住5.5亿人，农村住房总建筑面积269.7亿 $m^2$（方晓丹，2020）。鉴于农村住房分布广泛、类型多样，评估其建筑特征的影响成为了一项非常困难的任务，特别是评估其中可能存在的任何可能影响居民身体、心理或社会健康的问题。

目前，作为村庄和建筑物调查评估过程的一部分，迫切需要获取农村建筑物的数量、面积、分布、风格和层数（高度）等信息，以便评估和分析建设管理过程，并改进未来的农村规划和建筑设计（Liu，2018；陆邵明，2021）。由于农村住宅建筑数量众多，住宅建筑特征评价面临时间和成本两方面的问题，难以满足动态、连续监测的需要。目前，建筑分析的标准方法包括人工现场摄影和遥感图像的视觉解译（曹勇，2020）。现场数据收集往往受到交通、气候和地形等因素的限制，这可能导致过高的劳动力和材料资源成本（谢嘉丽，2019）。后续的数据整理也是劳动密集型的，因为识别和分类数据信息所需的遥感数据的收集和视觉解译效率低下，即使这样也往往无法识别建筑立面的显著细节（Jin and Davis，2005）。这两种方法的主要限制是缺乏客观的过程：即使经过完备、昂贵的培训，不同测量员之间使用的指标也常常不一致且不可靠。这些不一致和高成本使得大规模研究变得困难（Yin and Wang，2016）。

近年来，随着数字技术的发展，数据集的规模越来越大，传统的数据处理已经不能有效地处理它（Dong and Wang，2016；Kamath et al.，2018）。深度学习最近在图像、视频和音频方面取得了突破，并被证明是有效和强大的（LeCun et al.，2015；Wang et al.，2020）。在农村，创建一条新的建筑特征数据采集、识别和模型建立的技术路径具有广阔的应用前景。

现有的深度学习应用场景主要集中于对建筑整体平面分布的识别和提取，以及从能耗、材料、结构、质量等方面对建筑进行分类（Himeur et al.，2021；Höhle 2021；Hu et al.，2021；Huang et al.，2019；Lu et al.，2014；Tian et al.，2020；Yan et al.，2019；Yuan et al.，2020；Zhong et al.，2019）。虽然已经有关于通过街景识别建筑特征的研究（Gonzalez et al.，2020；Rueda-Plata et al.，2021），但是街景的获取成本很高，特别是在农

村地区。因此，有必要建立一种适合农村地区的建筑特征自动分类方法。

为了弥补深度学习技术在建筑属性方面的研究空白，本书设计了一套从图像采集预处理到建筑属性分类识别和成果出图的方法。该方法通过倾斜摄影获得原始数据源，大大降低了人工野外工作的成本。本书提出了构建建筑特征的 7 个具有操作性的描述指标，并通过拆分数据训练结果比较不同机器学习神经网络模型对不同指标的预测准确度选出最优模型架构。最后，本书通过实际应用场景的模拟结果和最终出图，验证了 Resnet50 卷积神经网络模型用于农村建筑特征分类的可行性。本书提供了一个可以大大提高乡村建筑调查效率的方法。

# 2.2 技术进展

## 2.2.1 深度学习

近年来，随着芯片处理能力（如 GPU 单元）的显著提升、计算硬件成本的显著降低以及机器学习算法的显著进步（Porikli et al., 2018），计算机处理能力大大提高，使得深度学习在图像识别领域取得了飞速发展（Bengio，2009；Na et al., 2020；Sun et al., 2014）。卷积神经网络是一种流行的深度学习架构，应用于图像分类，在提取底层抽象特征方面具有良好的性能（Chen et al., 2016；Dong et al., 2014；Venetianer et al., 1995）。卷积神经网络通过卷积层、激活层和池化层完成特征提取和学习。在卷积层中，卷积核对输入图像进行卷积图像特征提取得到线性特征，然后加入激活函数对线性特征进行非线性映射，模仿人脑结构。最后通过池化层对提取结果进行下采样，减小输出数据的大小，保留更多的有效信息，完成特征提取。在卷积神经网络中，原始输入图像通过分层系统排列的连续层。随着图像在网络中的推进，分析的优化功能被用于对图像进行分类和对象识别（图 2-1）。在选择具体的卷积神经网络时，要考虑目标物体的图像特征，如农村建筑和城市建筑的差异，以及粗粒度建筑的情况（Li et al., 2015；Liu et al., 2018b；Xu et al., 2016）。

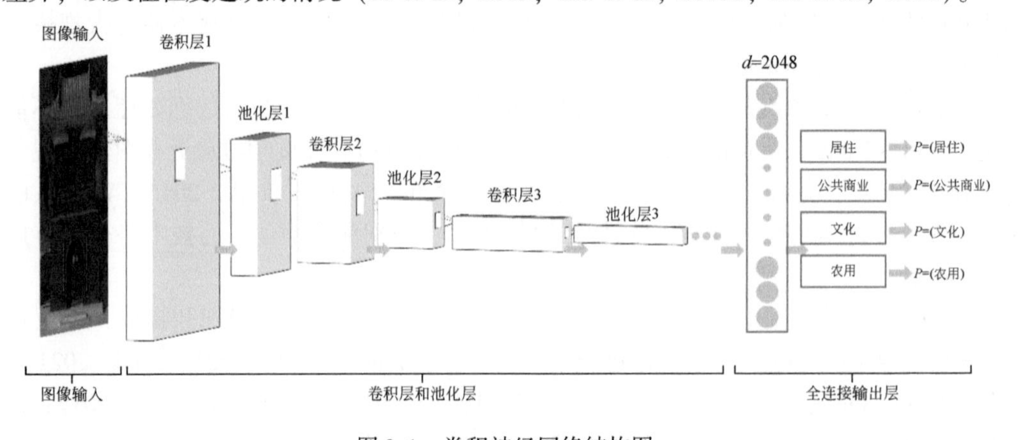


图 2-1　卷积神经网络结构图

### 2.2.2 深度学习在建成环境中的应用

在大数据时代，随着数据量的爆炸式增长，如何感知、获取和管理数据遇到了挑战。此外，如何分析和挖掘大数据的价值也是一项重大挑战（Liu et al.，2020）。大数据可以分为建筑环境数据和人类行为数据（Kong et al.，2020）。面对建筑环境中的各种问题，通过深度学习对建筑环境中的特征元素进行识别和分析成为一种重要的方法。更具体地说，深度学习的主要应用场景是遥感图像和街景图像分析。在过去的几年里，深度学习算法在遥感图像分析中的流行度大幅上升（Ma et al.，2019）。

深度学习在遥感图像分析中的应用包括图像融合、图像配准、场景分类、对象检测、土地利用和土地覆盖分类、分割和基于对象的图像分析（Ma et al.，2019）。遥感图像融合技术旨在获得同时具有高光谱和空间分辨率的图像。受基于深度学习的图像超分辨率所取得进展的启发，过去几年中提出了许多基于深度学习的遥感图像融合方法，与传统方法相比具有明显的优势。这在很大程度上是由于深度学习模型能够更好地表征输入图像和目标图像之间的复杂关系（Liu et al.，2018a）。例如，Yuan 等（2018）提出了一种多尺度和多深度的卷积神经网络架构，用于融合多光谱和全色图像。Dian 等（2018）通过结合深度卷积网络和基于模型的方法提出了低空间分辨率高光谱图像（LR-HSI）HS 和高空间分辨率多光谱图像（HR-MSI）图像融合方法。Zampieri 等（2018）设计了一系列特定尺度的神经网络，用于非刚性图像配准。Cheng 等（2018）对卷积神经网络派生的特征施加度量学习正则化项，以优化用于训练卷积神经网络模型的新判别目标函数，并将其成功应用于场景分类。Li 等（2017）提出了一种新的无监督深度学习方法，通过学习数据驱动的特征来使用高分辨率遥感图像检测城中村。Marcos 等（2018）提出了一种卷积神经网络架构来编码网络本身的旋转等方差，并将其应用于两个亚分米土地覆盖语义标记基准。Diakogiannis 等（2020）提出了 ResUNet-a 模型，它使用了一个 UNet 编码器/解码器主干，结合了残差连接、多孔卷积、金字塔场景解析池和多任务推理。其所提出的方法可以推断对象边界、分割掩码的距离变换、分割掩码和输入的重建。Guo 等（2018）提出了一种使用深度神经网络对高分辨率遥感图像进行像素级分类的三步方法，该方法在训练前采用训练增强，同时使用基于图的无监督分割方法和选择性搜索对象建议方法。

随着深度学习技术的发展，街景图像已迅速成为地理空间数据收集和城市分析的重要数据源。深度学习在街景图像分析中的应用主要包括街景峡谷环境特征提取、建筑材料和结构检测、建筑立面构件语义分割，以及探索主观感受（如安全）与街景环境的关系等。Gong 等（2018）开发了一种使用公开可用的谷歌街景准确估计香港高密度城市环境中街道峡谷的天空视野系数、树视野系数和建筑物视野系数的方法，并利用深度学习算法提取街道特征（天空、树木和建筑物）。此外，有关城市街道峡谷的研究，Hu 等（2020）提出了一种基于谷歌街景和深度学习的三级分类方法。Gonzalez 等（2020）探索了使用卷积神经网络根据街道图像自动检测建筑材料和抗侧向荷载系统类型的潜力。其在研究测试的五种网络架构中，ResNet50 表现出最好的性能。Dai 等（2021）提出了一种新颖的集成模型，用于建筑立面组件的语义分割，目的是对街景建筑立面图像数据集中的建筑改造要求进行分类。Kang 等（2018）提出了一个对单个建筑物的功能进行分类的通用框架。他们的方法基于卷积神经网络，除了使用通常只显示屋顶结构的遥感图像外，模型还从街景图像（如谷歌街景）中对立面结构进行分类。Zhang 等（2021）甚至使用深度学习方法基于安全感知对谷歌街景图像进行分类，并将其与实际报告的犯罪进行比较，表明了深度学习在建筑环境认知领域的实用性。

## 2.2.3 建筑数据采集

目前，对于建筑特征信息的采集与处理方式，大概可以分为三种形式：①基于田野调查的传统人工方式；②基于光谱影像数据（RSI）和雷达数据（激光雷达 LiDAR 和合成孔径雷达 SAR）的传统方式；③基于先进工具和算法的自动化处理方式。田野调查是初期最广泛使用的建筑信息采集方式。但是其容易受到气象、地形等不良环境因素制约，而且采集过程中对人力、物力的需求较高，制图周期长，容易漏测且补测成本高（谢嘉丽，2019）。光谱影像数据具有易获取、覆盖范围广的特点。但是其常常受到观测点变化、遮挡、背景杂波和阴影等因素的影响（Cheng and Han，2016）。雷达数据穿透性好，可以减少植被对建筑物的遮挡，但是其数据量较大，后期处理过程往往极其复杂（Huang et al.，2019）。

凭借着先进的工具和算法，可以获得建筑模拟数据来评估建筑性能，还可以提取大量当前的建筑数据（Fan et al.，2020）。占用率预测作为建筑能耗模拟的重要基础因素，已成为建筑性能模拟的一个热门话题（Jin et al.，2021）。Wang 等（2011）提出了一种基于齐次马尔可夫链的占用模拟新方法。Lu 等（2020）提出了两种方法，通过依赖社交媒体中的文本信息和 GPS 跟踪数据来提取输入到建筑能耗模拟的典型入住表。Kang 等（2021）使用移动定位数据对典型的每周入住情况进行基于聚类的统计分析。同时，室内环境质量数据的模拟和文本数据挖掘也引起了研究者的极大兴趣（Johnston et al.，2019；Na and Shen，2020；Zhan et al.，2020；Zhou et al.，2021）。

随着计算机技术的最新发展，尤其是深度学习技术在获取图像和自动提取建筑物的方法得到了更广泛的应用（Hu et al.，2021）。例如，Huang 等（2019）提出了一种基于改进的残差学习网络的端到端可训练门控残差细化网络，用于使用高分辨率航空图像和 LiDAR 数据提取图像。Zhang 等（2020a）提出了一种新颖的全局-局部调整密集超分辨率网络，用于单图像超分辨率，其可以分配更多的计算资源来保存细节丰富的信息。Yu 等（2021）通过与传统方法进行比较，证明使用深度学习方法可以更好地从航拍图像中提取建筑平面。Hu 等（2021）提出了一种名为 DABE-Net 的新型 U 形网络，用于从遥感图像中提取建筑物图像，其可以更准确地提取特征并捕获细节和网络通道特征。总体而言，深度学习技术的出现和应用极大地提高了建筑特征数据的提取和应用效率，并使得分类更加准确。

## 2.2.4 自动建筑分类

建筑物的分类在实际工作中具有重要的应用价值。由于其强大的自适应学习特性，深度学习已被广泛应用于自动建筑分类，主要集中在以下三个方面：①基于建筑物平面空间特征的识别与分类；②建筑特征要素的识别和分类；③通过提取建筑物的文字描述信息对建筑物质量进行分类。在基于建筑平面空间特征的识别和分类案例中，Yan 等（2019）通过引入图卷积神经网络架构分析了图结构的空间矢量数据。实验表明，图卷积神经网络在识别构建聚类规则和不规则模式方面取得了令人满意的结果。Fan 等（2021）提出了一种基于对象的图像分析分类方法，并使用 OpenStreetMap 开源数据辅助分类。他建立了一个优于之前的全卷积神经网络和 UNet 模型的 Res-UNet+inception 模型，对包括建筑物在内的城市地表进行分类，并验证了其泛化能力。Lu 等（2021）收集了 800 个农村建筑平面图并构建了一个数据库，提出了一种新颖的解析平面图框架，将语义神经网络与分割处理后的房间相结合，对建筑楼层房间属性进行自动分类。

自动建筑分类的第二个方面是建筑元素的识别和分类。目前，它广泛用于建筑结构、功能类型、材料、质量等建筑要素的分类。例如，Rueda-Plata 等（2021）探索了使用卷积神经网络识别建筑结构（如屋顶隔板的灵活性）和对一层无钢筋砖石建筑的街道图像进行分类的潜力。Kang 等（2018）通过使用建筑街景图像训练模型对建筑物的功能类型进行分类，并将其与单个建筑物相关联以形成数据集。Dai 等（2021）利用深度学习的语义分割技术和目标检测技术增强深度学习能力，从而进一步提高街景建筑立面图像的分割精度。Yuan 等（2020）研究了用于常见建筑材料的机器学习技术的分类方法。

另外，深度学习可以通过提取建筑物的文本描述信息对建筑物质量进行分类。Zhong 等（2019）讨论了基于新卷积神经网络的方法，该方法结合深度学习方法对建筑质量投诉中包含的短文本进行自动分类，所提出的方法能够捕获建筑质量投诉文本中的语义特征并将其自动分类为预定义的类别。Mangalathu 和 Burton（2019）使用长短期记忆深度学习方法根据文本描述对建筑物损坏进行分类。

综上所述，现有研究已经能够形成从建筑信息数据获取、特征识别到分类的一套方法。但是，目前研究多聚焦在城市研究领域，而对于与城市建设量差不多的乡村领域则研究不多。农村无街景数据。结合已有研究和实际数据的获得，农村建筑信息的数据来源主要依靠遥感影像、雷达数据、倾斜摄影和人工拍摄。对于实际工作来说，农村建筑的数据获取与模型建构非常不便。这些数据都具有人工处理低效、难以同时识别建筑物的功能风貌等属性的问题。因此，很有必要将深度学习的方法在农村建筑特征识别与分类领域进行尝试，这将有助于更好地利用现代计算机技术发展的红利。

## 2.3 技术方法

我们的目标是提供一种能够针对农村建筑监测的便捷省时的、易于操作的工作流程。工作流程的设计还考虑到农村建筑环境与城市中的不同和地区差异，本书作为方法验证所采用的样本数据均位于中国华北地区。

总体工作流程和主要程序如图 2-2 所示。它包含 5 个主要步骤：数据收集、数据预处理、模型选择、案例验证和图像输出。

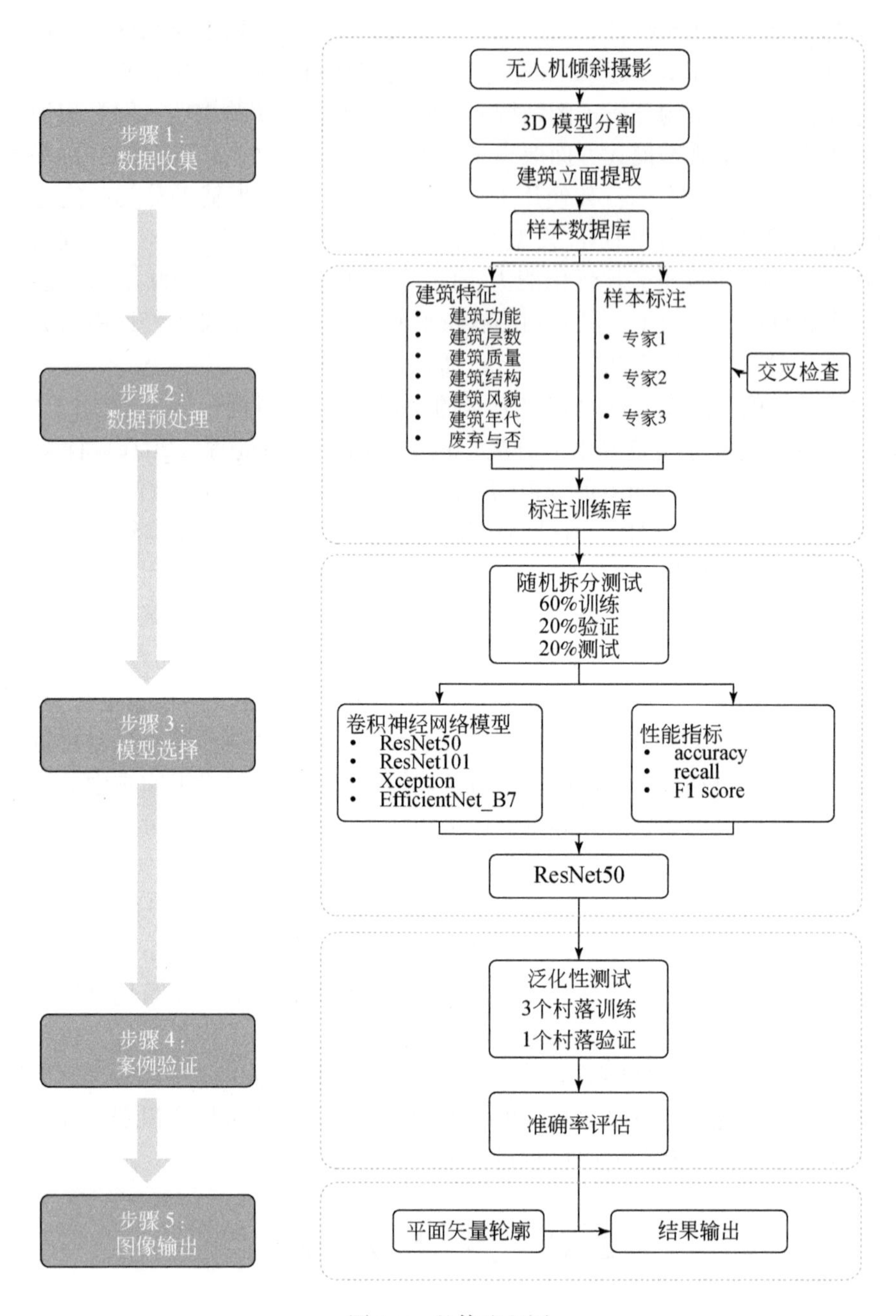


图 2-2　整体流程图

数据收集包括对无人机倾斜摄影图像的超分辨率处理、3D 建筑模型的分割和建筑立面的提取，得到样本数据库。在数据预处理步骤中，根据选取的 7 个建筑特征指标，由经过统一训练的专家对样本数据库进行离散标注，并经过交叉核对得到训练数据库，以消除人为错误。模型选择的目的是根据性能指标选择性能最佳的网络架构。具体来说，在模型选择过程中将训练数据库随机分为三部分：训练（60%）、验证（20%）和测试（20%）。

在案例验证过程中，以单个村庄为例，测试所选模型的泛化能力，以满足实际调查任务的需要。在图像输出步骤中，使用 ArcGIS 软件将模型分类结果自动输出到图纸中。此工作流程的每个单独阶段将在以下部分中进一步详细描述。

第一步：生成原始样本数据库；第二步：通过人工标注得到训练数据库；第三步：选择性能最好的模型；第四步：测试上一步选择的模型的泛化性，通过链接建筑物的矢量轮廓生成平面图。

### 2.3.1 数据收集

本书采用无人机倾斜摄影技术，获取了天津市蓟州区 4 个村（大巨各庄、小穿芳峪、西果园和桃花寺）2020 年的原始图像数据（表 2-1）。无人机采集具有灵活度高、效率高、劳动力成本低等优点（Watts et al.，2012）。航测面积 8.7km$^2$，分辨率精度小于 10cm。倾斜摄影相机的技术参数如表 2-2 所示。此外，在超分辨率过程中使用了基于卷积神经网络的方案（Zhang et al.，2020b），进行无人机倾斜摄影的超分辨率重建、3D 建筑模型的分割和建筑立面提取。经过上述操作，本书得到了 3258 栋建筑的样本数据库（图 2-3）。

**表 2-1　样本采集区位置信息**

| 项目 | 名称 | | | |
|---|---|---|---|---|
| | 大巨各庄 | 小穿芳峪 | 西果园 | 桃花寺 |
| 乡镇行政区划 | 穿芳峪镇 | 穿芳峪镇 | 渔阳镇 | 渔阳镇 |
| 市级行政区划 | 天津市蓟州区 | | | |

**表 2-2　数据采集设备说明**

| 技术指标 | 参数 |
|---|---|
| 品牌 | Hopong |
| 焦距 | 35mm |
| 内置摄像头数量 | 3pcs |
| 每个内置摄像头的像素 | 24.3M |
| 传感器尺寸 | 23.5mm×15.6mm |
| 像素尺寸 | 3.92μm |
| 曝光模式 | Fixed-time，Fixed-point |
| 内置摄像机的视场 | 43° |
| 倾斜相机的视场 | 136.5° |

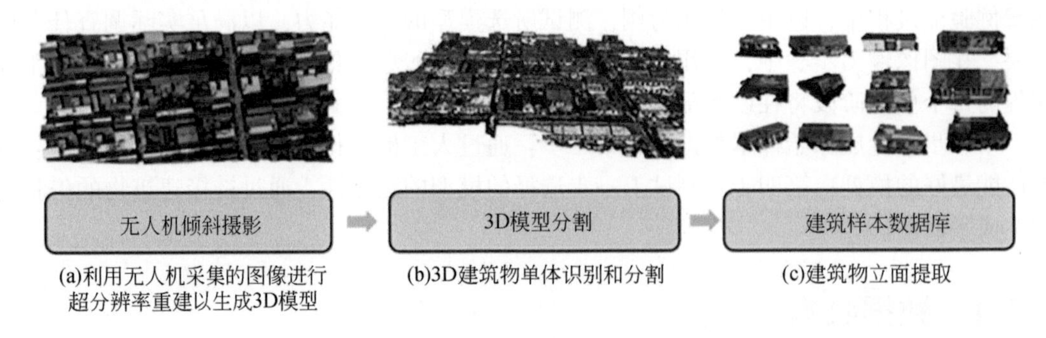


图 2-3　数据采集过程

## 2.3.2　数据预处理

建筑特征指标包括建筑功能、建筑层数、废弃与否、建筑年代、建筑风貌、建筑质量和建筑结构。根据指标值的描述，所有指标都有相应的离散变量的值。本书选取的指标说明如表 2-3 所示。

**表 2-3　建筑特征指标及说明**

| 指标 | 离散变量取值 | 取值说明 |
|---|---|---|
| 建筑功能 | 0 | 居住建筑 |
| | 1 | 公共商业建筑 |
| | 2 | 文化建筑 |
| | 3 | 农用建筑 |
| 建筑层数 | 1 | 一层建筑 |
| | 2 | 二层建筑 |
| | 3 | 三层建筑 |
| | 4 | 四层建筑 |
| 废弃与否 | 0 | 废弃 |
| | 1 | 未废弃 |
| 建筑年代 | 0 | 建造时间在 1949 年之前 |
| | 1 | 建造时间在 1949 ~ 1980 年 |
| | 2 | 建造时间在 1980 年之后 |
| 建筑风貌 | 0 | 与周边风貌协调度表现良好 |
| | 1 | 与周边风貌协调度表现一般 |
| | 2 | 与周边风貌协调度表现很差 |
| 建筑质量 | 0 | 良好 |
| | 1 | 一般 |
| | 2 | 差 |

续表

| 指标 | 离散变量取值 | 取值说明 |
|---|---|---|
| 建筑结构 | 0 | 木结构 |
| | 1 | 砖木结构 |
| | 2 | 砖混结构 |
| | 3 | 钢筋混凝土结构 |
| | 4 | 简易结构 |

在此步骤中，经过统一培训的专业人员根据表 2-3 用离散变量标记样本数据库。为了模型训练的可靠性，样本数据库中的每张图像由三位人员标记。标记完成后进行交叉检查。在标签结果不一致的情况下，进行校对讨论，直到达成一致的结果。最后，得到 3258 张标注图像的训练数据库。

在本书中，我们使用了一个学习率周期为 0. 00001 ~ 0. 0001 的 Adam 优化器。图像的输入大小为 256×256，所有模型均在 NVIDIA 3080GPU 上进行训练，batch size 为 32。所有代码都是在基于 Python 3. 7 的 PyTorch 1. 8 下开发的。

## 2. 3. 3 基于深度学习的自动分类模型

**（1）网络架构**

考虑到广大农村地区农村建设的特点和可操作性，本书选取以下 4 种卷积神经网络模型进行测试比较：ResNet50、ResNet101、Xception 和 EfficientNet_B7。图 2-4 显示了这 4 个模型的架构。这些模型在处理大规模图像识别和分类方面表现突出，在最近的图像分类比赛中都取得了不错的成绩。ResNet 解决了传统卷积神经网络中由于网络深度过大进而梯度消失而导致的退化问题。构建卷积层块之间的恒等映射解决了不断扩展网络深度时的信息丢失问题（He et al.，2016）。在本实验中，我们在 ResNet 网络下选择不同深度的 ResNet50 和 ResNet101 进行测试。Xception 的网络结构相对于 ResNet 的深化网络结构，在不增加计算成本的情况下，通过拓宽网络结构来扩展神经网络。Xception 将跨通道相关性与空间相关性完全分离，无需联合映射。EfficientNet 模型提出了一种新的基于神经网络搜索技术的模型缩放方法，以获得最优的参数集，有别于传统的任意缩放网络维度的方法。它具有有效的重组系数，可以从三个维度放大网络：网络深度、宽度和输入图像分辨率。通过迁移学习，EfficientNet 在许多知名数据集上达到了最先进的性能（Tan and Le，2019）。

**（2）数据增强**

在乡村尺度下，由于一层建筑过多、居住用房过多等原因造成样本存在不均匀性，使得我们采集到的数据往往是不平衡的。因此，本书对选取的卷积神经网络架构进行优化处理。

在损失函数设计上，我们采用了 focal loss 函数，其通过 focal loss 从样本难易分类角度出发，解决样本非平衡造成的模型性能问题（Lin et al.，2017），对简单样本有较大的惩罚

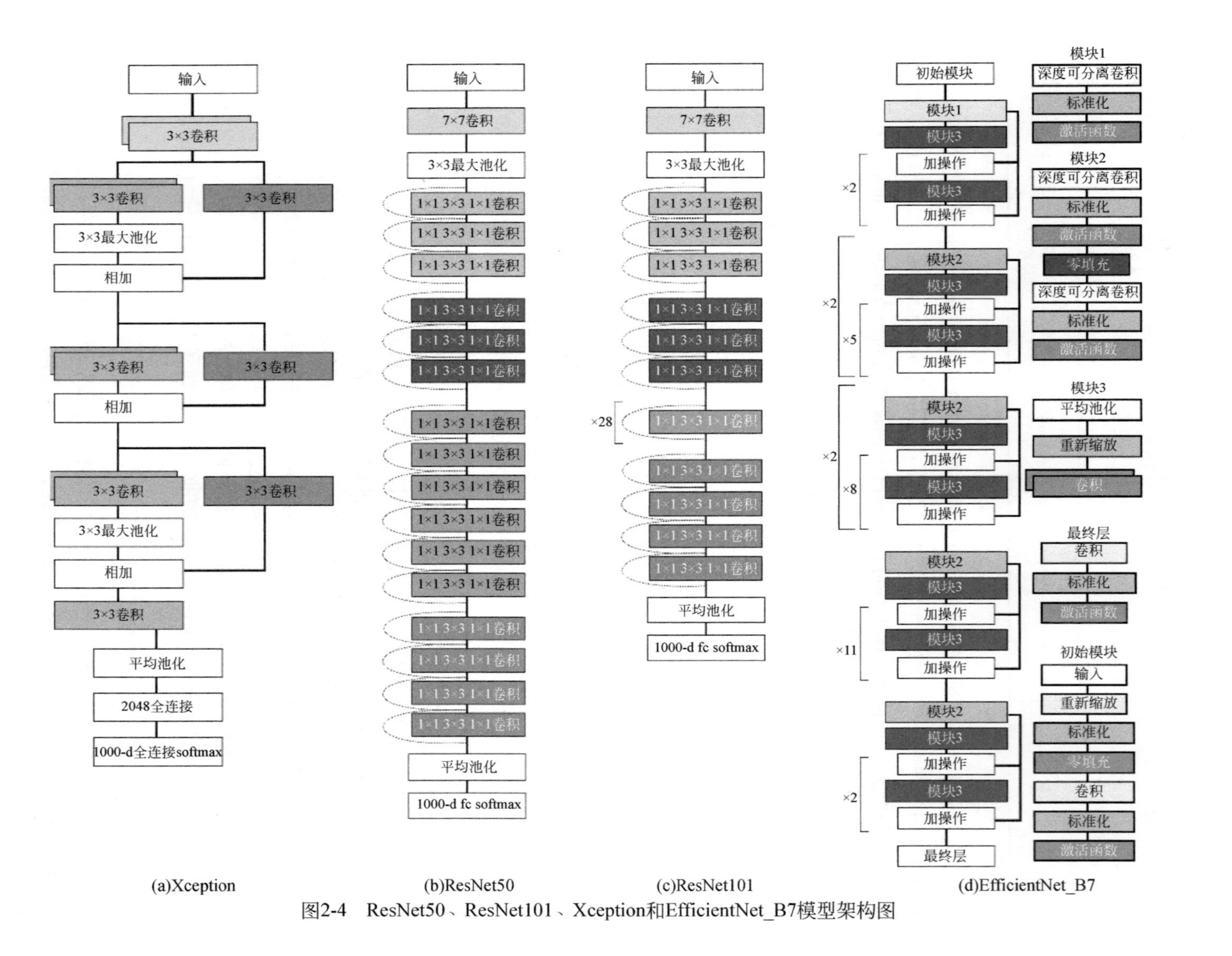


(a)Xception　(b)ResNet50　(c)ResNet101　(d)EfficientNet_B7

图2-4　ResNet50、ResNet101、Xception和EfficientNet_B7模型架构图

度，可以达到集中去优化难例和少例子样本的效果。

在数据组织上，采用欠采样的方法，通过聚类选取综述最多的一簇并随机丢掉该簇一部分数据，并且对于少样本数据我们在每个批次中采取抽取再放回的策略，保证在每个批次中数据的均衡性。

### 2.3.4 评价

在本节中，我们首先解释为评估模型而选择的性能指标。其次，我们使用特定的数据集拆分来训练和测试各种模型，以便选择性能最佳的模型。最后，使用特定样本来测试所选模型的泛化性。

**（1）性能指标**

在研究中，使用 3 个性能指标：准确率（accuracy）、召回率（recall）和 F1 分数（F1 score）。如果从训练好的卷积神经网络模型中预测出的建筑物特征与标注类型一致，则认为分类正确（Positive）；否则，它被认为是错误（Negative）的分类。从表 2-4 所示的混淆矩阵开始，准确率表示正确识别的建筑特征的百分比；召回率是对所有正样本的正确正预测的度量；精度测量所有正预测中正确正样本的百分比；通过考虑精度和召回率的影响，F1 分数被广泛用于衡量模型的整体性能。此外，虽然准确率是一种广泛使用的整体性能指标，但必须谨慎使用，尤其是在处理不平衡数据的情况下。这就是为什么卷积神经网络模型的性能应该用互补的指标来解释，如召回率和 F1 分数。最后，对它们进行平均以选择性能最佳的模型（Dai et al.，2021）。

$$\text{accuracy}=\frac{T_P+T_N}{T_P+T_N+F_P+F_N} \tag{2-1}$$

$$\text{recall}=\frac{T_P}{T_P+F_N} \tag{2-2}$$

$$\text{F1 score}=2\times\frac{\text{precision}\times\text{recall}}{\text{precision}+\text{recall}} \tag{2-3}$$

式中，$T_P$和 $T_N$表示正确分类的样本图像的数量，即模型识别的分类值与参考值（ground truth）相同；$F_P$和 $F_N$表示被错误分类的样本图像的数量，即分类值与参考值不同（Fan et al.，2021）。

**表 2-4　混淆矩阵**

| | | 真实值 | |
|---|---|---|---|
| | | Positive | Negative |
| 分类值 | Positive | $T_P$ | $F_P$ |
| | Negative | $F_N$ | $T_N$ |

注：参考值和分类值分别代表训练模型给出的真实值和分类值，正表示该值属于某个类别，反之亦反。

**(2) 模型优选**

为了确保报告模型的稳健性，本书采用了将数据集随机分成三部分的常见做法：训练(60%)、验证（20%）和测试（20%）(Gonzalez et al.，2020；Rueda-Plata et al.，2021)。拆分以分层方式进行，以便可以在所有拆分中保持类别的比例，每个数据分布具有从原始数据集随机生成的不同训练、验证和测试子集。

在测试中，将训练数据库中的样本分别输入到4个卷积神经网络模型中，并根据准确率、召回率和F1分数比较结果。然后，选择对输入数据进行最准确和最稳健分析的模型进行后续示例验证。

**(3) 泛化性测试**

根据实际农村建设调查工作的需要，选取数据集中的单个行政村样本（大巨各庄）作为测试对象，其他村样本作为训练。最后对所选模型的分类精度和可行性进行评价。

**(4) 图像输出**

使用ArcGIS 10.7软件，将建筑物的平面矢量轮廓与训练样本数据库中的建筑物序号对应起来。相应地，模型分类和人工标注的结果可以通过ArcGIS 10.7自动输出，得到村庄建筑特征的完整图纸。

## 2.4 结果与讨论

### 2.4.1 模型选择结果

表2-5展示了每个建筑特征指标下模型性能及其平均值。由于不同特征的含义不同，我们不以跨类结果的算术平均值作为选择最优模型的依据，而是选择7项指标中综合比例最好的模型。表2-5的结果表明，无论是准确率还是召回率，ResNet50在4个指标中表现最好，其F1 score在5个指标中表现最好。可以看出，就华北农村建筑的特点而言，ResNet50是性能最好的卷积神经网络模型，在所有3个性能指标中最优结果的比例最高。

此外，由表2-5可以看到，在建筑层数、建筑结构、建筑年代和废弃与否等建筑特征分类方面表现出色，每个模型的平均预测精度超过0.90。其中，建筑层数和建筑年代达到了0.95以上的、非常高的精度。推测这些特征在图像中更为明显。例如，通过识别窗户可以判断建筑物的层数，通过识别窗户的存在和碎片，可以判断建筑物是否已经废弃。但在建筑功能和建筑质量的分类结果中，平均准确率分别为0.857和0.821，低于0.9。推测出现上述结果的原因是这两个特征都没有在图像中显示出明显的潜在特征。建筑功能比较多样。虽然在某些情况下可以通过建筑风格来识别建筑状况，特别是在一些传统村落中，但很难设定一个明确的标准，这主要取决于测量人员在传统方法中的主观认知。然而，模型优选中建筑风貌的平均准确度得分为0.891。这表明卷积神经网络模型即使在主观认知领域仍然具有很高的应用潜力。

**表 2-5　模型优选结果**

| 项目 | 准确率 | | | | | | |
|---|---|---|---|---|---|---|---|
| | 建筑功能 | 建筑层数 | 建筑质量 | 建筑结构 | 建筑风貌 | 建筑年代 | 废弃与否 |
| ResNet50 | **0.875** | 0.969 | **0.857** | 0.924 | **0.912** | 0.958 | **0.943** |
| ResNet101 | 0.857 | **0.978** | 0.833 | 0.924 | 0.897 | **0.968** | 0.935 |
| Xception | 0.844 | 0.977 | 0.806 | 0.909 | 0.869 | 0.960 | 0.934 |
| EfficientNet_B7 | 0.852 | 0.972 | 0.787 | **0.931** | 0.887 | 0.949 | 0.937 |
| 平均 | 0.857 | 0.974 | 0.821 | 0.922 | 0.891 | 0.959 | 0.937 |
| 项目 | 召回率 | | | | | | |
| | 建筑功能 | 建筑层数 | 建筑质量 | 建筑结构 | 建筑风貌 | 建筑年代 | 废弃与否 |
| ResNet50 | 0.846 | **0.837** | 0.698 | **0.633** | **0.881** | **0.695** | 0.754 |
| ResNet101 | 0.721 | 0.787 | **0.705** | **0.633** | 0.848 | 0.682 | **0.783** |
| Xception | 0.533 | 0.703 | 0.676 | 0.587 | 0.831 | 0.519 | 0.708 |
| EfficientNet_B7 | **0.867** | 0.756 | 0.588 | 0.550 | 0.839 | 0.672 | 0.768 |
| 平均 | 0.742 | 0.771 | 0.666 | 0.601 | 0.850 | 0.642 | 0.753 |
| 项目 | F1 分数 | | | | | | |
| | 建筑功能 | 建筑层数 | 建筑质量 | 建筑结构 | 建筑风貌 | 建筑年代 | 废弃与否 |
| ResNet50 | 0.745 | **0.846** | **0.697** | **0.648** | **0.875** | 0.714 | **0.790** |
| ResNet101 | 0.759 | 0.810 | 0.669 | 0.648 | 0.854 | **0.736** | 0.788 |
| Xception | 0.553 | 0.750 | 0.611 | 0.573 | 0.835 | 0.526 | 0.746 |
| EfficientNet_B7 | **0.813** | 0.824 | 0.575 | 0.589 | 0.846 | 0.675 | 0.784 |
| 平均 | 0.717 | 0.808 | 0.638 | 0.615 | 0.852 | 0.663 | 0.777 |

注：表中加粗显示的为同特征指标下性能表现最好的。

## 2.4.2　泛化性测试结果

以大巨各庄为例的测试准确率结果如表 2-6 所示。在本节中只展示最直观、最实用的准确率结果。泛化性测试的结果中，与模型优选测试相比，建筑功能、建筑结构、建筑风格和建筑年代的准确性有所下降，而其他 3 个指标的准确性有所提高。每个特征的预测结果都达到了 0.8 以上，说明了 ResNet50 对于特定行政村的可迁移性和有效性。

另外，借助 ArcGIS 10.7 软件，本书建立了各个建筑单元与 ResNet50 分类结果的对应链接。模型分类结果和标注训练数据库最终以平面图的形式输出（表 2-6）。

表 2-6　泛化性测试中的 ResNet50 性能结果

| 项目 | 建筑功能 | 建筑层数 | 建筑质量 | 建筑结构 | 建筑风貌 | 建筑年代 | 废弃与否 |
|---|---|---|---|---|---|---|---|
| 准确率 | 0. 827 | 0. 995 | 0. 871 | 0. 891 | 0. 863 | 0. 880 | 0. 959 |
| 模型预测结果 |  |  |  |  |  |  |  |
| 人工标注结果 |  |  |  |  |  |  |  |
| 图例 | 0 1 2 3 | 1 2 3 | 0 1 2 | 0 1 2 4 | 0 1 2 | 1 2 | 0 1 |

### 2.4.3 构建农村建筑特征调查工作流程的价值

在大部分农村地区，农村人口持续收缩。农村地区的人民需求和以建筑为核心的人居环境之间的矛盾越来越大。因此，对农村建筑现状特征的识别分类评估具有重要意义。住房在家庭组成、流动性和资产积累方面的社会结构整体塑造中仍然占据中心地位，并且对人民和社区的福祉至关重要（Gkartzios et al.，2020）。农村住房仍在我国建筑总量中占据重要份额。目前对于农村地区建筑的分类识别研究不多，使用的方法也以传统为主，缺少对深度学习等新技术的引入。

本书提出的工作流程能够大大缩短农村住房调查所需时间，且易于操作。以天津蓟州区 941 个村庄为例，平均每个村庄建筑数量为 200 个。传统的田野调查方式中，根据经验，每个调查员每天平均能调查 80 个建筑。10 人组成的传统调研团队需要 235 天才能完成研究区内数据样本的采集工作。而由两个人组成的无人机影像采集团队每天平均能完成 8 个村庄数据收集。10 人组成的采用本书中方法的调研团队仅需 24 天即可完成全部信息采集工作。仅在数据采集方面就能减少 90% 的时间。在模型选择时考虑到在广大农村应用的可行性，我们尽可能降低了硬件要求以及软件操作复杂性。因此本工作流程从数据采集到分类和出图都易于操作且高度自动化。本书探索了卷积神经网络具有对感性认知指标分类的潜力，这有助于减少今后农村建筑调研工作中由人为认知差别造成结果不稳定的情况。本方法具有可迁移性，可以为广大农村区域的政策研究提供参考，尤其是存在大量农村建筑改造需求的地方。随着使用本方法形成的数据库的不断扩充，借助于离散化的数据格式和模型的迭代更新，它可以为多学科的研究提供支持。后期的数据处理采用本书的方法同样能大大减少工作时间。

本书的方法可以满足快速响应的需要，这在面对紧急情况时尤为重要。本书的方法可以快速得到对一个村子建筑整体情况的评估结果，也可以聚焦于单一属性的评价上。本方法有助于相关部门对区域内村庄的整体情况有宏观的了解，作为后续工作开展的依据。本方法不需要调研员对每一个建筑进行调研就可以获得全面的信息。因此在某些野外条件有限的地方具有极大的应用价值。

本书进一步地提供了对农村特定区域内建筑的持续性关注的方法。通过标准化的数据处理流程，不仅可以方便在不同地区的推广，也可以满足同一地区的数据迭代更新需求。对农村区域内的建筑不同时段的变化监测在实际工作中是十分必要的。通过工作流程中最后一步的图像输出步骤，可以将不同时段有变化的建筑特征直观地显示出来。这有助于决策者了解政策的实施情况，以便及时做出必要的调整。

### 2.4.4 局限性与进一步工作

本书目前仅对华北地区的天津蓟州区村庄进行了测试。后续会进一步扩充样本量，尤其是对于目前样本数量较少的特征进行有针对性的数据扩充是非常有必要的。研究采用的数据是 2020 年的，将来会对研究区进行数据更新，并对数据的自动更新和对比监测进行研究。通过构建算法自动识别建筑特征变化对建筑的监测将很有意义。

## 2.5 结　　论

本研究是一项探索性应用研究，将深度学习方法与农村建筑测绘的需求紧密结合。通过引入深度学习方法，构建了从图像采集处理到建筑物特征分类与制图的标准化工作流程，实现了这些特征的自动分类。以天津市蓟州区 4 个村庄为研究样本，通过建立训练数据库对选取的卷积神经网络模型进行测试。结果表明，ResNet50 的综合性能最好，在泛化性测试中，包括感知指标在内的所有建筑特征的准确率均高于 0. 8。

本研究通过将深度学习方法与标准化过程相结合，为农村建筑调查提供了一种新方法，可用于大范围村落调查，为政府制定乡村振兴政策提供参考，也可用于指导乡村规划项目。这项研究的结果还可以帮助监测该地区农村建筑的变化，以便及时了解建筑改造的进度。

# 第3章 基于Wi-Fi定位和视频摄像头定位的乡村聚落人员行为监测技术

## 3.1 人员行为监测技术进展

人员时空活动是乡村聚落经济社会活动的重要组成部分。中微观尺度的村镇人员行为监测可以细致、客观地揭示居民出行特征，真实反映村镇经济社会发展活力，对于了解村镇发展状况、优化村镇空间规划具有重要意义。

环境行为学是研究空间对人类行为影响的学科。自20世纪70年代创立以来，实地对人类行为进行追踪、观察与计数的方法广泛应用于城乡规划领域，进而为规划设计提供实证、定量的决策依据。随着信息技术发展日新月异，以往依赖人力进行实地跟踪观察的田野调查方法，日益为通信与大数据技术所更新替代。当前，在城市居民环境行为研究领域中，开展了大量基于GPS定位、手机信令、Wi-Fi网络定位、蓝牙定位、超宽带定位、视频识别等新兴定位数据源的研究（Zeng et al.，2015；Nadai et al.，2016；Yang and Huang，2019），其中Wi-Fi网络和监控摄像头已经成为当代城市生活的两大信息化基础设施，具备收集海量数据的潜力。例如，在商场、机场、车站等公共建筑中，Wi-Fi信号几乎已实现全面覆盖；而在城市街道、商业建筑、大型体育场馆等场所中，也随处可见以运营管理为目的布设的视频监控设备。以上两类数据源设备密集，覆盖面广，可以全时段对建成环境中的人员行为进行监测、存储与分析，相关研究在办公区块、旅游度假村和高校校园已进行了实地验证（Lin and Huang，2017；Lin and Huang，2018；黄蔚欣等，2019），用于分析人群的集体性目的、兴趣、行为模式及社会关系等。

近年来，农村信息化基础设施日益完善，相关城市数据研究方法有望迁移到广大农村地区。根据《全国城市年鉴》2002版与2010版数据，对比城市人口及其附属乡镇地区人口的人均手机保有量与人均网络拥有量，城市人口与全市总体人口信息化程度均显著提升，而两组人群之间的差异快速缩小。手机、Wi-Fi网络已在广大农村地区普及。与此同时，近年来大量村庄自发搭建起基于监控摄像头的室内外村庄治安监控网络，为村镇人员行为分析提供了信息丰富的数据源。

本书提出一套将视频数据与Wi-Fi数据相结合、获取海量村镇行人轨迹数据的技术方法，并基于行人轨迹特征对村庄节点进行聚类分析，结合村庄所在位置和功能，分析不同类别节点人群活动的规律特点。本书预期为未来乡村地区人员行为监测提供技术储备，加深人们对村庄不同空间实际使用效果的了解，为村庄规划提供定量支撑。

# 3.2 基于 Wi-Fi 定位的乡村聚落人员行为监测技术

## 3.2.1 研究方法

Wi-Fi 即无线通信技术。以手机为代表的通过 Wi-Fi 联网的移动设备，在打开 Wi-Fi 开关时即会搜索附近的接入点（AP）；即使并不连接对应的 Wi-Fi 网络，移动设备也会与该 AP 产生一次“握手”，告知对方自己的媒体存取控制地址（MAC 地址）。该地址由生产商烧录在移动设备的网卡中，是移动设备连接 Wi-Fi 网络的身份识别依据，通过 MAC 地址可以获得移动设备的生产商信息，并追踪到对应的唯一确定的移动设备。

实际使用场景中，AP 将持续记录握手信息，从而记录下移动设备的出现、离开，并通过多个 AP 组成的网络实现跨 AP 的捕捉，追踪某一用户不同时刻的位置。基于 Wi-Fi 的定位方法仅需铺设较为廉价的路由器充当 AP，即可被动收集村民移动手机的签到数据，获取覆盖全时段、规模庞大的人员行为轨迹数据；此外，该方法不会对被观测的行人行为产生干预，数据可以真实反映村镇居民的生活习惯，非常适用于乡村聚落人员的行为监测。

通常情况下，AP 将被动采集所有握手请求的时间、MAC 地址和信号强度，利用信号衰减公式计算移动设备和采集数据的 AP 之间的距离。设置多个采集数据的 AP，利用三边定位算法，即可确定移动设备的位置（图 3-1）。

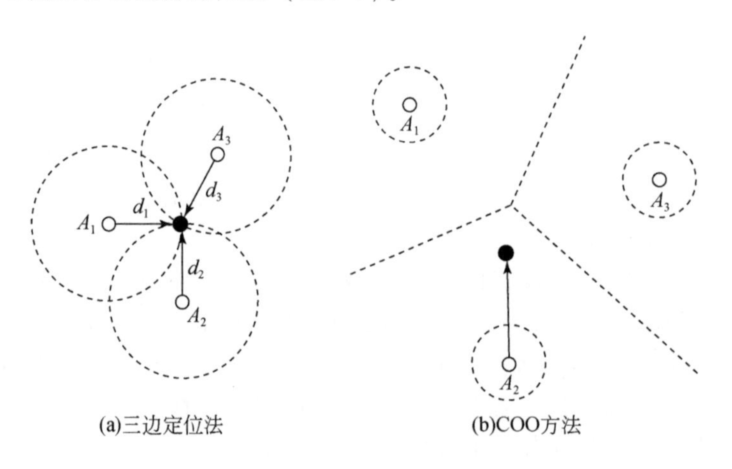


图 3-1 Wi-Fi 定位原理

在乡村地区的研究实践中，室外环境可供布设 AP 的点位通常受到较大限制，无法按照室内三边定位法所需的密度布置 AP；Wi-Fi 信号无法穿越金属材质，而在穿越混凝土材质时信号强度将大幅衰减，室外 AP 测距的精度受到房屋遮挡的严重影响，这使得三边定位算法难以发挥其优势。因此，本研究使用基于单 AP 签到的定位方法，称为 COO（cell of origin）方法（Bai et al.，2014）（图 3-1）。当移动设备被某一 AP 捕捉到时，该方法直接将这一 AP 位置作为移动设备当前的定位位置；当移动设备同时与多个 AP 握手时，该方法将根据握手频率和接收信号强度将用户分到其中一个 AP，并将这个 AP 的位置作为移动设备当前的定位位置。

### 3.2.2 数据获取与预处理

**（1）AP 布设与数据获取**

定位设备可基于路由器进行改造（本实验使用由 MATE 联想 Y1S 1200M 路由器改造的设备），对搜索范围内所有开放 Wi-Fi 连接功能的设备进行捕捉。在本实验中，设备捕捉范围大致半径为 15m，每日 24 小时不间断收集握手数据，并将数据自动上传至云服务器（本实验使用华为 E261 联通 3G 无线网卡进行数据上传）。由于该设备布设于村镇室外环境，使用塑料保护容器进行防水密封（图 3-2）。

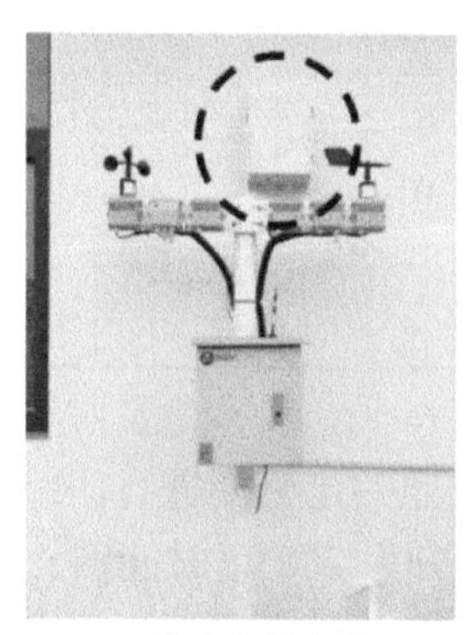

(a)防水密封容器

(b)路由器

图 3-2　本书使用的 Wi-Fi 定位设备

在村镇室外环境布设 AP 的选址原则是：将设备部署在能够尽可能反映村落中不同人群行为活动特征的重要空间节点上，如村镇行政中心、广场、重要景点、主要出入口等，并综合考虑供电方便、信号阻隔少的位置作为 AP 点位。

**（2）数据清洗与标识**

收集获得的 Wi-Fi 原始数据样例如表 3-1 所示，其中每一条客户端 MAC 地址都对应一台移动设备 ID 的哈希转换值，可以在数据绝对脱敏、不涉及个人隐私信息的前提下对每一台唯一的设备进行持续跟踪记录。MAC 地址前六位用于标识移动设备的生产商，在数据中仅保留生产商为手机厂商的记录。此外，部分移动设备采用随机 MAC 地址，无法跟踪到该设备唯一的设备 ID；根据电气电子工程师学会（IEEE）的规定（IEEE Computer Society，2016），随机 MAC 地址第二位为“2”“6”“a”“e”，地址前 6 位中的其他各位也是随机值，据此特征可筛除使用随机 MAC 地址的设备数据。

由于时空定位数据的采集密度与数据量巨大，一个 AP 点位在一天之内可以采集到 200000 条以上的数据；数十个 AP 组成的网络，在几个月时间内形成的数据规模将更加庞

表 3-1　Wi-Fi 原始数据样例

| AP 名称 | 时间 | 客户端 MAC 地址 | AP 端 MAC 地址 | 信号强度(dB) | 噪声水平 | 是否连接AP | 非活跃时间(分钟) | 是否AP | 使用信道 | 信噪比 | 网络名称 |
|---|---|---|---|---|---|---|---|---|---|---|---|
| Wi-FiProbe 0077b0 | 2019-02-01 00：00：43 | e865d4：fff3b4d5e4b3251220a30014e351eea5 | 20：76：93：00：77：b0 | 70 | 0 | 是 | 2 | 是 | 0 | 70 | Tenda_1C8650 |
| Wi-FiProbe 0077b0 | 2019-02-01 00：00：48 | d6ae38：85f90fcce2cb8dfb9bf2da9cc97b89a5 | 20：76：93：00：77：b0 | 82 | 0 | 是 | 101 | 否 | 0 | 82 | Tenda_1C8650 |
| Wi-FiProbe 0077b0 | 2019-02-01 00：02：08 | 248be0：58aeb4eee2224554d5c8a17ad7151c14 | 20：76：93：00：77：b0 | 66 | 0 | 是 | 2 | 是 | 0 | 66 | ChinaNet-nVb4 |

大，直接处理分析十分困难。因此，数据将按照一定密度进行压缩。对于某一台移动设备在一天内的 AP 握手记录，按照 5 分钟间隔划分为 288 个时间窗，在每一时间窗中选择出现频数最高的 AP 点位，作为这一时间窗内与该设备进行握手的 AP 点。当同时出现多个频数相同 AP 点时，则选取该时间窗内信号强度最大的 AP 点作为代表。经过压缩，数据规模得到控制，可在单机进行后续的分析建模工作。

经过压缩后的数据，根据 MAC 地址的到访频率，将不同类型的设备进行区分（如本地居民、重复出现的邻村访客或务工人员、短期出现的游客），作为后续分析的标签。

### 3.2.3　数据监测与分析流程

Wi-Fi 数据可按照日期、时间、节点、机主 ID、机主类型等多个维度进行聚合与统计分析，从不同角度立体地描述村落居民的行为习惯。例如，使用日期维度的总体人流量数据可以监测村落的人口流动情况；使用单日内居民在各个节点的到达-离开时间数据可以描述不同居民的生活作息规律；针对单日内节点人流量的时序变化特征分析可反映这一节点在村庄中承担的功能角色；居民在各个节点在线时间的统计则可以反映这一节点在村民生活中的重要程度；移动设备在不同节点之间的转移则反映了村庄内一日之中人员流动的流向规律与流量大小。基于 Wi-Fi 定位的乡村聚落人员行为监测技术流程如图 3-3 所示。

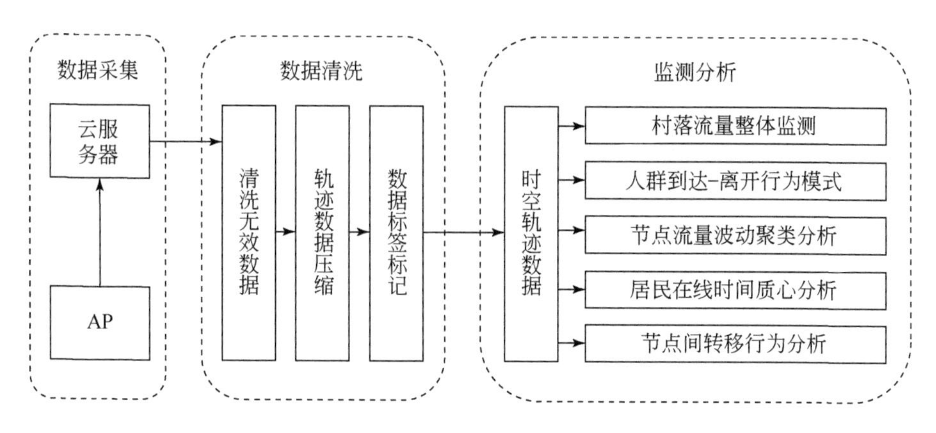


图 3-3　基于 Wi-Fi 定位的乡村聚落人员行为监测技术流程框图

## 3.3　基于视频摄像头定位的乡村聚落人员行为监测技术

Wi-Fi 定位设备可以对村落中所有布设完成的关键点位周围的居民行为信息进行全时段检测、存储与分析，但在数量有限的设备支持下，这种方式并不能高精度地追踪人群运动轨迹。作为对 Wi-Fi 海量但空间分辨率偏低的数据的补充，本文发展了一套依托于监控视频摄像头进行村镇人员行为监测的技术方法。

计算机视觉是计算机科学的一个新兴分支，该领域研究者多年来不断探索基于图像（视频）进行行人检测、识别和追踪的技术。随着大规模数据集的普及和处理器算力的提升，新兴的深度学习技术使得人脸识别、目标检测等计算机视觉任务的精确度得到大幅度提升。运用这些图像处理技术，研究者可从视频影像中提取有价值的人体行为信息，进而得到人群时空定位数据，支持乡村聚落人员行为监测。

目前，监控视频是最为普及的一种可获取人群行为视频图像的数据源，但受图像分辨率限制，目前单个摄像头所能捕获的空间范围有限，一般不超过单行路口大小。广大农村地区聚落规模较小，村庄道路和公共空间的尺度有限，非常适合使用监控视频进行监测，角度合适的监控视频可以完整记录一个空间节点（如路口、广场）的全部使用情况，获得翔实、精准的居民微观轨迹数据。

### 3.3.1　研究方法

#### （1）基于卷积神经网络的图像处理

在计算机视觉领域，通常使用基于卷积神经网络的深度学习方法处理图像数据。该网络由多层卷积层、池化层和全连接层叠加组成，其中卷积层使用多个不同的卷积核对图像进行滤波处理，提取出图像中局部特征的分布图，池化层通过降采样产生不同尺度的特征分布图，最终以一个全连接神经网络作为分类器输出分类结果。这一深度学习方法在模式识别、图像处理等领域获得广泛应用。

**（2）目标检测与行人重识别**

从视频中恢复行人轨迹分为两个步骤：首先执行目标检测任务，对输入单帧图像进行卷积处理后提取出包含目标检测信息的高维特征，并输出目标检测结果的识别框，即在图像上恰好包含目标对象的矩形框，及该目标分属哪一个类型的对象（如行人、车辆、猫、狗等），从而识别出图像中行人的位置。在此基础上，运用行人重识别技术，对目标方框内行人全身图像进行卷积操作，输出行人特征，将不同视频帧中识别到的行人进行比对，判断哪些目标方框属于同一个行人，从而将这些目标方框串联起来，形成完整的轨迹数据。

本书使用了以下两种算法进行行人轨迹识别。

YOLOv5+DeepSORT 算法（Jocher et al.，2021）：该方法先通过轻量级目标检测模型 YOLOv5 提取画面中目标所在的检测框，然后使用 DeepSORT 模型提取检测框中物体的外观特征，结合检测框移动规律进行前后帧同一物体匹配。该方法速度较快，适用于人车混行、以流量统计为主的场景。

FairMOT 算法（Zhang et al.，2020c）：该方法集成了目标检测与行人重识别两个步骤，端到端的训练使得该方法轨迹追踪效果较好，但模型相对复杂，速度相对较慢，因此应用于以行人识别为主、对重识别精确度要求较高的场景（图 3-4）。

图 3-4　使用 FairMOT 算法识别出村镇行人

以上算法将从视频图像中提取出一系列属于同一个行人的目标方框范围，并认可将方框底边中点（行人双脚之间）作为该行人在地面位置的代表。同时，每一个行人将被分配一个无重复的 ID 编号，作为数据记录的基准。

## 3.3.2　数据获取与预处理

**（1）摄像头布设与视频数据获取**

视频数据依托于村落自发布设的监控系统进行采集，根据现场情况选择布置于重要场所（广场、行政中心、村庄出入口、路口）、角度合适、设备表现稳定的摄像头。本书基于从系统中提取的离线数据开展，未来可发展与监控系统集成的实时分析系统。

**（2）数据清洗与标识**

算法初步识别结果有可能将一些对象（如树叶、雕塑）误判为行人，但这些对象通常出现在行人可通行的范围之外。通过对视频图像设置相应蒙版，删除行人可达范围以外的目标识别数据，筛除识别错误的对象。此外，在一条完整的行人轨迹中（对应同一个行人 ID，同一条轨迹 ID），并非每一帧图像都能够通过算法进行准确识别，其中可能存在若干帧未被识别的情况，导致轨迹追踪中断。在本书中，设定 3 秒为最长间隔时间阈值，若同一个行人 ID 下的两条轨迹时间差在 3 秒以内，则将这两条轨迹合并为一条完整轨迹，一定程度上实现轨迹 ID 的去重。

与 Wi-Fi 定位数据类似，为了节约计算量，在计算流量时设置一定时间窗（2 分钟）进行聚合统计。

**（3）轨迹投影变换与速度计算**

视频中识别出的行人以图像平面坐标系标记其位置（原点位于图像左上角，向右为 $x$ 轴正方向，向下为 $y$ 轴正方向），需将坐标转换至平面图坐标系中。两个线性坐标系之间的转换关系可使用变换矩阵表述。在视频图像中预先标注 4 个坐标位置已知的地面固定点，计算从摄像头图像平面转换至水平面的变换矩阵，从而获得轨迹在平面图中的坐标，并追踪行人的速度大小与方向。

### 3.3.3 数据监测与分析流程

与 Wi-Fi 定位数据不同，视频数据在记录行人出现日期、时间等签到信息之外，可精准地记录行人的平面坐标，补足了 Wi-Fi 数据空间精度不足（仅能到 AP 粒度）的缺陷。例如，在重要交通节点如交叉路口、出入村路口，可以根据行人轨迹走向精准判断行人的在节点间的流动，以及村庄整体人员出入情况。在单个节点（镜头）维度，视频数据可以揭示节点内部行人使用情况，如通过热力图与行人停留坐标点的聚类，分析居民在公共场所的聚集偏好；通过轨迹形态与速度分布的综合分析，检测居民对广场、道路等公共设施的使用习惯，反映村庄基础设施维护情况。基于视频摄像头定位的乡村聚落人员行为监测技术流程如图 3-5 所示。

## 3.4 实地监测效果及结果分析

本书的技术方法在示范区天津蓟州区蒋家胡同村、小穿芳峪村和江西安义古村落群分别进行了实地监测与应用分析。

### 3.4.1 实地监测村落概况

**（1）天津蓟州区蒋家胡同村和小穿芳峪村**

蒋家胡同村位于蓟州区白涧镇，距离蓟州区城区约 40 分钟车程，距离北京城区约 1 小时

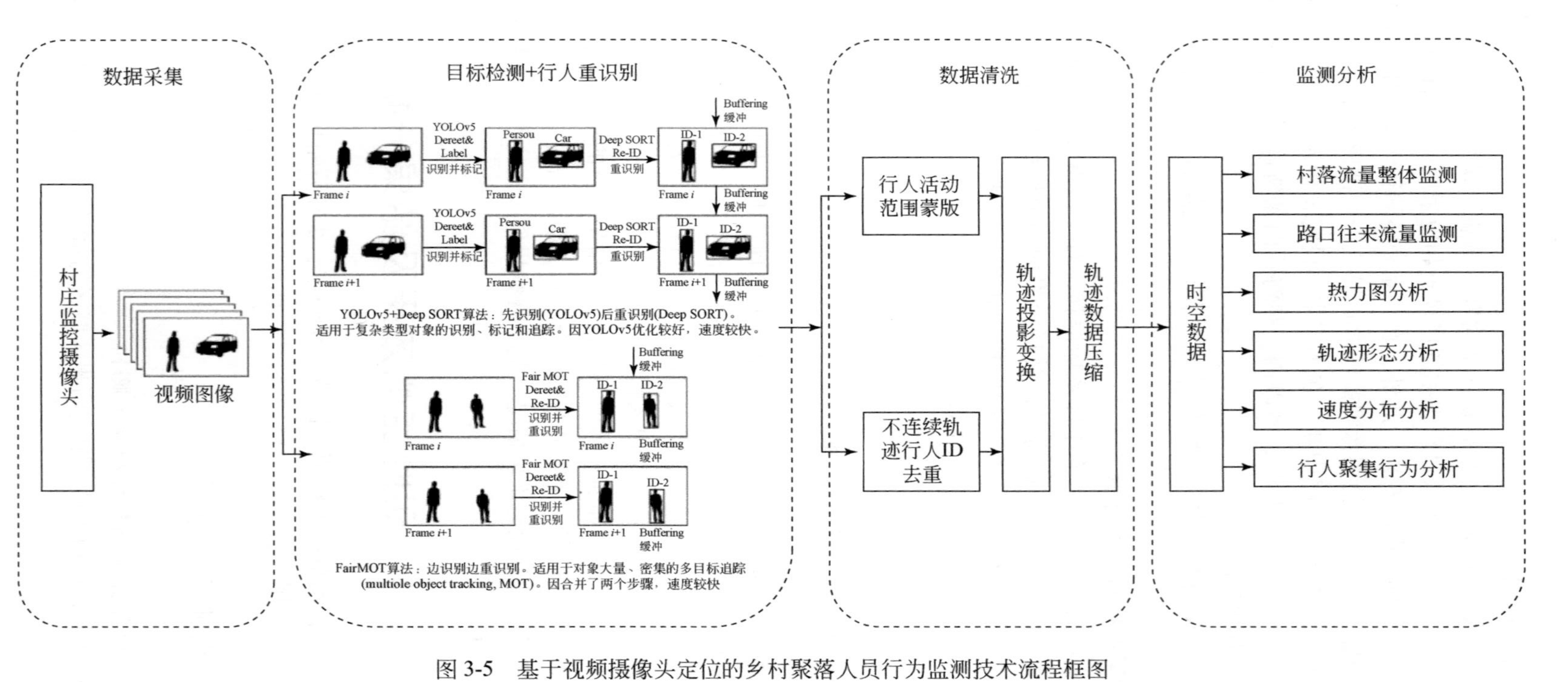


图 3-5　基于视频摄像头定位的乡村聚落人员行为监测技术流程框图

20分钟车程。全村户籍人口375人，占地面积600余亩①。村庄约40%人口外出务工，从事家政、运输、建筑、技工等职业，以年轻人为主；留守村庄的主要是老年和幼年居民，以务农为主。该村是华北平原较典型的劳务输出村，居民主要至北京、天津等大城市务工；同时因毗邻G102国道与京秦高速，每日有无数来往卡车经过该村。村内主要公共空间为村大队部（党群服务中心）、活动广场和超市，没有学校。

小穿芳峪村位于蓟州区穿芳峪镇，距离蓟州区城区约40分钟车程，距离遵化城区1小时20分钟车程，距离G230国道2km。全村户籍人口275人，土地面积762亩。该村依托山地自然资源和苗木培育积累的绿化环境优势，发展旅游产业，是天津市有名的旅游特色村。该村游客大多来自天津、北京和河北，节假日游客可达1000～1500人，年接待参观访客6万人次。村内主要公共空间为村大队（党群服务中心）、老街广场与超市，村口有篮球场，节庆活动时举办全村聚餐活动。村中主要景点“小穿乡野公园”位于村庄边缘，主要面向游客开放。

**（2）江西安义县安义古村落群**

江西省南昌市安义县安义古村落群地处西山梅岭山麓以西，距离南昌市约60km，距离安义县城约14km，有省道通过。村落群自西向东依次由京台村、水南村、罗田村3个古村落构成，彼此间相距约500m，总占地面积约46.4$hm^2$，总人口为3730人，总平面图如图3-6所示。

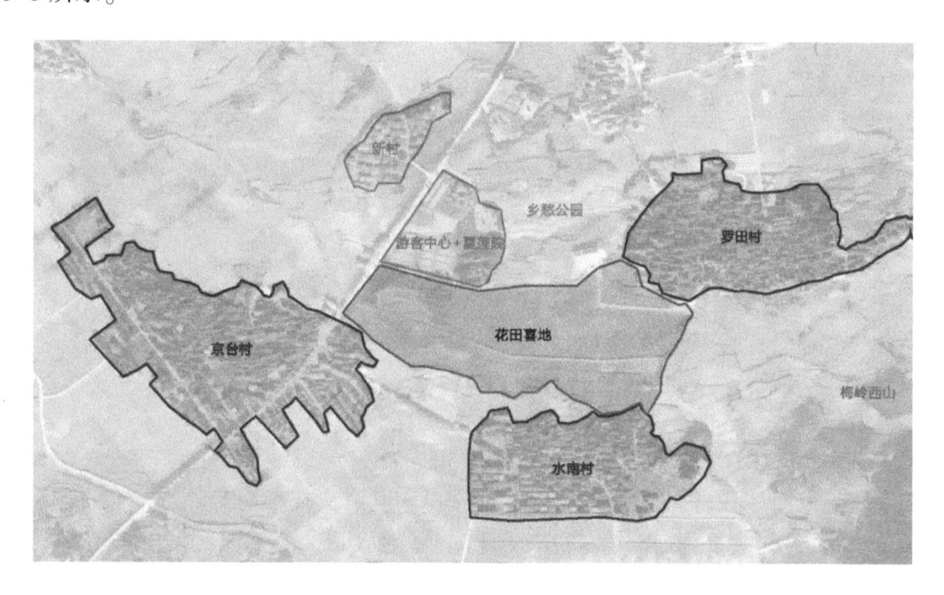


图3-6 安义古村落群总平面图

该村落群具有千年历史，据传始建于唐代，保存了大量明清时期的古屋、古井、雕塑、树木与装饰艺术，体现出独特的赣派建筑风格，具有相当保护价值。例如，罗田村拥有两处省级重点文保单位（罗田士大夫第、罗田有山私宅），水南村拥有两处省级重点文

① 1亩≈666.7$m^2$。

保单位（水南余庆堂、水南谦益堂），京台村具有3处省级文保单位（京台古戏台、曦庐墨庄、刘氏宗祠）。在乡村振兴的背景下，安义县政府提出持续推进安义古村落群深度开发，推动产业振兴与民俗民宿聚落群建设，建成了唐樟、秀宿、写生基地、京台文化大院、古村旅游公司等文旅开发项目，形成规模可观的旅游产业，吸引大批游客到此参观。当地村民的生活水平也因此获得提升，许多村民受雇于旅游产业，从事安保、环卫、接待、销售等工作，居民生活模式与村落中旅游景点的规划开发具有紧密的关联。

## 3.4.2 监测数据采集概况

本书使用Wi-Fi定位与视频数据相结合的方式，对蒋家胡同、小穿芳峪两村及安义古村落群的村民行为进行监测（图3-7）。受村落条件限制影响，其中安义古村落群只采集了Wi-Fi定位数据（图3-8）。

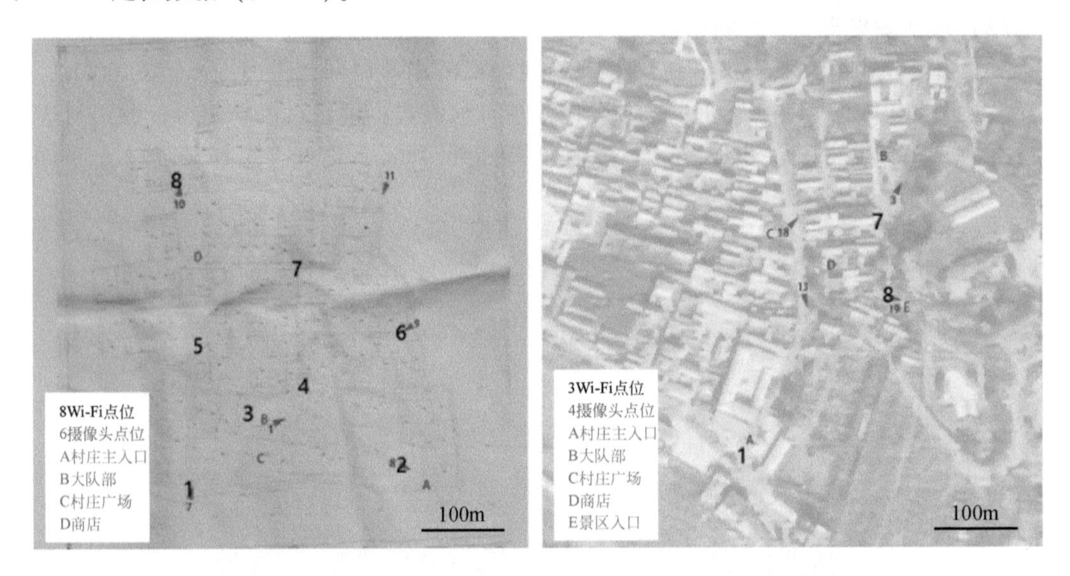


图3-7 蒋家胡同村、小穿芳峪村AP点位与摄像头分布图

**（1）Wi-Fi定位数据采集**

Wi-Fi设备方面，在蒋家胡同村布设了8个AP点位，在小穿芳峪村布设了3个AP点位，点位布设涵盖村庄重要公共活动节点和主要出入口。实验于2020年12月29日至2021年5月6日开展，持续时间约4个月，其中包含春节、“五一”假期。

对于安义古村落群，在3个村落及花海等其他区域总共布设了32个AP点位。布设点位时涵盖反映居民与游客行为的重要空间节点，对特别重要的景点与场所如京台戏台、水南黄氏宗祠与罗田荷花池，均布设了3个以上设备，以便对该场所进行更加深入具体的监测与分析。点位分布如图3-8所示。受到场地供电条件、使用权属争议的限制，最终有16个点位设备全时段正常工作。

实验在2019年1月24日至2019年3月24日期间开展，持续时间2个月，其中包含己亥年春节假期（2019年2月4～11日），收集到工作日–周末–节假日多种行为模式下的

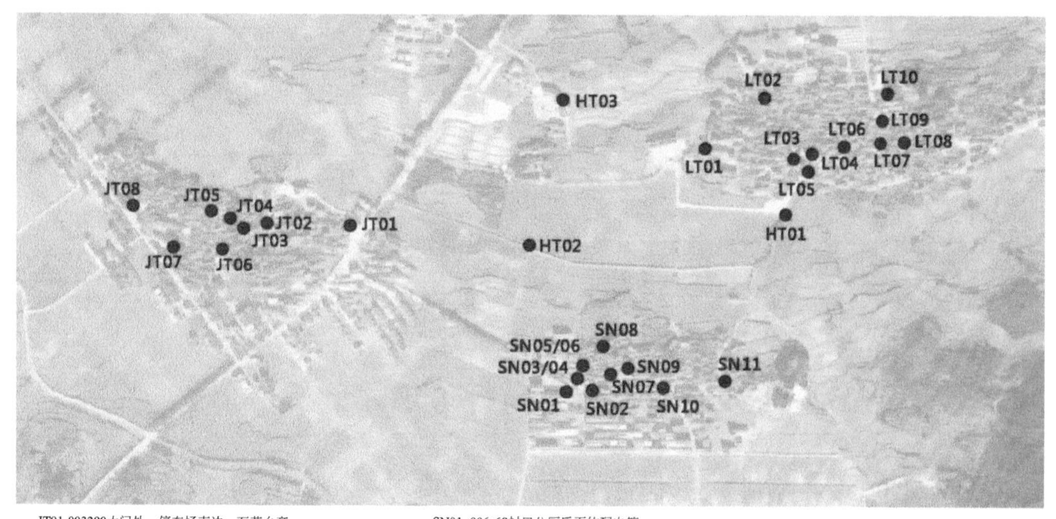


JT01-003290大门外，停车场南边，石花台旁
JT02-010bc0戏台背后广场，竹子丛前，盆栽后面
JT03-010a74戏台前广场，配电房外墙
JT04-005984戏台附近水塘，水塘南边房子外墙下部
JT05-006c6c曦庐室内，第二进右侧房间内桌子下
JT06-010264双德门东侧，废墟门口的左侧
JT07-010bdc村委会建筑外墙
JT08-003988村支书家外墙，近刘氏宗祠

HT01-00a63c罗田南侧通往花海入口
HT02-0077e8花田中心道路交叉口，摸鱼处，月下亭下
HT03-00fb30游客中心闸机位置花池内

SN01 -006c68村口公厕后面的配电箱
SN02-0077b0小卖部背面的配电箱
SN03-007800黄氏宗祠栅栏内
SN04-0038f8黄氏宗祠入口售票桌内
SN05-0101f8黄氏宗祠第一、二进之间
SN06-009490黄氏宗祠最内一进侧屋
SN07-003288闺秀楼门背后的配电箱
SN08-01054秀宿大厅内
SN09-007788酒吧旁边的篱笆内
SN10-00344写生基地南侧老房子墙的侧面
SN11-007c58民俗馆入口排插上

LT01-0038c4罗田村西侧入口，公厕侧面墙上
LT02-00a688后街入口水塘，楼房建筑外墙上，配电箱旁
LT03-00a668荷花池液晶显示屏旁
LT04-007bc4荷花池祠堂外配电箱旁商铺内
LT05-003a58荷花池池塘边电线杆上
LT06-00d4c4奇石馆入口检票处木盒配电箱内
LT07-00a588更楼入口大门东侧墙面木盒配电箱内
LT08-00a7a0前街东大门配电箱处
LT09-010b5c士大夫第南墙配电箱旁
LT10-006dac唐樟餐饮大厅内
(LT11-010ca8千年古樟树台阶旁绿地内电箱附近)

图 3-8　安义古村落群 AP 点位分布图

海量数据。原始数据经过数据清洗、时间窗压缩后，实验期范围内共收集到 8615 台独立设备产生的共 923892 条签到记录。

**（2）视频数据采集**

视频数据方面，蒋家胡同村布设了“萤石云”联网摄像头 15 个，通过公共 Wi-Fi 联网，在村大队部可离线拷贝视频数据；小穿芳峪村布设“海康威视”摄像头 21 个，通过信号线传输至中控室硬盘，可离线拷贝视频数据，监控摄像头布设情况见表 3-2。剔除部分性能不够稳定、数据不完整的摄像头，实际选取两个村庄共 10 个摄像头数据进行分析。按照视频所监测场景类型分为两类：一类是以空地为主的公共空间或游客出口（A 类），取节假日（5 月 2 日）、周末（5 月 9 日）、工作日（5 月 10 日）3 天数据进行分析；一类是道路为主的路口、干道，取工作日（5 月 10 日）数据进行分析。

**表 3-2　蒋家胡同村与小穿芳峪村监控摄像头布设情况**

| 点位名称 | 分类 | 描述 |
|---|---|---|
| 蒋家胡同 1 | A | 大队部前广场 |
| 蒋家胡同 7 | B | 主出入口 |
| 蒋家胡同 8 | B | 次出入口 |
| 蒋家胡同 9 | B | 上学路口，对应 Wi-Fi 6 |
| 蒋家胡同 10 | B | 村庄边缘 |

续表

| 点位名称 | 分类 | 描述 |
|---|---|---|
| 蒋家胡同 11 | B | 村庄边缘 |
| 小穿芳峪 3 | B | 村大队，对应 Wi-Fi 7 |
| 小穿芳峪 13 | B | 村庄主干道 |
| 小穿芳峪 18 | A | 村民主公共空间 |
| 小穿芳峪 19 | A | 售票处，对应 Wi-Fi 8 |

### 3.4.3 基于 Wi-Fi 数据的村镇人员行为规律分析

进行轨迹提取、数据压缩、清洗后，本书分别按照日期、时间、节点、人员类型等维度对数据进行拆解，综合应用假设检验与聚类分析等方法，分析村镇人员行为的规律特点。

**（1）村落的整体人口流动情况及群体社会事件**

人口总量直接影响着村落社区活跃程度，受到节日、政策等公共事件影响，显著地随日期变化。对村庄整体 Wi-Fi 流量数据以日期维度进行聚合，流量的异动可直观反映出群体社会事件的发生。

例如，在蒋家胡同村中，2021 年 1 月 13 ~ 19 日机主总流量出现大幅度下降，并查证该情况仅出现在距离国道最近的点位（1、2），可推测是由于往来车辆的减少引起的流量下降。据了解，由于 2021 年 1 月河北省暴发了一次新型冠状病毒疫情，1 月 14 日起蒋家胡同村开启道口车辆管控、查验，G102 国道车流量锐减。至 1 月 19 日，疫情逐渐得到控制（河北每日新增确诊病例降至 20 人以下），流量同步恢复正常，反映出公共卫生危机事件对村落人口的影响（图 3-9）。

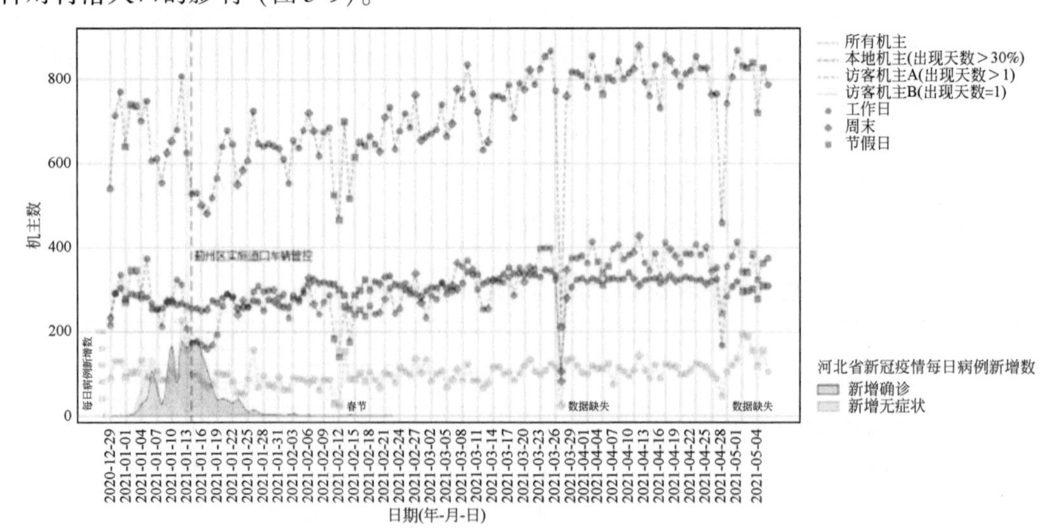


图 3-9 蒋家胡同村单日节点流量变化图

小穿芳峪村流量从元旦、春节、清明直至“五一”出现明显的攀升趋势不断创下新高，据调查，村中景区“小穿乡野公园”在 3 ~ 4 月经历了一次大规模停业修缮，5 月恢复营业。结合全村及售票处点位流量变化，可推测小穿芳峪访问量主要来自游客，反映出村落旅游产业的发展变化（图 3-10）。

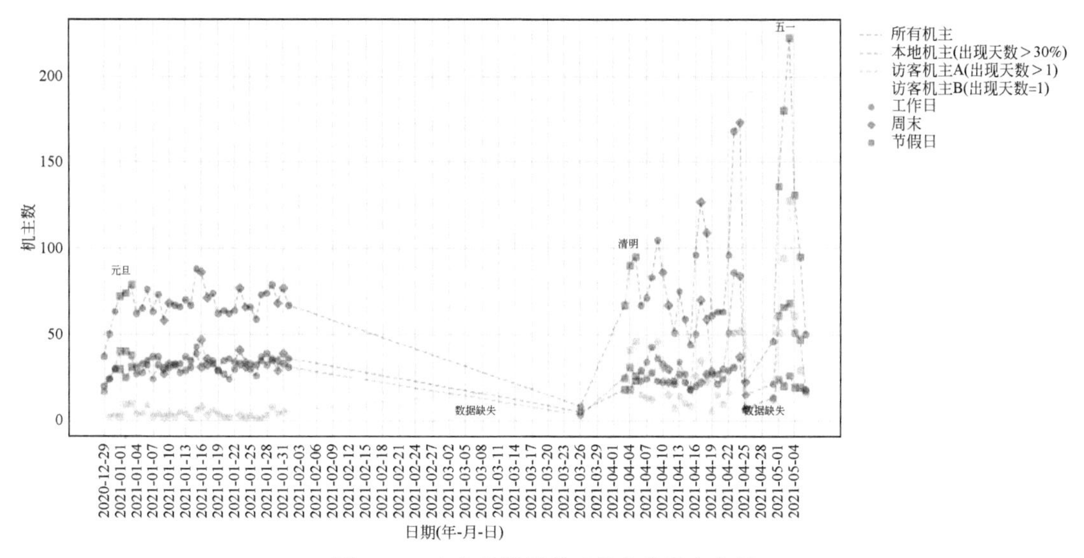


图 3-10　小穿芳峪村单日节点流量变化图

2019 年春节假期期间，安义古村落群绝大多数点位的人流量都达到了 8 周以内的最高值（图 3-11），特别是奇石馆（LT06）与黄氏宗祠（SN03、SN04）在 2 月 11 日流量达到异常的峰值。事后调查得知，当天许多外地返乡村民与本地村民在奇石馆与黄氏宗祠举行了大规模的集会，引起流量的异动。图中粗框标出的点位则呈现出周末人数显著高于周中的特点。

**（2）不同类型村镇人员行为模式差异**

计数各 MAC 地址在村落中的停留天数，通常将呈现出长尾分布趋势（图 3-12），随着停留时间的增长，对应的设备数量急剧减少，代表大部分机主是外来短期访客，仅有少部分机主是常住居民。根据 MAC 地址的停留天数可区分不同人员类型。例如，在蒋家胡同村，将停留时间为 1 天的机主认定为短期访客（游客），停留时间大于 1 天但不到前 30% 的机主认定为长期访客（重复出现的务工人员、邻村亲友等），以及停留时间位于前 30% 的机主认定为本地村民。在安义古村落中，将停留时间为 1 天的 4854 台设备认定为游客所有，停留时间超过 10 天的 821 台设备认定为本地居民所有，而停留时间为 2 ~ 9 天的 2940 台设备标记为临时访客所有（如过年期间回家探亲、祭祖的外出务工者、走亲戚串门的邻村亲友等）。从图 3-12 可以看到，基于人员类型标签的分析印证了这种标签方法的有效性。

在蒋家胡同村，访客主要由国道路过的卡车司机组成，因此到达和离开时间差距短暂，且在早上 6 时至晚上 6 时均匀分布；而本地居民在早上 8 时集中到达作为全村主要出口的节点，在下午 5 时左右离开，代表着大部分本地居民遵循早上出村、晚上回家的进城务工者作息（图 3-13）。

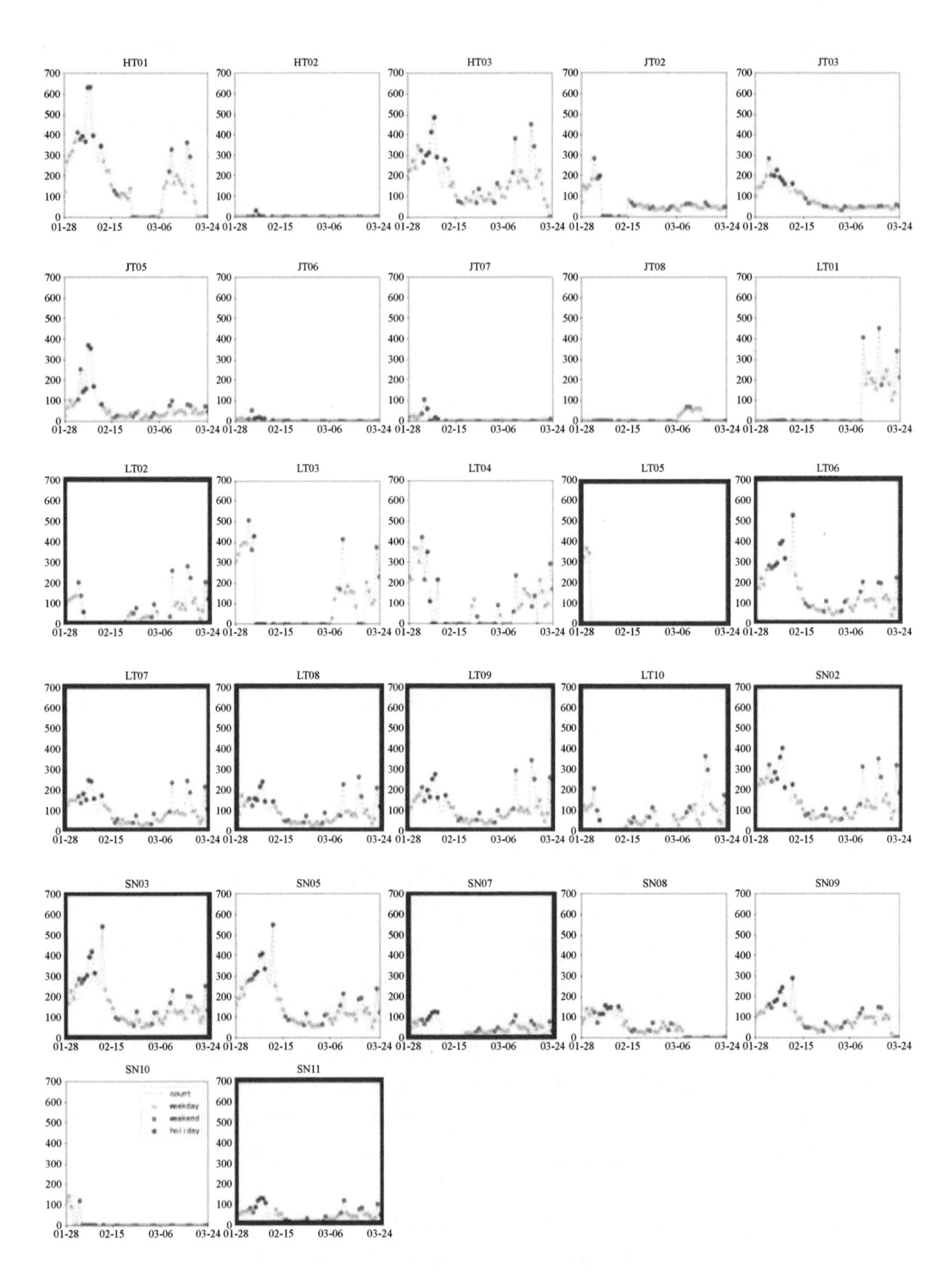


图 3-11　安义古村落单日节点流量变化图

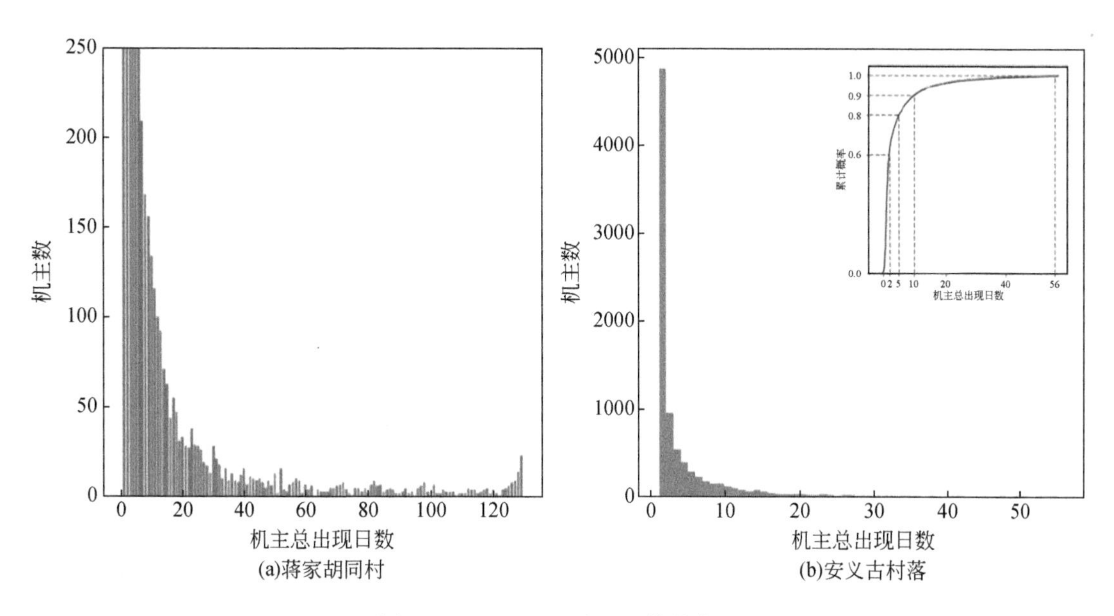


图 3-12　MAC 地址出现日数分布图

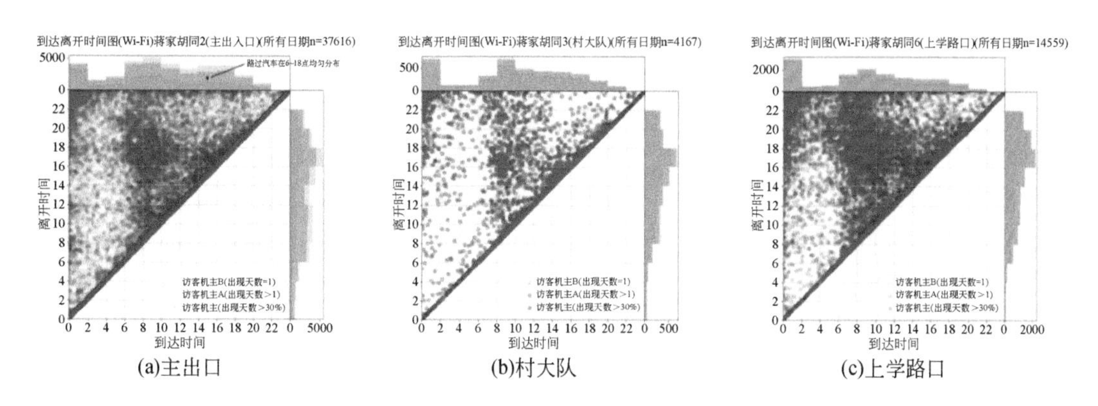


图 3-13　蒋家胡同村人员到达-离开时间分布图

安义古村落群三种不同类型人员的到达-离开时间分布如图 3-14 所示，人员标签精确地剥离了三种行为模式。图 3-14 横轴为到达时间，纵轴为离开时间，数据全部分布于图像的左上部分。其中沿对角线分布点表示 MAC 地址所对应的设备仅在抓取点位停留了 5 分钟以内，到达时间与离开时间之差很短，对应为通过性行为；围绕对角线周边分布的点位表示 0.5 ~2 小时的中等时长停留，且高峰期在早上 8 时至下午 4 时，对应为游客的参观游览；而完全脱离对角线分布的数据集中到达于早上 8 时至 10 时，离开于下午 4 时至 11 时，主要反映当地村民的昼出夜伏于群体活动。

通过 Wi-Fi 数据的不同分布规律，反映出两个村落由于产业结构不同引起的村民作息模式差异。

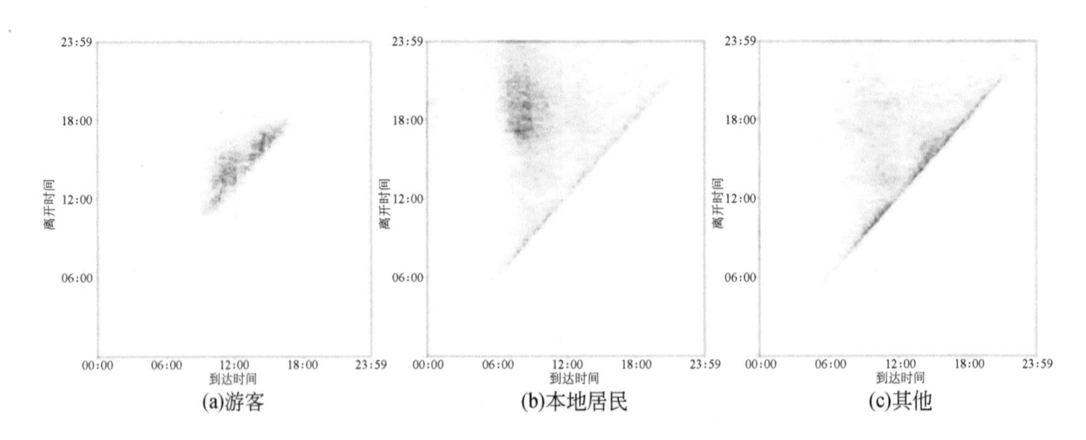

(a)游客　(b)本地居民　(c)其他

图 3-14　安义古村落人员到达-离开时间分布图

## 3.4.4　基于视频数据微观轨迹的村镇人员行为规律分析

### (1) 重要场所的居民空间使用习惯

Wi-Fi 数据空间粒度较为粗糙，可反映村镇人员活动的整体规律，而基于视频数据可以恢复精度更高的微观行人轨迹，适合作为重要节点、重要日期的监测工具。以小穿芳峪村广场为例：热力图总结了广场内各部分的人气（图 3-15），在“五一”假期，不少游客在“和谐”文化石前合影留念，也有村民在此处售卖农产品，而玩耍的儿童则围绕可踩踏的低矮围栏和人形雕塑；轨迹图则可在密度的数据可视化基础上，进一步描述场地使用情况，如花坛左侧围挡被儿童跨越，花坛和围挡等高度在 30cm 左右的景观构件被往来的孩子们作为捷径利用等。

(a)轨迹分布　(b)热力图

图 3-15　小穿芳峪村广场视频监测

在蒋家胡同村道路节点的视频轨迹图则反映出村民对各类道路的使用情况（图 3-16）：行人和车辆都更青睐于水泥路面而非砖石路面，在没有围栏、标识的情况下，人们的行走轨迹受到地面铺装的强烈引导。

图 3-16　蒋家胡同村道路轨迹分布图

**(2) 居民的速度分布与停留行为**

根据研究（齐大勇，2019），行人可按照平均速度分为静止（<0.6m/s）、步行（0.6～1.4m/s）、使用车辆（>1.4m/s，如自行车、电动车、汽车）。村落中不同场所的速度分布不同，反映出居民不同的停留行为。如图 3-17 所示，小穿芳峪村广场“和谐”文化石前可监测到驻足拍照的游客和售卖的村民；而蒋家胡同村上学路口则几乎无静止行人，骑行或驾车的村民路径集中在道路中线，步行村民则更为分散地分布。

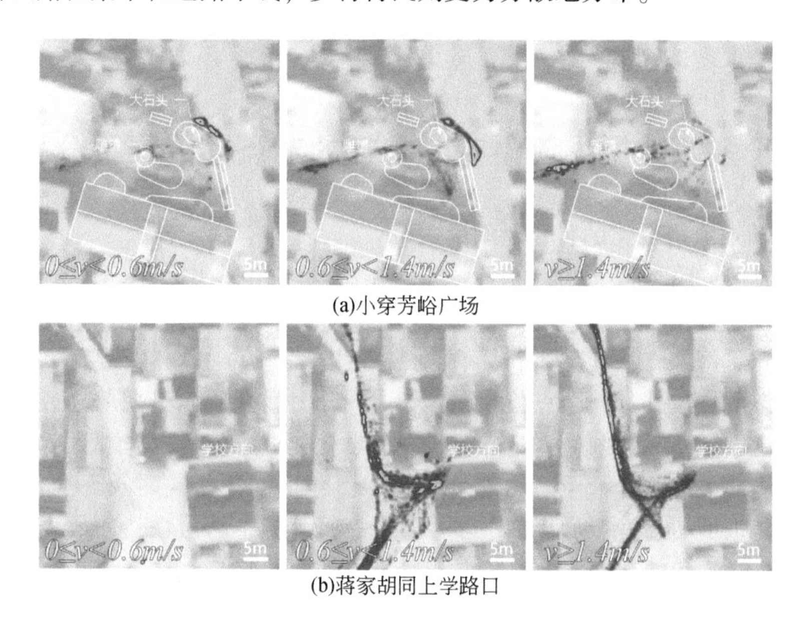


(a)小穿芳峪广场

(b)蒋家胡同上学路口

图 3-17　视频监测速度分布图

**(3) 重要空间的人群聚集特征**

在流量、轨迹计数分析以外，视频数据为探寻活动人员互动情况提供了基础。在小穿芳峪村广场，针对每一帧图像平面上的行人坐标点，使用 DBSCAN 算法进行聚类，将该时刻广场上的人员分布聚集成不同团簇。对比每个时间窗内形成的最大聚集规模，可以监测发生较大规模聚集（4 人以上）的时间点，评估认为广场在工作日的上午使用率总体较低，而节假日上午使用率较高。将每一簇聚集者的坐标取平均值，认为是团簇形成的位置，绘制出各日期聚集形成的位置热力图，可进一步发现该广场的使用特点（图 3-18）。节假日游客多聚集在雕塑及文化石处打卡拍照，而周末儿童在空地上较多聚集，该广场已成为不同人群共同使用的村落重要公共空间。

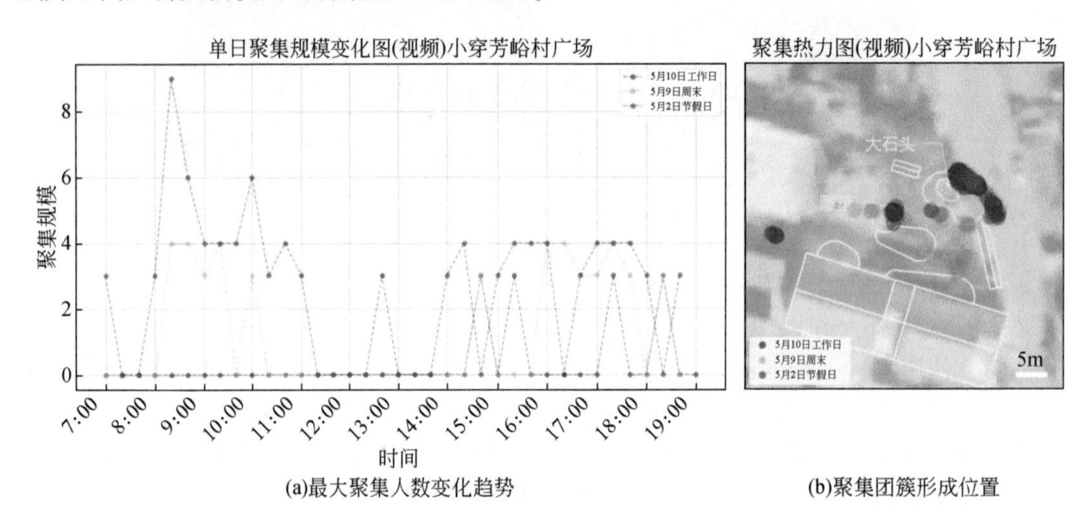


(a)最大聚集人数变化趋势　　(b)聚集团簇形成位置

图 3-18　视频监测人员坐标聚类分析

## 3.4.5　基于多源数据人流量变化特征的节点功能聚类分析

### (1) 不同节点流量变化的重复时间模式

将 Wi-Fi 数据按照时间维度聚合至一日之内 288 个时间窗中，各 AP 节点流量在 24 小时内的变化呈现出重复的模式，形成较为稳定的特征，反映出不同节点中使用者具有较为稳定的作息模式。例如，从安义古村落群的数据（图 3-19）中可以看到，除去因数据缺失呈现异常形态的点位外，其余点位均在一天之内随时间变化而呈现单峰或双峰波动。按照当地居民与游客标签，将两类人员的一日内流量变化拆分分析，发现大部分代表本地村民的曲线呈现出明显的双峰甚至三峰分布，在早上 11 时、下午 4 时及晚上 8 时出现峰值，对应本地居民午饭前后、晚饭后出门散步、聊天、打牌的生活习惯；而代表游客的曲线则无论数量多寡均呈现单峰分布，高峰时段从上午 11 时至下午 3 时不等，反映出游客在古村落群游览时的游览顺序偏好。

### (2) 不同节点的功能角色聚类

在蒋家胡同和小穿芳峪村，单日流量变化曲线的形态同样呈现双峰分布的特点，反映出该节点使用者的生活习惯。本书对流量曲线进行特征提取，首先对曲线进行归一化，使

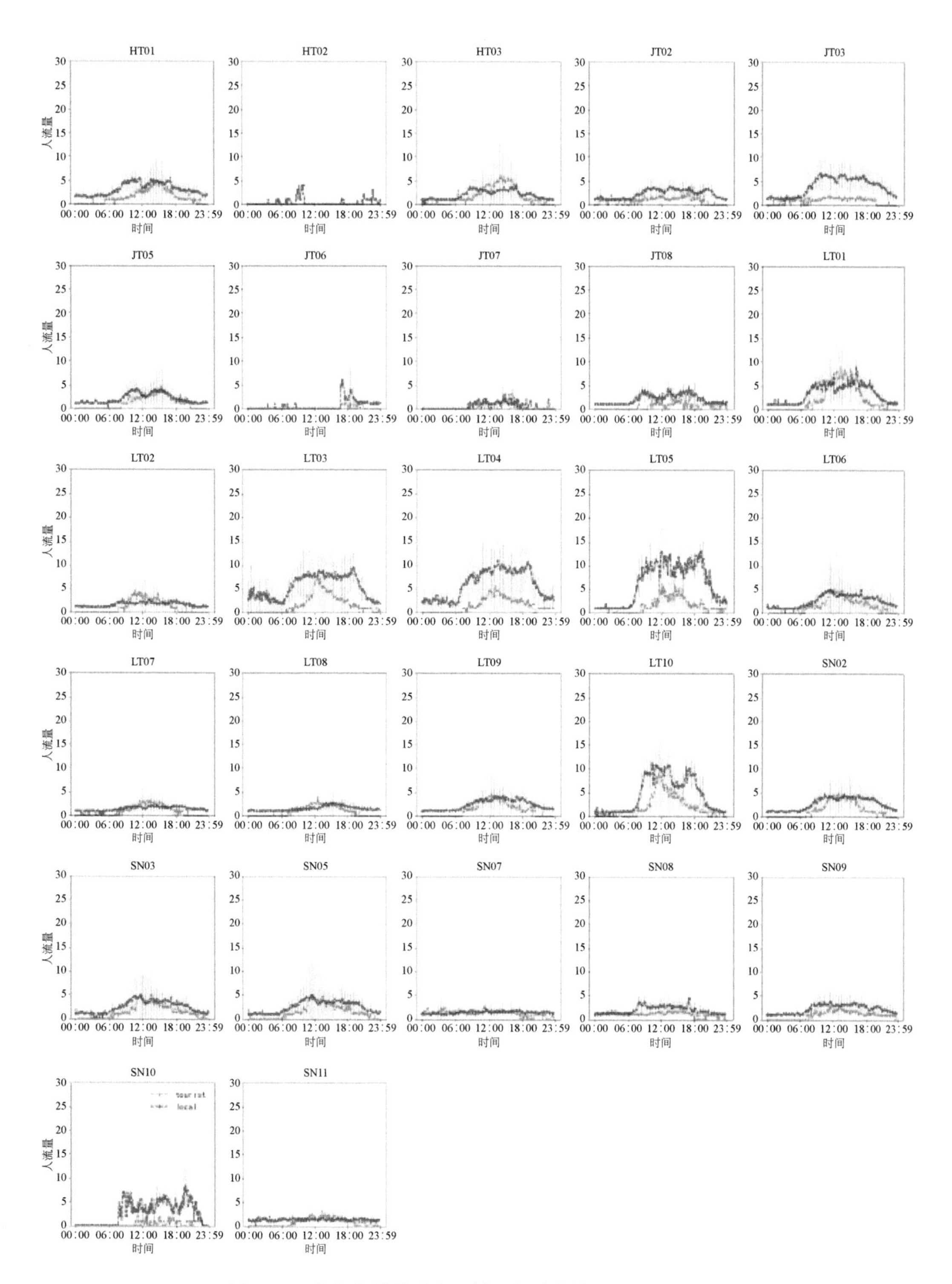


图 3-19　安义古村落群本地村民与游客单日内流量变化图

得单日流量均值为 1，在此基础上，记录三种不同类型人员的平均流量值，前后两个峰值的时间点，及曲线中段波谷的时间点，形成 15 个变量用于表征一条流量曲线。对特征变量进行标准化后，使用 k-means 方法进行无监督聚类，聚类结果解释了村庄中不同节点的功能角色。节点共可聚成 5 类：边界路口、工作日的村大队、节假日的景区、重要内部道路与其他内部道路，如图 3-20 所示。

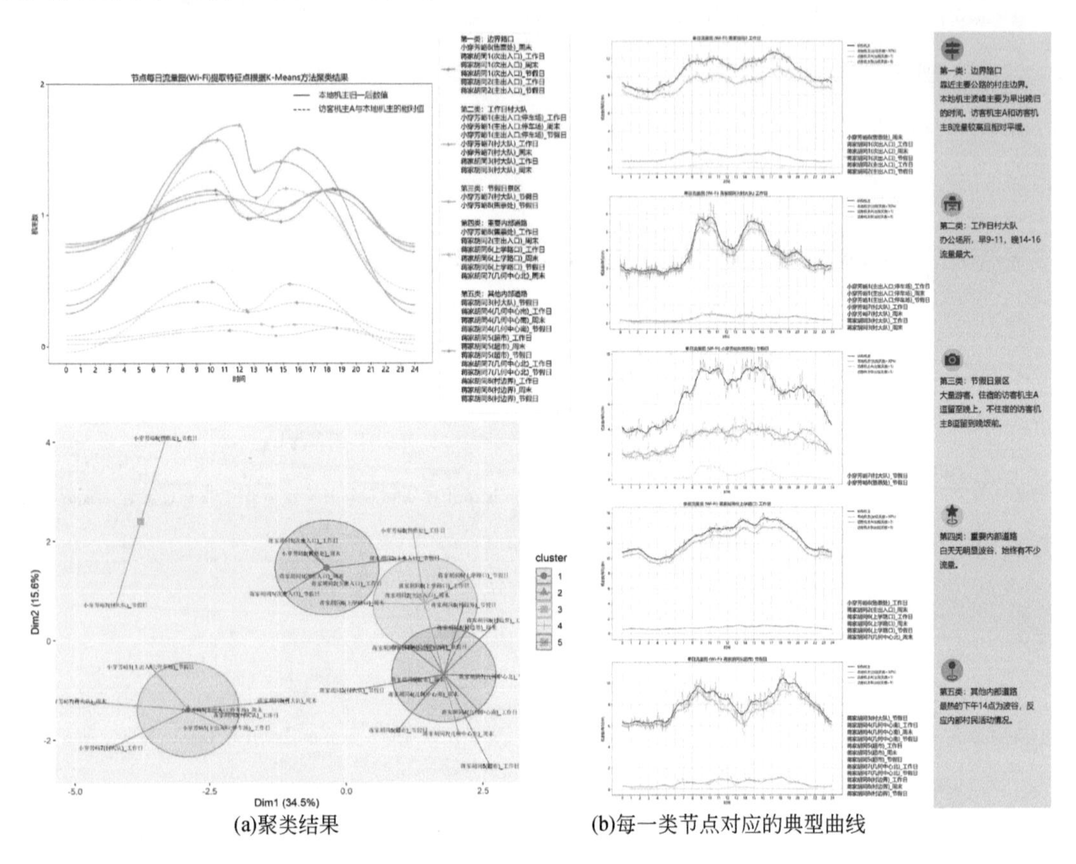


(a)聚类结果　　　　(b)每一类节点对应的典型曲线

图 3-20　蒋家胡同村单日内节点流量变化图

**(3) 多源数据的多精度结果验证**

作为对 Wi-Fi 数据的补充，路口、村口节点的视频监测可以获取更精准的人流量变化数据，与 Wi-Fi 数据相互印证，捕捉节点流量变化趋势。例如，以小穿芳峪村售票亭外路口为例，将视频画面划分为若干部分，可根据行人轨迹首尾所在区域判断流动方向（图 3-21）。从大队部前往售票处的流量在视频数据结果与 Wi-Fi 数据结果访客机主部分趋势相似，流量峰值分布在 9 时～10 时、15 时～17 时。

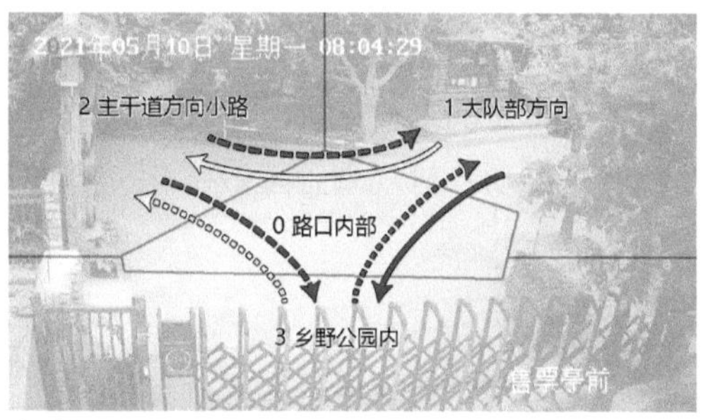


(a)路口视频

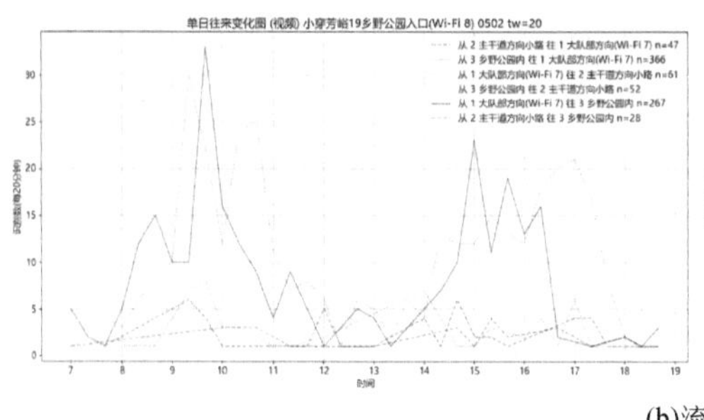

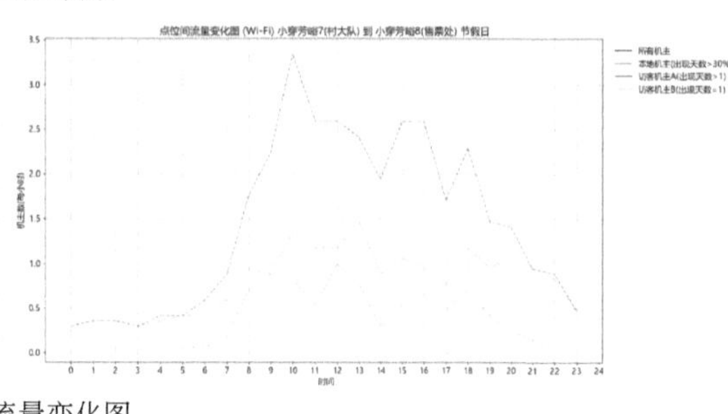

(b)流量变化图

图 3-21　小穿芳峪村售票亭外路口视频监测流量变化图

# 3.5　结论与展望

本书以位于华北平原的天津蓟州区蒋家胡同村、小穿芳峪村，以及位于华中地区的江西安义古村落群为例，探索在我国农村条件下融合 Wi-Fi 数据与视频数据进行居民行为监测的技术方法。

Wi-Fi 定位技术通过抓取移动终端 Wi-Fi 信号实现对人员的定位，能够自动、大量地获取结构化定位数据，设备安装简易，成本低廉，适于对全村整体人口流动情况进行记录，也可以对村庄重要节点的使用情况进行分析。监控视频轨迹提取技术使用多目标分析、行人重识别等计算机视觉方法提取人员在视频画面中的活动轨迹片段，数据获取较为简便，定位精度高，轨迹信息丰富，可视化能力强，可以完整记录一个空间节点（如路口、广场）的全部使用情况，适于监测村庄重要节点的使用情况。

基于 Wi-Fi 的定位与视频数据定位都是具有较好实用性的定位技术。本书将这些技术方法迁移至农村环境中，在实际应用中应注意一些技术上的限制条件。例如，农村中由于供电条件的局限，Wi-Fi 与视频设备的布设点位数量受到限制，使得监测覆盖范围不够理想；当前移动设备大规模采用随机 MAC 地址以保护用户隐私，使得 Wi-Fi 数据收集到的轨迹信息缺失率越来越高；视频数据的存储需要较大空间、分析处理需要较多算力，限制了视频数据的覆盖时长等。

本书在产业结构不同、地理环境各异的三个村镇开展的实验均获得明显成效。我们认为，该套村镇人员行为监测方法具有一定通用性，可广泛应用于农村地区，开展长时间、大规模的数据记录，反映村镇人员组成结构与流动情况，分析不同类型人员活动的规律，加深对村庄不同空间实际使用效果的了解，为村庄规划提供支撑。希望该方法能够弥补传统监测评价手段的不足，进一步提升村镇居民行为监测与评价效率，细化监测和评价要素的颗粒度，推动乡村规划管理数字化、智能化发展。

# 第4章　基于多模态数据分析的乡村聚落人员需求感知与服务技术

## 4.1　当前技术进展

乡村聚落人员社会需求的获取不仅能够反映居民在社会空间的诉求，也能为管理者为民服务、管理决策提供支撑。乡村聚落人员社会需求采集渠道多种，目前，大部分的需求主要依靠居民通过服务热线、公共服务中心、填写调查问卷进行表达。传统方式可以通过问卷调查来了解居民的需求，这种方式需要设计人员提出社会需求指标，围绕相关指标进行问卷设计，并选定人群进行调查问卷的发放和收集。这种方法参考的数据依据少且缺乏实时性，且以单一数据作为分析来源存在需求定位的片面性，不容易获得准确的乡村聚落人员社会需求，人为因素干扰大，考虑的因素不全面，参考的数据依据少，进而导致对需求的决策不够科学严谨，导致后续的基层管理、公共服务设施配置等决策和政策制定产生偏差，因此，乡村聚落人员需求存在动态情况不明晰，决策管理科学严谨性不足的问题。

随着信息技术和数字乡村建设的快速融合发展，乡村治理、居民服务的有效实施依赖于乡村各类用户需求的准确表达，准确的需求划分能更快地为居民提供高效、准确个性化信息。如何有效利用多种数据来源，通过多种智能信息技术手段实现对乡村聚落人员社会需求的精准识别是当前需要解决的问题。

### 4.1.1　基于互联网社区的农民需求信息获取技术

近年来人工智能、大数据技术不断地突破与创新，基于人工智能提供的相关信息挖掘方法也迎来了新一轮的革新与更迭。如何从用户在互联网社区中的访问信息内根据用户的农业属性特征，定位其需求，同时从互联网的海量信息中匹配质量好、实用强、价值大、时效高的个性化信息，来满足农业特定用户的信息需求，是我们需要解决的问题。个性化分类算法是互联网、大数据、人工智能等信息技术与用户需求信息分析的深度融合，是大数据挖掘技术在农村信息服务领域的具体实践，是以大数据技术为基础建立在海量数据挖掘信息之上的为用户提供个性化信息服务和决策支持的数学模型。目前常见的信息推荐算法有五种类型：统计类推荐算法、机器学习推荐算法和深度学习推荐算法、基于注意力机制的推荐算法和混和推荐算法。

**（1）统计类推荐算法**

统计类推荐算法主要依赖于统计学原理和方法来处理和分析数据，基于统计分析和用户行为数据的信息分类和推荐方法。这种方法相对简单直接，但个性化程度较低。

**（2）机器学习推荐算法**

机器学习推荐算法是目前应用最广泛的推荐算法之一，它通过训练模型来自动学习用户的行为模式和兴趣偏好，从而为用户推荐可能感兴趣的内容。机器学习算法的核心是利用统计模型对文本特征进行数学表达，实现结果分类，但是该算法无法承载文本中重要的语义及语序等信息，同时机器学习模型还必须由人工进行大量的特征标注，增加了算法的应用成本。常见的机器学习推荐算法包括以下三种。

基于内容的推荐算法（content-based recommendation，CB）。通过分析推荐对象的内容特征（如文本、图像等）来构建用户的兴趣模型，并为用户推荐与其兴趣相似的内容。基于内容算法克服了协同过滤算法的缺点，但是存在用户潜在和隐性的兴趣无法得到充分挖掘等弊端，尤其是针对农业信息时效性强、隐含信息丰富但提取难的特点无法进行及时处理及有效表达。

协同过滤推荐算法（collaborative filtering，CF）。通过分析用户的行为数据来发现用户或内容之间的相似性，从而为用户推荐可能感兴趣的内容。协同过滤算法又可以分为基于用户的协同过滤和基于内容的协同过滤。协同过滤算法直观性强，但是存在数据稀疏及冷启动等问题，算法效果依赖于用户行为数据的丰富性和准确性。

矩阵分解推荐算法（matrix factorization-based recommendation，MF）。将用户-内容评分矩阵分解为两个低秩矩阵的乘积，从而得到用户和内容的隐式特征向量，进而进行推荐。该算法能够处理大规模数据集，并有效缓解数据稀疏问题，通过优化算法（如随机梯度下降）来训练模型，提高推荐准确性，但需要足够的评分数据来训练模型。

**（3）深度学习推荐算法**

深度学习推荐算法是近年来兴起的一种新型推荐算法，它利用深度学习模型（如神经网络）来自动学习用户和内容的高阶特征表示，并进行推荐。利用深度学习的优势是从各种复杂多维数据中学习用户和物品的内在本质特征（王俊淑等，2018），充分表达文本信息中复杂的语义关系，部分模型还能够对语序进行强化理解，构建更加符合用户兴趣需求的模型，以提高推荐算法的性能和用户满意度。因此该技术为解决用户基于互联网行为信息的个性化需求发现提供了新的思路方法。常见的深度学习推荐算法包括以下三种。

基于神经网络的推荐算法。使用多层全连接神经网络来建模用户和推荐物品之间的交互关系。在因子分解机（factorization machines，FM）与深度因子分解机（deep factorization machine，DeepFM）的基础上引入深度神经网络，以同时捕捉低阶和高阶特征交互。

基于卷积神经网络的推荐算法。利用卷积神经网络处理图像数据，将用户和推荐物品的图像特征作为输入进行推荐。另外，针对文本数据，将文本数据转换为词向量，然后利用卷积神经网络捕捉文本中的局部特征进行推荐。

基于循环神经网络的推荐算法。循环神经网络模型（recurrent neural network，RNN）围绕文本中的序列信息提升了文本分类效果。但由于 RNN 存在无法解决长时依赖以及梯度消失问题，研究人员对 RNN 模型进行了优化及改进，提出了长短期记忆网络（long short-term memory，LSTM）和门控循环单元神经网络模型（gated recurrent unit，GRU），并用来解决文本分类问题。

长短时记忆网络是属于循环神经网络的一种特殊类型，该模型解决了 RNN 存在的反馈消失以及预测序列间隔时间和延迟较长等问题。LSTM 模型包含三种门结构：遗忘门、输入门和输出门，三种门作用在细胞单元上构成了 LSTM 模型的中间隐藏层，所谓门其实是通过 Sigmoid 函数和矩阵乘法的组合运算来确定连接还是关闭，控制当前时间节点信息是否添加到细胞单元中的对数据模型一种映射性表述。LSTM 的工作方式与 RNN 网络基本相同，其网络结构如图 4-1 所示。传统的 LSTM 模型提出时间较早，因此发展出 GRU、简单循环单元 SRU（simple recurrent unit）模型等多种变体，但经过 Greff 等对 LSTM 以及各类变体的比较，所得结论是相较于传统 LSTM 模型各类变体模型并未实现性能显著提升，反而部分模型的稳定性还有所降低。

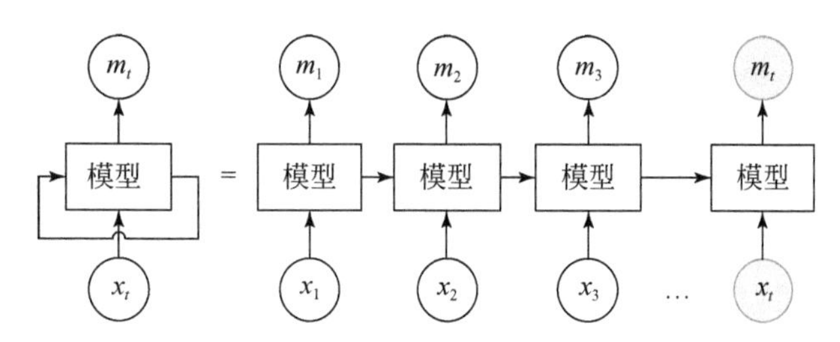


图 4-1　LSTM 的网络结构

目前针对文本问答数据知识分类研究工作常用的文本分类方法有 k-means 算法、朴素贝叶斯模型和支持向量机（support vector machine，SVM）等。支持向量机是一种基于结构风险最小化的机器学习算法，实现对线性可分的数据分类。对于多分类任务而言，给定训练数据集 $\{(x_1, y_1), (x_2, y_2), \cdots, (x_i, y_i)\}$，其中 $i=1, 2, \cdots, l$，$x\in R^n$，$y\in \{1, 2, \cdots, M\}$。通过寻找$R^n$上的一个函数 $g(x)$，使得对于任意输入参数 $x$，都能输出对应的结果 $y$。而在线性不可分的情况下，SVM 会先将输入的向量映射到高维特征向量空间中，再在该特征空间中构造最优分类面。

**（4）基于注意力机制的推荐算法**

注意力机制是一种模拟人类注意力行为的深度学习技术，它能够在处理大量信息时自动筛选出对当前任务更为重要的部分，并对其进行重点关注和处理。在推荐系统中，注意力机制可以帮助模型更好地理解和分析用户的历史行为数据，从而更准确地预测用户的兴趣偏好。具体实现上，可以构建包含输入层、嵌入层、注意力层、交互层、池化层、深度交互层以及预测层的模型。在注意力层，通过计算不同历史物品与目标物品之间的注意力得分，为不同物品分配不同的权重。通过引入注意力机制，使模型能够动态地关注重要的输入信息，有效提升了推荐算法的准确性和鲁棒性。

**（5）混合推荐算法**

混合推荐算法是推荐系统领域中的一种重要方法，通过将不同类型的推荐算法（如协同过滤、基于内容的推荐、矩阵分解、深度学习等）进行组合或融合，结合多种深度学习模型和传统推荐算法的优点，克服单一推荐算法的局限性，提高推荐的准确性和多样性。

### 4.1.2　基于视频分析的乡村聚落公共服务设施需求信息获取技术

随着科技的飞速发展，视频监控技术已经从简单的实时录像逐渐演变为具有智能分析功能的复杂系统。这些系统不仅能够实时捕捉和记录视频数据，还能够通过先进的算法和技术对视频内容进行深入分析，从而实现对异常行为、安全威胁等重要事件的预警与响应。

居民社会需求采集逐步走向自动化和智能化。综合运用移动互联网技术、嵌入式技术和数字图像算法，实现智能监控设备实时数据智能分析和处理已成为视频监控系统研究的热点。智能视频监控系统与传统监控方式相比具有智能化、高效性和低成本等特点，是未来视频监控的主要发展方向。

有学者构建了以视频智能分析的人群计数、密度估计、行人追踪、活动烈度识别为核心技术的人员密集场所风险预警技术框架（陈冲等，2020），基于深度学习的视图监控预警技术将不同类型的监控视频区分为盗窃抢劫、打架斗殴、交通事故、非法聚集、应急救援五种具体场景，利用预先训练好的深度自学习网络模型对监控图像进行特征提取、分类预测和预警提醒（李泽华，2022），利用基于 YOLOv5+DeepSORT 的算法实现人流量检测及预警（王梦梅，2023）。

针对人流量的分析仅仅有监控系统还不够，还需要将视频图像中的行人图元作为处理单元，采用知识元模型实现对知识、数据、算法和行为事件的组织管理，便于计算机视觉领域中不同行人分析方法的灵活集成应用，通过将先验知识转化为模糊逻辑规则的方式实现对单人和群体行为的识别，以此达到对村镇市场、公交站点、公共服务场所的人流行为分析。

人群行为分析主要包含信息特征提取和行为建模两个步骤，其中选取的行为特征主要有人群信息熵、光流特征、光流直方图特征、混合动态纹理特征和动态智能体当前特征；行为模型主要用于正常行为和异常行为的分类，主要有支持向量机、高斯混合模型、社会力模型、社会化网络模型等。人群人数属性分析主要包括以下三类方法。

**（1）基于图像检测的人流量计算方法**

主要是通过设计检测器来检测视频图像中的每个个体，然后统计个体数量实现计数功能，也称之为直接方法。检测器主要有行人检测器、行人头肩检测器和人脸检测器。基于行人检测的方法主要分为图像特征提取和二分类器的训练两个过程。采用的图像特征主要有颜色特征、哈尔小波特征和梯度直方图特征等，及其改进的特征，分类器主要选用支持向量机等。

**（2）基于统计或基于机器学习的人流量检测方法**

该类方法主要思路是将视频图像的行人划分为多个图元块，分别提取每个图元块的低级属性特征，通过构建图元低级属性特征与人数属性的回归映射来确定每个图元的人数，最后进行累加得到总人数。因此这类方法的关键在于行人图元特征的选取和回归模型的选取，采用的图元特征主要包括纹理特征、前景像素、SURF（speeded up robust features）特征点和边缘特征等，采用的分类和回归策略包括线性回归、神经网络、高斯过程回归和机器学习等模型。这类方法也称之为基于回归的方法，是目前使用最广泛的计数方法。

**（3）基于跟踪轨迹的人流量检测方法**

近几年较为流行的行人跟踪方法主要是将视频中的行人流看作是一个网络流，并且将相邻多帧图像中的每个个体的行走路径看作是一个连续的运动轨迹，通过计算运动轨迹个数来确定该段时间内行人的数量。监控场景中的人群信息主要包括人群中行人的运动信息、人群密度信息、人群数量信息，以及图像可分离的单人行为信息等，其中人群数量信息分析是计算机视觉领域研究的热点问题之一。

通过图像和视频数据分析公共服务设施人流量可以体现区域居民对公共服务设施的利用率及需求强度，为基层管理部门在后期的配置管理中提供支撑。

### 4.1.3 基于知识图谱的用户画像构建技术

知识图谱技术是人工智能技术的重要组成部分，其建立的具有语义处理能力与开放互联能力的知识库。目前国内外构建知识图谱技术已基本成熟。开放式领域多为自底向上，即先从一些开放式数据库中提取出实体，再构建顶层的模式层；专业领域知识图谱多采用自顶向下的构建方式，在领域专家的协助下先定义好本体与数据模式，再利用网页爬虫等方式获取实体，将实体导入数据库。知识图谱构建的关键技术包括：知识抽取与表示、知识融合与知识推理。

用户画像是知识图谱技术的最新应用场景之一，构建用户画像旨在通过用户已有的信息，实现有关用户的知识推理，从而预测用户关注点。国内外用户画像研究横跨多个学科领域，如计算机、图情、心理学领域，且技术方法多种多样，在数据收集方面，有问卷、访谈等社会调查方法，有基于平台的网络数据采集方法；在数据分析和数据建模方面，涉及统计建模、数据挖掘、机器学习等各种方法。

运用用户画像技术、根据用户个人属性和差异化需求提供精准信息服务是当前国内外研究热点。有学者（盛姝等，2021）从用户角色属性、行为属性及文本特征构建典型用户识别指标，建立画像概念模型，并实现用户信息需求的精准分析。有研究从用户需求、用户角色、用户行为三个维度构建用户画像概念模型，通过概念格 Hasse 图将用户群体分为三大类，实现社区群体用户画像的构建，并通过关联规则挖掘群体用户在不同情境下的行为规律，完整刻画用户画像（张海涛等，2018）。有研究使用 RFM 模型筛选典型用户，并从事实维度、模型维度和预测维度构建互联网社区中的用户画像标签，以问卷调查数据为依据，通过 k-means 聚类分析实现部分用户画像实证研究（王丽君和路一平，2023）。在需求感知前提下，构建精准的用户画像，为乡村聚落居民智能化信息服务提供支撑。

## 4.2 技术原理与流程

乡村聚落居民社会需求涵盖公共服务设施、办事服务、信息公开、参与治理等方面，相关需求信息的实时获取、分析和反馈服务对于提高公共服务、治理效率具有重要意义。我国幅员辽阔，不同地域、不同产业类型、不同空间格局下的乡村聚落存在巨大差异，城乡之间基本公共服务水平不均等现象突出，满足不同类型乡村聚落居民对公共服务的需求是社会公平的重要体现。乡村聚落居民服务需要反映居民对卫生、医疗、民政、教育等公共服务的需求，服务内容要体现基层服务未诉先办、为民服务效率。本书将乡村聚落居民社会需求划分为：文化体育、行政服务、医疗卫生、养老幼托、商业服务、生产服务、交通物流等七类，需求指标分类如表 4-1 所示。

**表 4-1　需求指标分类表**

| 一级分类 | 需求指标 |
| --- | --- |
| 文化体育 | 文化、教育资源可得率 |
| | 乡村大舞台、健身广场等文化体育设施使用率 |
| | 文化体育相关活动参与率 |
| 行政服务 | 镇级、村级公共服务中心到访率 |
| | 行政服务居民相关咨询率 |
| | 行政事务居民网上办理量 |
| | 乡村居民自治参与率 |
| 医疗卫生 | 健康知识可得性 |
| | 镇级卫生院、药店、村级卫生室到访率 |
| 养老幼托 | 农村居家养老服务中心、老年活动室、儿童活动室到访率 |
| | 居家养老线上服务量 |
| 商业服务 | 小超市、小卖部、金融电信服务点、餐馆、理发店到访率 |
| | 村民间少量农产品线上交易量 |
| 生产服务 | 农机及零配件商店或维修店、农资店等生产资料供应到访率 |
| | 游览接待设施、民宿、土特产/手工艺品/纪念品商店到访率 |
| | 农技远程教育中心、科普教育学校、科技服务点、科技小院、农业服务中心、兽医站到访率 |
| | 农业技术服务居民相关咨询率 |
| | 农业技术问题在线解答量 |
| 交通物流 | 公交站、快递站到访率 |

本方法通过筛选出公共服务相关的七类关键服务内容，然后集成需求相关的数据，依据主要的需求分析模型，根据系统问答数据、视频分析数据、居民出行数据等进行模型分析，然后根据改进的需求预测模型预测不同类别的清洗，从而实现高精度的居民社会需求预测，解决现有技术通常由于参考的数据依据少且缺乏实时性导致居民需求动态情况不明晰、决策管理科学严谨性不足的问题。

乡村聚落人员社会需求感知识别与服务方法的流程，包括以下步骤（图 4-2）。

### 4.2.1　乡村聚落公共服务设施利用视频监测数据分析

选择乡村聚落不同类型公共服务设施进行视频监控数据的采集，点位可以参考表 4-2，但不限于表中所述的公共服务设施位置，每类设施可以选择 3 ~ 5 个点位，对每个监控摄像机采集视频片段，每个视频片段由摄像机 ID 唯一标识。利用视频采集装置对目标区域内不同类型公共服务设施进行视频监控数据的采集。视频采集装置包括多个深度摄像头，

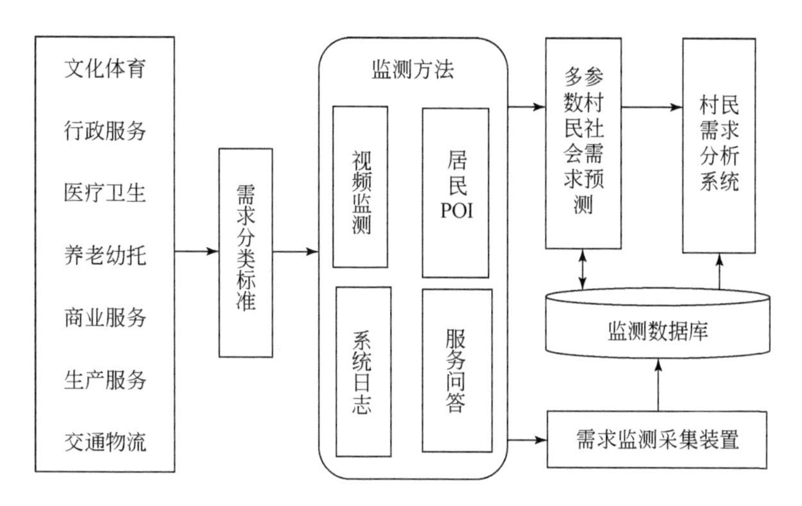


图 4-2　乡村聚落居民社会需求获取分析流程

软总线支持 GB28281 协议，并支持国内主流品牌视频设备接入，具备汇聚视频设备接口、转发推送视频和图片数据功能；并配备各类传感器监测节点对公共服务设施现场人流量进行持续监测。一方面，可及时发现人流量异常情况；另一方面，也能够成为公共服务设施利用效率分析的重要部分，通过全方位呈现最直观的信息，让管理人员远程动态获取公共服务设施运行情况。

**表 4-2　公共服务设施摄像头点位部署**

| 序号 | 分类 | 深度摄像头部署点位 |
| --- | --- | --- |
| A | 文化体育 | 村体育活动室 |
| B | 行政服务 | 村级公共服务中心 |
| C | 医疗卫生 | 村卫生室 |
| D | 养老幼托 | 村老人日间照料中心 |
| E | 商业服务 | 村中心超市 |
| F | 生产服务 | 农资店 |
| G | 交通物流 | 快递收发点 |

其过程主要包括：获取目标群体在每类关键服务上的视频监控数据；将各关键服务的视频监控数据进行逐帧分析，以确定每类关键服务的人流量统计数据；对所述人流量统计数据进行修正，以确定所述每类关键服务在预设统计周期内的单位人流量。

将前端采集的公共服务设施监测站点数据，推送给图片和视频二次分析服务进行图元和视频分析，分析判断人流量情况，并返回结果记录到监测数据库中。为居民服务业务系统标准物联网设备接入提供接口适应性开发支撑，将数据无缝实时地接入系统当中。对每个监控摄像机采集视频片段，为保证检测的准确性，选取人群密度较低的视频片段，每个视频片段带有包括摄像机身份标识号（ID）的唯一标识。将视频片段转换成图像序列，为便于分布式处理，使用 HIPI 接口将图像序列转换成 HIB 形式文件的点位数据并上传到分布式文件系统（hadoop distributed file system，HDFS）上，以对点位数据进行加权平均统计人数。

对目标区域内的公共服务设施视频监控采集的图像进行人流量分析，通过对经典的双阶段目标检测神经网络（faster region-convolutional neural network，Faster R-CNN）进行改进，得到流量分析模型，主要是将 VGG16 中的 Conv4_3 层代替 Conv5_3 层输入到区域建议网络（region proposal network，RPN）中生成候选区域（regions of interest，RoI），在减少网络复杂度的同时，弥补小目标在深层特征上细节信息的缺失。

采用双向人流量智能统计方法对每个视频监控数据进行人流量分析，通过双虚拟线对目标区域进行设定，具体流程包括以下方面。

首先，以视频画面的左下角为原点，以画面的最靠下的边为 $x$ 轴，以画面的最靠左的边为 $y$ 轴，建立直角坐标系，以出现在视频画面中的居民为目标，设定两条虚拟线并获取其坐标，以确定虚拟线在视频画面中的位置，将视频监控数据中出现的人作为检测和跟踪的目标；然后，经过流量分析模型对目标的检测和跟踪，第 $N$-1 帧和第 $N$ 帧中的每个目标都被设定唯一 ID，将第 $N$-1 帧的目标以 ID 为键、坐标为值存储于监测数据库的字典表中；然后，遍历第 $N$ 帧中的所有目标并依次判断其是否在字典表内，若不存在，则在表中增加一条记录，若存在，则判断目标坐标和表中相同 ID 的目标坐标与虚拟线坐标之间的大小关系，具体判断过程视实际场景而定；遍历所有视频帧并重复上一步骤，完成每个点位的人流量统计；对多个点位的人流量统计数据进行加权平均等，并利用图元网络模型修正加权平均后的人数结果。

利用回归算法对图元网络模型进行求解，实现对人流量统计数据的修正，以消除多个人在访问的过程中可能在图像上会出现人的重叠交叉所带来的误差，最后获得不同时段人流量数据；融合基于行人图元网络的人数属性信息、基于图元网络得到的图元速度属性信息和基于图元骨架属性序列得到的单人行为信息，在先验知识的指导下实现行人群体性行为的识别，并得到较为精确的多人图元人数属性值作为最终的人流量$H_i$。单位人流量的计算公式为：$H_i=\frac{S_i}{n}$；其中，$H_i$为 1 小时内居民访问属于关键服务 $i$ 的所有的公共服务设施的人流量，记为单位人流量；$S_i$为 24 小时内居民对属于关键服务 $i$ 的所有的公共服务设施的到访问总频次；$n$ 为计算周期，取 24。

## 4.2.2 基于乡村聚落居民服务系统使用行为的用户兴趣分析

随着移动互联网技术应用，数字乡村建设，越来越多的村镇应用了乡村聚落居民服务系统，系统中的共性服务模块一般包括居民参与治理的内容，如村民议事厅、有事您说话、邻里互帮助和咱村大喇叭等栏目；其中，有事您说话可以包括：问题随手拍、我有好点子、他乡好例子和美丽靠大家等分区；邻里互帮助可以包括：鼓起钱袋子、充实脑瓜子、红白喜事告、能人荟萃帮和家长里短唠等分区；咱村大喇叭可以包括：政府直通车、便民服务站、学习大讲堂、每周人物风云榜和村里好儿童等分区。通过这些栏目可以形成居民诉求上通下达的渠道，同时也积累了大量的居民需求。

乡村聚落居民服务系统调取目标群体访问每类关键服务对应的有效页面停留时间，确定其对每类关键服务的访问频次；根据所述每类关键服务的访问频次，确定所述每类关键服务在预设统计周期内的单位交互数据量。

首先，根据居民需求分析系统中每个页面的停留时间，对每个页面的访问次数进行矫正，在某个页面停留时间越长，表示对该信息越感兴趣，可以将其作为有效数据，具体计算如下：

$$T_i = \begin{cases} \sum_{k=1}^{k} \frac{\log t_{i,k}}{x_k}, & t_{i,k} > t_0 \\ 0, & t_{i,k} \leqslant t_0 \end{cases} \tag{4-1}$$

式中，$T_i$为 24 小时内居民对关键服务 $i$ 的访问总次数；$t_{i,k}$为用户访问关键服务 $i$ 的任一页面 $k$ 的时间，当$t_{i,k}$不大于$t_0$时，表明兴趣不够，视为无效数据；$x_k$为页面信息量。

其次，根据用户在随手拍、议事厅、办事直通车、我有好点子、便民服务站等模块交互信息，按照七类关键服务进行分类，统计居民在系统中发布信息或回复信息的条数，作为有效的交互信息条数，统计时间为 1 天，关键服务 $i$ 的交互信息有效条数记为$E_i$。

每种类型关键服务的访问次数计算公式如下：

$$C_i = \frac{T_i + E_i}{n} \tag{4-2}$$

式中，$C_i$为 1 小时内居民对关键服务 $i$ 的访问次数，记为单位交互数据量；$T_i$为 24 小时内居民对关键服务 $i$ 的访问总次数；$E_i$为 24 小时内关键服务 $i$ 的交互信息有效条数；$n$ 为计算周期，取 24。

根据每类关键服务的单位交互数据量，建立七类服务访问和交互条数的排名列表。本方法通过抽取居民需求分析系统中的交互数据，克服了耗费大量人力和时间、成本较高且缺乏实时性的问题，有效提高了乡村聚落公共服务自动响应效率。

### 4.2.3 乡村聚落关键点位视频数据智能检索

在乡村聚落管理与服务中，重要路口、景区、居住区、重要设施的历史监测视频对于一些重要事件追溯具有重要参考意义，面向海量的监控视频数据如何有效、方便地检索到目标信息是实际应用中面临的重要问题。

视频是在时间上连续的一系列图像帧的集合，是一种没有结构的图像流，缺乏有效的目录结构和索引信息，无法进行高效的浏览和检索。人们提出利用关键帧作为基本访问单元进行视频浏览和检索，可大大减少索引数据量，为浏览和检索视频提供组织框架。目前对关键帧内容的理解主要是依靠关键帧的某些底层特征（如颜色、纹理、形状和运动模式等），对用户而言，关键帧的底层特征不如输入关键词直接、便捷，用户很难为自己的检索请求提供示例图片，所以关键帧查询模式的应用范围受到很大限制。为了实现更为贴近用户理解能力的、用自然语言描述的查询方式，对图像语义标注的研究成为基于内容的视频检索中的新亮点。标注就是使用语义关键字或标签来表示一幅图像的语义内容，通过对视频的检索转化为对图像的检索，转化为对文本关键词的检索。

1. 视频镜头分割

镜头边界检测作为整个视频检索的第一步，对视频检索系统的精确度和效率起到了非常重要的作用。一种鲁棒性强、准确度高的镜头边界检测算法是当前急需解决的关键问题之一。很多算法都在通过多种方法试图提高查全率和查准率，但是已有文献中查全率和查准率都很高的算法并不多见。现有很多算法的阈值都是人工设定的，不同的视频需要根据经验设定阈值，在数据处理时，如果阈值选择过大，容易造成漏检；相反阈值选取过小，又会造成误检。不仅如此，对于视频种类的多样性和镜头变换类型的多样性，阈值法有其局限性。

为实现不同内容视频镜头之间的距离最大，且各类镜头内部体现内容离散度越小，设同一类的镜头簇用 $n$ 维向量 $X=[x_1, x_2, \cdots, x_n]$ 表示，不同类镜头距离与相似类镜头内的内容离散度通过矩阵来度量。设第 $\omega_i$ 类镜头簇的均值向量（$\overline{X_{\omega_i}}$）为：

$$\overline{X_{\omega_i}} = 1/N_i \sum_{X \in \omega_i} X \tag{4-3}$$

式中，$N_i$ 是镜头簇内包含视频帧的个数。所有镜头簇的总体均值向量（$\bar{X}$）为：

$$\bar{X} = 1/N \sum_{i=1}^{N} X_i = 1/N \sum_{i=1}^{M} P(\omega_i)\, \overline{X_{\omega_i}} \tag{4-4}$$

式中，$P(\omega_i)$ 代表第 $\omega_i$ 类的概率分布。设第 $\omega_i$ 类镜头簇的协方差（$\sum_{\omega_i}$）为：

$$\sum_{\omega_i} = 1/N \sum_{X \in \omega_i} (X - \overline{X_{\omega_i}})\,(X - \overline{X_{\omega_i}})^{\mathrm{T}} \tag{4-5}$$

所有镜头簇的总体协方差为：

$$\sum = \frac{1}{N-1} \sum (X - \bar{X})\,(X - \bar{X})^{\mathrm{T}} \tag{4-6}$$

设第 $\omega_i$ 类镜头簇内视频帧的离散矩阵（$S_{\omega_i}$）为：

$$S_{\omega_i} = E\{(X - \overline{X_{\omega_i}})\,(X - \overline{X_{\omega_i}})^{\mathrm{T}}\} = \sum{}_{\omega_i} \tag{4-7}$$

所有镜头簇内视频帧的离散矩阵（$S_W$）为：

$$S_W = \sum_{i=1}^{n} S_{\omega_i} \quad i = 1, 2, \cdots, n \tag{4-8}$$

式中，$n$ 表示镜头种类的个数。不同类镜头簇之间的离散矩阵（$S_B$）为：

$$S_B = \sum_{i=1}^{M} P(\omega_i)(\overline{X_{\omega_i}} - \bar{X})\,(\overline{X_{\omega_i}} - \bar{X})^{\mathrm{T}} \tag{4-9}$$

若仅有两类镜头簇时，不同镜头类的离散矩阵（$S_{B_2}$）为：

$$S_{B_2} = (\overline{X_{\omega_1}} - \overline{X_{\omega_2}})\,(\overline{X_{\omega_1}} - \overline{X_{\omega_2}})^{\mathrm{T}} \tag{4-10}$$

其中相同类别镜头簇内离散矩阵主要表示镜头子集中各特征点与镜头子集均值的分布关系，不同类别镜头簇间离散矩阵主要表示镜头子集之间的距离分布关系，这两类矩阵依赖于镜头子集的划分标准。

为实现镜头分割，需要首先构建分割准则，以镜头簇内离散矩阵、不同镜头种类间离散矩阵和总体离散矩阵为基础，设均方误差最小准则为：

$$J = \mathrm{tr}S_W = \sum_{i=1}^{M} P(\omega_i)\mathrm{tr}S_i = \det(S_W) \tag{4-11}$$

不同镜头种类之间的距离最大准则为：

$$J = \mathrm{tr}(S_B) = \det(S_B) \tag{4-12}$$

通过计算两个视频片段的不同镜头类别之间与某一类镜头簇内的距离，极值点处的视频帧为不同镜头的边界帧，当两类镜头簇之间的距离越大、镜头簇内离散度越小，镜头的可分性就越好。根据上述分割准则，定义镜头分割判别函数 $F$：

$$F = \frac{\mathrm{trace}(S_B)}{\mathrm{trace}(S_W)} = \frac{\mathrm{trace}(S_B)}{\mathrm{trace}(S_1+S_2)} = \frac{\mathrm{trace}(S_B)}{\mathrm{trace}(S_1)+\mathrm{trace}(S_2)} \tag{4-13}$$

当 $F$ 取极大值时对应的视频帧为镜头的边界帧。

视频对象是一个具有一定生存周期的在时间轴上连续的概念，属于包含时间轴在内的三维空间。视频对象在某一帧中的表象称为视频对象平面（video object plane，VOP），具体分割时，需要根据兴趣目标确定范围。

### 2. 视频关键帧匹配

关键帧的作用有两种，一种用来构成视频摘要，另一种用来查询关键帧所链接、所代表的视频部分，便于快速地检索、查询到感兴趣的片段。基于视觉内容的关键帧提取方法如下。

**（1）特征提取**

HSV 颜色空间较其他颜色空间更符合人类视觉特性，因此采用 HSV 颜色直方图作为视频帧的特征向量。由于人眼对色调（hue）、比对饱和度（saturation）和亮度（value）敏感，故将 Hue 分成 9 个量化级，将 saturation 和 value 均分为 2 个量化级，因此，每帧可量化为一个包含 36 柄的一维直方图，每帧可由一个 36 维的列向量 $X$ 表示。

$$X = [c_1, c_2, \cdots, c_{36}]^{\mathrm{T}} \tag{4-14}$$

**（2）子镜头分割**

首先建立长度为 $2L$ 的滑动窗口，并将滑动窗口中的前 $L$ 帧视为样本集 $\omega_1 = (X_{i-L}, X_{i-L+1}, \cdots, X_{i-1})$，后 $L$ 帧视为样本集 $\omega_2 = (X_{i+1}, X_{i+2}, \cdots, X_{i+L})$，其中 $X_i$ 表示原视频中的第 $i$ 帧，每帧的公式为 $X = (c_1, c_2, \cdots, c_{36})$。随后计算前后两类样本集的均值向量 $m_i$，$m_i$ 为 $\omega_1$（前 $L$ 帧）的均值向量，$m_2$ 为 $\omega_2$（后 $L$ 帧）的均值向量。

$$m_i = \frac{1}{L}\sum_{H\in\omega_i} X \quad i = 1,2 \tag{4-15}$$

最后计算样本集类内离散矩阵 $S_{\omega_i}$，$L_1L_2$ 的类间离散度矩阵 $S_b$，类内离散矩阵 $S_{\omega_i}$ 在形式上与协方差矩阵很相似，但协方差矩阵是一种期望值，而类内离散矩阵表示有限个样本在空间分布的离散程度。

$$S_{\omega_i} = \frac{1}{L}\sum_{x\in\omega_i} (x - \overline{m_i})(x - \overline{m_i})^{\mathrm{T}} \quad i = 1,2 \tag{4-16}$$

$$S_b=(m_1-m_2)(m_1-m_2)^{\mathrm{T}} \tag{4-17}$$

滑动窗内两类样本类间距离最大、类内距离最小时即为子镜头变化之处。由距离可分性准则可知，类间距离最大、类内距离最小，即等同于类间散度矩阵 $S_b$ 的迹 trace（$S_b$）最大、类内散度矩阵 $S_{\omega_i}$的迹 trace（$S_{\omega_i}$）最小。因此可基于距离可分性准则构造判别式，如式（4-18）所示。

$$F=\frac{\mathrm{trace}(S_b)}{\mathrm{trace}(S_{\omega_1})+\mathrm{trace}(S_{\omega_2})} \tag{4-18}$$

当 $F$ 值最大的时候，说明滑动窗中的前后两部分正好处于不同的时间内容中，滑动窗的中心帧便是子镜头的边界帧。逐帧向后移动滑动窗口，并计算值。当整个滑动窗处于同一镜头时，$F$ 值基本不变，理想的情况下是趋近于零；当滑动窗逐帧进入下个子镜头时，$F$ 的取值逐渐变大，当后 $L$ 帧全部进入后一个子镜头，前 $L$ 帧仍处于前一个子镜头时取值最大，然后又逐渐变小，直至前 $L$ 帧也全部进入下一个子镜头。因此，可以利用 $F$ 的特征曲线中极大值对应的帧号作为子镜头分割边界。

$F$ 特征曲线中除两个取值较大的极大值点外，还存在几个取值较小的极大值点，称之为锯齿波，这是由于镜头中的闪光、物体运动和镜头自身运动等原因造成的噪音，而非真正的子镜头分割点。为了去除干扰，利用式（4-19）来确定真实的子镜头边界。

$$\lambda=\frac{F_i}{F_{\max}} \tag{4-19}$$

式中，$F_i$ 为第 $i$ 大极值点；$F_{\max}$为最大极值点。只有两者的比值超过阈值 $\lambda_i$，$F_i$ 对应的帧号才是真正的子镜头边界帧。

如果 $F$ 值小于 1，则说明滑动窗前后两部分的视觉差异很小。因此为防止过分割，补充如下定义：如一段视频中所有的 $F$ 值均小于 1，则认为此镜头不需要子镜头分割。在上述子镜头分割前，首先需要找出 $F$ 值曲线中所有的极值点。设定一个新函数 $F'=f(i)$，$i$ 是帧号，$f(i)$ 为第 $i$ 帧的 $F$ 值。此处采用二次差分法进行极大点提取，如式（4-20）所示。

$$\mathrm{TD}=\mathrm{sign}[f(i+1)-f(i)]-\mathrm{sign}[f(i)-f(i-1)] \tag{4-20}$$

式中，TD 表示二次差分值，共有 4 种可能取值 0，1，2，−2。最终求得的极大值点处的帧号，二次差分结果等于−2 处为极大值点，等于 2 处为极小值点，其他处的二次差分结果为 1 或 0。可以看出，该方法可以很好地确定子镜头边界，确定极大值点对应的帧号。

**（3）关键帧提取**

如果视频帧可被表示为一个 $M$ 维的向量，则包含帧的子镜头可表示为矩阵。因为关键帧代表最主要的视频内容，相当于矩阵 $A$ 中最重要的列，视频中任何一帧的视觉内容均可由关键帧表示，因此关键帧提取问题可转化为寻找矩阵中最大线性无关组的问题。具体过程包括关键帧数目确定和关键帧位置的确定。由于视频数据是一种非结构性数据，视频帧间不存在简单的线性关系，因此矩阵的秩往往过高。为此，需要采用求取矩阵有效秩的方法来确定关键帧个数。

### 3. 视频数据语义分类模型

视频信息因其传达信息直观而被更多的人采用，通过自然语言匹配提取视频中的信息，建立新的计算模型和方法，可以大幅度提高计算机对这类信息的理解能力与处理效率。目前，利用视频的视觉特征、音频特征、文本信息、基于模板进行视频的索引和检索方法较为常见。

目前提取视频语义的主要方法包括概率统计方法、统计学习方法、基于规则推理的方法、结合特定领域特点的方法等。概率统计方法将视频语义对象提取看作是待提取视频语对象（此对象类别未知）的分类问题，利用模式分类方法尝试跨越语义鸿沟。语义检索的随机方法关注的是模型概率特性，其核心思想是用随机数学方法来描述对象的不同特征，并在此基础上建立多媒体概念模式分类器。视频语义概念模式的分类器主要包括多媒体语义对象模型和多媒体语义网络模型。建立分类器的过程涉及两方面，即给定一般的模型或分类器的形式及利用训练样本去学习或估计模型的未知参数。

### 4.2.4 乡村聚落用户个性化需求信息推荐

乡村聚落用户信息需求差异巨大，互联网海洋中除了特定的查找外，用户一般很难发现自己感兴趣的信息。个性化需求信息推荐通常分析用户的浏览记录、操作行为信息，进而分析用户的兴趣。推荐算法一般包括基于关联规则的推荐算法、基于内容的推荐算法、协同过滤等。目前应用最广泛的是协同过滤算法。协同过滤推荐技术主要分为两种，基于用户的协同过滤和基于物品的协同过滤。

1. 基于用户的推荐原理

乡村聚落用户一般包括村镇的管理人员、农村新型经营主体、公共服务人员和居民。俗话说“物以类聚、人以群分”，当一个农村居民 A 需要个性化推荐时，可以先找到和他年龄、性别、种植养殖品种、经营管理相似的居民 G，然后把农村居民 G 感兴趣的、并且没给农村居民 A 推荐过的信息推荐给 A，这就是基于用户的系统过滤算法。该算法的基本思想是基于用户对信息的偏好找到相邻邻居用户，然后将邻居用户兴趣信息推荐给当前用户。计算上，将一个用户对所有信息的偏好作为一个向量来计算用户之间的相似度，找到邻居 K 后，根据邻居的相似度权重以及他们对信息的偏好，预测当前用户没有偏好的未涉及信息，计算得到一个排序的信息列表作为推荐。例如，农业运销大户 A 偏爱土豆和大蒜，普通农民 B 偏爱番茄，农产品种养大户 C 偏爱土豆、大蒜和复合肥（表 4-3）。而对于农业运销大户 A，根据用户的历史偏好，这里只计算得到一个邻居–农产品种养大户 C，然后将农产品种养大户 C 喜欢的复合肥推荐给农业运销大户 A（图 4-3）。

**表 4-3 基于用户的推荐原理示例**

| 用户 | 土豆 | 番茄 | 大蒜 | 复合肥 |
|---|---|---|---|---|
| 农业运销大户 A | √ | | √ | 推荐 |
| 普通农民 B | | √ | | |
| 农产品种养大户 C | √ | | √ | √ |

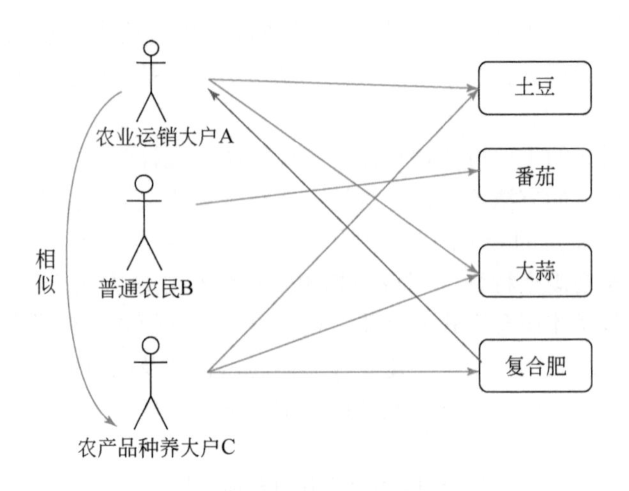


图 4-3　基于用户的推荐原理图示

2. 基于物品的推荐原理

基于物品的协同推荐原理和基于用户的协同推荐类似，只是在计算邻居时采用物品本身，而不是从用户的角度，即基于用户对物品的偏好找到相似的物品，然后根据用户的历史偏好推荐相似的物品给他。从计算的角度看，是将所有用户对某个物品的偏好作为一个向量来计算物品之间的相似度，得到物品的相似物品后，根据用户历史的偏好预测当前用户还没有表示偏好的物品，计算得到一个排序的物品列表作为推荐。农业运销大户 A 偏爱土豆和红薯，普通农民 B 偏爱番茄、土豆和红薯，农产品种养大户 C 偏爱土豆（表 4-4）。对于商品土豆，根据所有用户的历史偏好，喜欢土豆的用户都喜欢红薯，得出土豆和红薯比较相似，而农产品种养大户 C 喜欢土豆，那么可以推断出农产品种养大户 C 可能也喜欢红薯（图 4-4）。

基于协同过滤的推荐策略的基本思想就是基于大众行为，为每个用户提供个性化的推荐，从而使用户能更快速、更准确地发现所需要的信息。协同过滤的优点为新异兴趣发现、不需要领域知识；随着时间推移性能提高；推荐个性化、自动化程度高；能处理复杂的非结构化对象。基于协同过滤的推荐策略也有不同的分支，它们有不同的实用场景和推荐效果，用户可以根据自己应用的实际情况选择合适的方法，异或组合不同的方法得到更好的推荐效果。

**表 4-4　基于物品的推荐原理示例**

| 用户 | 物品 | | |
|---|---|---|---|
| | 土豆 | 番茄 | 红薯 |
| 农业运销大户 A | √ | | √ |
| 普通农民 B | √ | √ | √ |
| 农产品种养大户 C | √ | | 推荐 |

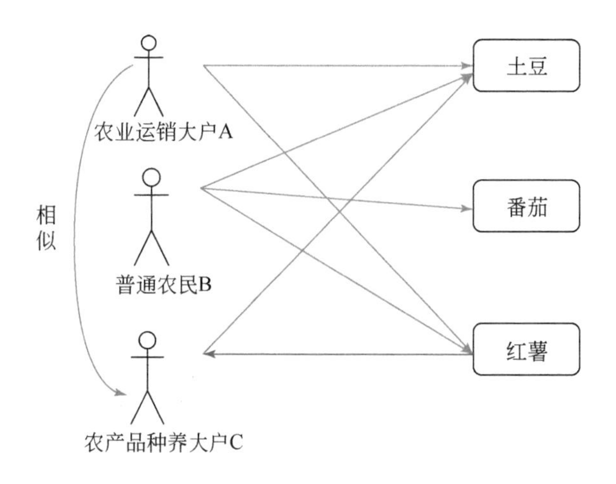


图 4-4　基于物品的推荐原理图示

# 4.3　乡村聚落需求服务系统实例

乡村聚落是乡村振兴的落脚点，当前我国农村基础设施建设滞后、农业供给质量和效益亟待提高、农村环境和生态问题突出、城乡基本公共服务和收入水平差距大、乡村治理体系和治理能力亟待强化等状况尚未发生根本改变，经济社会发展中最明显的短板仍然在“三农”，现代化建设中最薄弱的环节仍然是农业农村。以物联网、云计算、大数据、人工智能和移动互联网等新兴信息技术为依托，发挥互联网和信息化的重要作用，监测乡村聚落居民需求变化、分析需求满意程度、聚焦需求精准服务，建设乡村聚落需求服务系统具有重要意义。

## 4.3.1　系统体系架构设计

系统采用 B/S 架构和 C/S 架构混合部署，其中 Web 端基于 B/S 架构，管理员可进行需求数据的在线管理和分析。移动客户端基于 C/S 架构实现，通过手机终端可上报需求数据，获得监测数据，了解实时服务信息。

系统体系架构包括“一个中心+两个支撑+五个服务”，其中：一个中心是指需求数据中心，涵盖五大主题的需求数据和服务数据，通过统一的数据集成接口融入乡村聚落经济社会需求监测与服务相关的数据、标准、文件、视频、图像、空间地理、遥感影像等资源；两个支撑是计算环境和数据感知支撑体系，计算环境提供数据存储、系统计算、网络通信等方面的支撑，数据感知主要通过物联网监测设备采集、历史统计集成、移动采集上传、网络专题抓取等方式进行数据的获取；五个服务是指面向村镇居民、管理人员、产业从业人员提供基于数据的公共服务、经济发展、乡村治理、居民服务、生态环境等信息服务（图 4-5）。

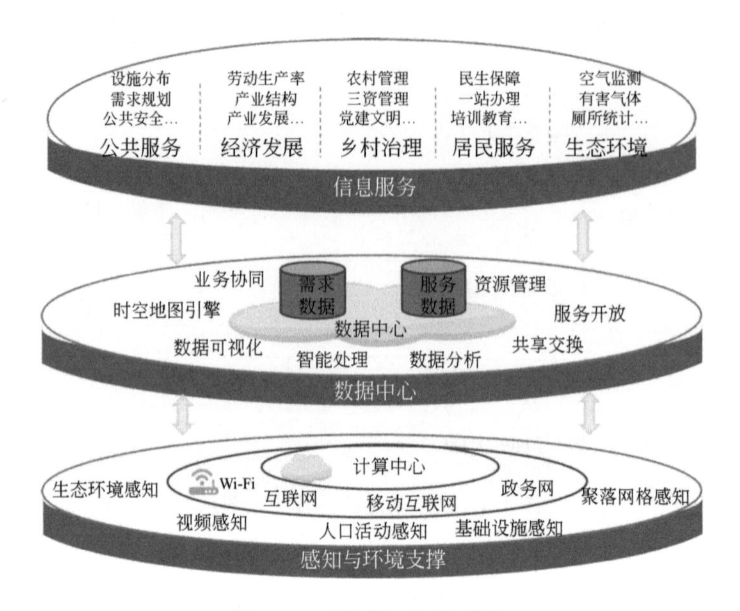


图 4-5　系统体系架构设计

## 4.3.2　乡村聚落需求服务数据

围绕居民和基层管理人员关心的问题进行数据库内容和涵盖指标的设计。数据库的建设宗旨是：以辅助解决乡村聚落经济社会发展问题为导向，以公共服务、经济发展、乡村治理、居民服务、生态环境需求服务为重点，针对不同来源、不同类型的监测数据，进行标准化接入处理，形成逻辑上统一管理的标准化需求数据库（表 4-5）。

**表 4-5　乡村聚落需求监测数据库特点**

| 序号 | 数据库名称 | 主要数据内容 | 功能特点 |
| --- | --- | --- | --- |
| 1 | 公共服务数据库 | 村镇农民就业指导、社会保障、医疗卫生、文体教育、产业服务等公共设施空间布局规划、基本属性信息、运维管理 | 公共服务设施分布利用现状，乡村聚落发展变化下的公共服务设施需求变化分析 |
| 2 | 经济发展数据库 | 村镇产业发展水平、人口就业水平、居民收入等统计调查数据，集成移动端采集的区域特色农产品市场销售 | 分析村镇非农产业与农业产业比、农业劳动生产率及产业开发需求强度 |
| 3 | 乡村治理数据库 | 村镇土地遥感影像、宅基地确权登记、土地流转、人居环境整治、村民自治、乡风文明 | 农村管理、农村经营、农业投资、公共安全等监测、预警处置、决策分析 |
| 4 | 居民服务数据库 | 居民教育文化、社会保障、医疗卫生、就业培训、社会公平 | 居民服务可获得性和民生获得感分析 |
| 5 | 生态环境数据库 | 村镇空气、水资源质量，污水处理、垃圾处理、厕所、安全用水 | 村镇水、气、厕、垃圾等智能监测与预警 |

基于乡村聚落经济社会发展评价指标体系，聚焦村镇居民、基层管理人员、产业发展主体的典型需求，建立了乡村聚落“需求-服务”模型，其村镇社会经济典型“需求-资源-服务”信息图谱如图 4-6。需求识别后，对乡村聚落的自然资源、人力资源、社会资源等进行全面盘点，明确可用资源及其分布情况，根据识别出的需求和盘点出的资源，抽象概括后建立模型。以乡村聚落数据库为基础，对数据进行深度挖掘，提取关键信息，并按照需求、资源、服务等维度进行分类。根据信息的重要性和关联性，进行分级处理，并通过数据集成技术，将分散的信息整合为多维信息图谱。基于多维图谱，分析获取需求及资源之间的关联性和匹配度，为乡村治理、居民服务、产业发展、基础规划等提供科学依据和决策支持。针对不同主体（如居民、管理人员、产业主体）的特定需求，提供定制化、个性化的信息服务，提高服务效率和满意度，有助于推动乡村全面振兴和可持续发展。

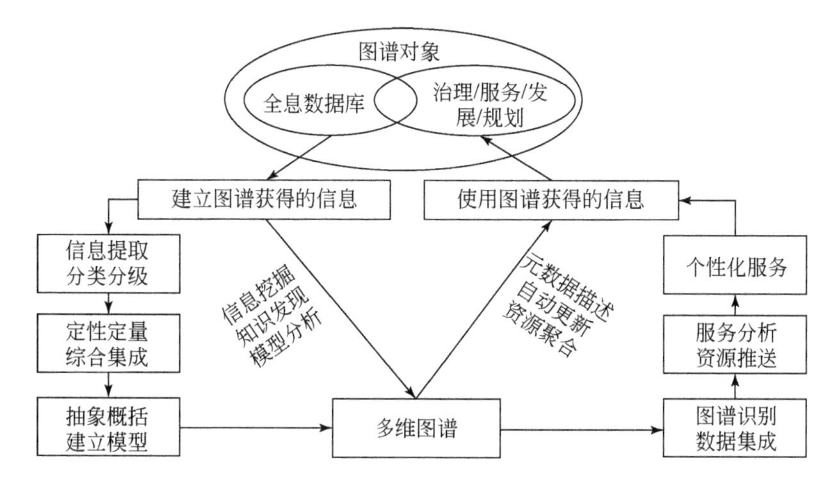


图 4-6　村镇社会经济典型“需求-资源-服务”信息图谱

## 4.3.3　乡村聚落需求服务场景

1. 乡村聚落公共服务

基于手机信令和视频分析的人口活动、物质空间数据现场采集 App 的公共服务设施分布等数据，分析示范村镇土地利用、产业规划、公共服务设施分布、居民生活便利性、公共服务设施分布利用现状，研究乡村聚落发展变化下的公共服务设施需求变化，如图 4-7 为乡村聚落物质空间数据现场调查系统，通过手机端应用采集现场公共服务设施基本情况及应用现状等数据，并通过 Web 系统对采集的数据进行管理和分析。

2. 乡村聚落经济发展服务

针对村镇产业发展水平、人口就业水平、居民收入等统计调查数据，集成移动端采集的区域特色农产品市场销售数据等，管理部门摸底本镇主导产业年度生产、预计上市和产

图 4-7　乡村聚落物质空间数据现场调查系统

销等信息进行采集（表 4-6），并对接市场经销商进行全镇主导农产品的统一包装和销售，实现农民增收。村镇管理部门依据采集的数据，进行某个品种上市时间、规模、预期价格、品质情况的摸底统计，并与经销商进行统一对接，提升小农户议价能力。后期依据示范点采集的农民产业收入情况等数据进行后期的产业经济发展水平监测分析。

**表 4-6　乡村聚落经济发展服务数据采集指标**

| 一级指标 | 二级指标 | 指标项 | 说明 |
|---|---|---|---|
| 产销信息 | 生产主体 | 基本信息 | 以镇为单位，系统包括所有农户、农民专业合作社、家庭农场等数据库，姓名/单位名称、电话 |
| | 农产品 | 品种 | 本阶段上市的品种 |
| | | 重量 | 上市品种的重量 |
| | | 价格 | 预期的价格范围（元/斤①） |
| | | 等级规格 | 以其大小作为主要判断依据，辅以颜色等外观数据 |
| | | 糖度 | 农产品（茄果类蔬菜和果品）的品质判断依据 |
| | 上市信息 | 采摘时间 | 预期采摘上市时间 |

① 1 斤＝500g。

续表

| 一级指标 | 二级指标 | 指标项 | 说明 |
|---|---|---|---|
| 产业信息 | 生产主体 | 基本信息 | 以镇为单位，系统包括所有农户、农民专业合作社、家庭农场等数据库，姓名/单位名称、电话 |
| | 生产情况 | 品种 | 种植品种 |
| | | 面积 | 种植的面积 |
| | | 株数 | 果树需要提供种植株数 |
| | | 预期产量 | 该面积种植预期产量情况 |

3. 乡村聚落乡村治理服务

建立乡村居民自治的需求服务系统（图 4-8），为居民生活服务、参与式基层治理、政府信息上通下达、农村产业发展、居民学习培训、邻里互助提供便捷的“互联网+”服务载体。

图 4-8　乡村治理服务

建立村镇群众和自治组织参与乡村治理的渠道，集“党组织基本情况、理论学习、传达贯彻、党委/党组履责、重要批示办理、舆情处置、预警分析、领导指挥舱”等功能于一体。村党支部充分利用“实体+网络”党建新阵地，让党员学习形式更丰富、学习成效更明显。开展主题党日、党员志愿服务的线上管理，增强党员党性和党组织凝聚力。管理公示村两委组成、党员分布、党建与志愿活动信息等，进行数据的统计分析。

通过规划治理单元，将护林员、管水员、安全员、保洁员等公益岗位人员落到“微网格”中，绘制“微网格”地图，精准显示每户村民的住房坐落、门牌号、家庭情况，管理网格分块、网格设置、网格信息、网格负责人信息、网格地图展示、网格内人口信息、网格内房屋信息、网格内民政信息、网格事件记录、网格内事件处理、网格内事件统计。使用数字化技术手段，不仅对网格员管理实现责任可追溯，还吸引村民参与村务重大决策，形成村委、网格员、村民互联互通的纽带，全面提高了村治理和为民服务的效率。

4. 乡村聚落居民服务

集成乡村聚落用户个性化信息需求推荐算法，建立居民全生命周期信息图谱，针对居民年龄、背景等系列信息，为村民推荐教育文化、社会保障、医疗卫生、就业培训等信息服务，提供社会保障、医疗、教育等办事指南，让村民生活安心，分析居民服务可获得性和民生获得感，系统界面如图 4-9 所示。

图 4-9　乡村聚落居民服务

# 第5章 基于“三感”的乡村地区生态环境监测技术

## 5.1 当前监测技术评述

2017年10月的中国共产党第十九次全国代表大会报告提出，要坚持农业农村优先发展，实施乡村振兴战略（吕梦婷等，2019），并从“产业兴旺、生态宜居、乡风文明、治理有效、生活富裕”五个方面对乡村振兴发展提出了总体要求（张荣天等，2021）。随后在2018年初发布的《中共中央 国务院关于实施乡村振兴战略的意见》中进一步指出，“乡村振兴，生态宜居是关键。良好生态环境是农村最大优势和宝贵财富”，并明确“推进乡村绿色发展，打造人与自然和谐共生发展新格局”的四条措施以及“持续改善农村人居环境”的具体行动。开展乡村振兴战略中“生态宜居”的相关建设行动，其基本前提是构建合理有效的农村环境质量评价指标体系；而结合农村环境质量评价的特征以及“生态宜居”乡村建设的要求构建科学的农村环境质量评价指标体系，则需要对此前大量相关的研究工作进行归纳和梳理（樊平，2018）。因此，本节结合乡村振兴战略中“生态宜居”的基本要求，总结近年来农村环境质量评价指标体系的相关研究，以期为构建科学的农村环境质量评价指标体系提供参考。

### 5.1.1 农村环境质量评价的特征

我国对环境质量评价开展研究的时间相对较晚（杨靖，2017），并且主要集中在城市和流域等较大尺度上，乡村小尺度区域的环境保护与评价工作较为薄弱（周彪等，2010），这导致我国农村地区存在不合理开发造成的污染和资源浪费，环境问题得不到妥善解决（徐海根和叶亚平，1994）。城市生态环境是指在特定城市区域中，以城市居民为中心、包含物质能量流动因素的自然环境、经济环境以及社会环境的统一体（杨士弘，2003）；城市生态环境具有生产、生活以及还原净化和资源再生三种功能。而流域生态学是以流域为研究单元，研究流域内高地、沿岸带、水体间的信息、能量以及物质变动规律，它是淡水生态学与陆地生态学的结合；其中，流域具有明确的地理学边界，包括水系及其周边的陆地，是一个以水为主要纽带的“自然-社会-经济”复合系统。

与上述城市生态环境、流域生态环境不同的是，农村生态环境是指以农村居民为中心的乡村区域范围内各种天然和人工改造的自然因素的总体，包括该区域范围内的土地、大气、动植物、交通、道路、构筑物等（韩德培，2003）。它是农村经济、政治、文化教育和生活服务的场所（田维民和吴振荣，2006），包括资源环境、生产环境以及生活环境，三者之间密不可分、彼此影响。同时，乡作为我国第四级行政区，是生态文明建设的基层区域单元（杜博文等，2016），乡村生态文明是生态文明的重要组成部分（封亮等，2020），在乡村振兴战略要求改善农村人居环境、建设生态宜居乡村的战略背景下，为实现乡村现代化目标（徐羽等，2018），对农村环境质量进行科学评价并采取对应的提高措施，是整个乡村振兴蓝图规划的重点之一（李松睿和曹迎，2019）。与城市、省域、大流域等较大尺度的区域环境质量评价相比，乡村尺度下农村环境质量评价工作有着评价范围小、指标选取针对性强、评价周期较短、评价数据获取相对容易等优点（郝英群等，2011），但目前专门进行乡村小尺度环境质量监测与评价方面的研究较少，很多相关研究和技术仍借鉴城市等大尺度区域的评价模式，并不适用于农村环境质量评价（陕永杰等，2013）；此外，当前环境污染已成为影响人类健康的主要因素之一（陈生科等，2017），不同地区由于产业结构和生产生活方式的差异，其污染源和污染程度各不相同，都需要有一个完善的、合理的、有针对性的评价指标体系（文学敏等，2002），因此在进行农村环境质量评价时，不仅要考虑尺度带来的差异性，更要考虑不同地区产业结构和污染来源的特异性（孙勤芳等，2015），有针对性地开展农村环境质量评价工作。

## 5.1.2 文献计量分析及农村环境质量评价发展历程

1. 文献计量分析

采用文献计量法对中国科学引文数据库（CSCD）收录的20年（2000～2020年）相关文献进行分析，总结农村环境质量评价的发展历程和研究进展。选定学科“环境科学、安全科学，环境科学基础理论，社会与环境，环境保护管理，灾害及其防治，环境污染及其防治，行业污染、废物处理与综合利用，环境质量评价与环境监测，安全科学”检索题名“生态；环境”+“村镇；农村；乡村；小村镇；乡镇”+“农村环境质量评价；环评；环境质量评价；环境质量评估”，得到2000～2020年符合条件的文献共1854篇，发文量前5位的期刊分别是《水土保持研究》(139篇)、《干旱区资源与环境》(89篇)、《水土保持通报》(60篇)、《环境科学与技术》(40篇)、《生态学报》(39篇)；发表量前3位的机构分别是中国科学院、北京师范大学、中国环境科学研究院；相关学科前3位是环境科学基础理论、环境质量评价与环境监测、环境保护管理；其他涉及到的学科包括生态学、地理学、社会科学、自动化技术和计算机技术、水利工程、地质学等。涉及到的研究方法有GIS、RS、主成分分析法、层次分析法、系统动力学等。也有一些文献对现有的环境评价体系进行了讨论，给出了优化建议。程金香等（2004）从环境质量角度出发，建立了由生态环境、农村环境和社会经济三类指标和17个子指标构成的小流域环境质量综合评价指标体系，进而评价了该地区的环境质量水平以及其对区域发展的支撑能力；刘新卫和周华荣等（2005）从景观生态角度出发，综合考虑了各类景观格局的优化程度以及反映外部干扰的人为胁迫程度等，同时结合当地真实状况，筛选了一系列的评价指标；曹连海等（2010）从农村生态系统的空间结构、生态功能和协调度3个方面来考量，构建了一套完整的指标体系。当前，具体到村域、县域、流域等小尺度的评价案例仅占6.9%

（128/” 1854），由文献计量分析结果可见，近年来农村环境质量评价的研究热度较高，涉及多个学科，采用的研究方法也很多，各方面趋于成熟，是一类综合性很强的研究；但针对小尺度农村环境质量评价工作较少，在深度和广度上还需进一步深化。

2. 农村环境质量评价

农村人居环境是城乡人居环境中的重要内容，是农村居民聚集生活和工作的场所，与整个乡村的生存和发展息息相关（李丁，2013），是对农村的生态、环境、社会等各方面的综合反映（顾康康和刘雪侠，2018）。农村环境质量评价就是选取合适的评价指标，从环境角度对农村的环境状况和造成的环境影响进行分析、预测和评估，找到造成环境质量恶化的原因，提出相应的政策和建议（曾广权和李宏文，1987），改善和维持良好的人居环境，最终为当地相关部门的生态文明建设提供科学支撑（芮菡艺等，2016）。

我国环境监测与评价工作起步较晚。20 世纪 80 年代，由于我国农村环境质量评价领域尚未形成完整的体系，加上对村镇环境评价工作的认知和重视有限，研究人员和成果相对较少（丁维等，1994）；2000 年以后，国家相继出台多项政策文件，有力地促进了农村环境质量评价领域的兴起，相关研究在数量和内容上均有突破（高春艳，2005）；近年来，随着研究热度和深度不断增长，农村环境质量评价工作不再局限于原有的工作模式和方法，开始吸取其他学科和领域的技术手段，逐步形成了新的、更高效的环境质量评价方法，推动了我国农村环境质量评价工作的发展（赵少华等，2019）。其中，基于 RS 和 GIS 的环境质量评价发展最为迅速，逐渐成为与传统评价方法并行的新兴的复合技术（贾虎军，2015）。陈然等（2012）在义乌市岩南村以高分影像为数据源，在 GIS 支持下开展了农村生态适宜性评价工作，科学地协调了农村发展和环境保护的关系；张彬等（2016）以 RS 和 GIS 技术为基础，利用湖北省秭归县的遥感影像数据和土地利用数据，构建环境质量综合评价模型，揭示了环境的时空变化特征。唐倩等（2019）以重庆城口县周边贫困区村落为例，利用 GIS 中的核密度分析和热点探测等空间分析方法，评价了其空间分布特征及人居环境适宜性，建议针对性地加强特定区域的人居环境建设，构建美好乡村。徐光宇等（2015）以山西省天镇县为研究对象，结合 RS 技术和 GIS 技术以及多种数学统计方法，从人居环境、生态以及环境资源可利用度等方面建立了农村环境质量综合评价体系，最终的评价结果与实际情况相符，并在一定程度上可以向其他农村地区推广。随着科技的进步和研究的深入，农村环境质量评价领域的研究日益增多，技术和评价模型也不断创新，展现出蓬勃向上的发展态势。

### 5.1.3 农村环境质量评价指标体系研究综述

1. 农村环境质量评价指标

**（1）指标的筛选**

在农村环境质量评价工作中，指标的确定直接关系到数据的采集和评价体系的构建；根据村镇特征筛选适用的评价指标（鞠昌华等，2016），是评价工作的重点和难点所在

（赵明霞和包景岭，2015）。常用的指标确定方法有理论分析法、专家咨询法和公众参与法。理论分析法通过分析研究区地域特点、考核标准和当地的统计年鉴、环境公报等资料，总结出当地比较突出的环境问题作为评价指标（华德尊和任佳，2007）。这种方法可以较大限度地照顾当地情况，但是得出的指标往往多而繁复，且有些指标获取难度较大，给评价工作造成一些困难。专家咨询法即听取行业专家的意见，根据专业人员的经验选取评价指标（肖辰畅等，2012）。这样选取的指标数量较为合适，但主观意识影响大，可能无法准确地反映当地的环境特征。公众参与法则是通过问卷调查、线上问卷等形式，收集民众意见，根据反馈确定评价指标。这种方法虽然更贴近现实情况，并且可以通过调查结果与现实的差异来确定需要关注的重点（李伯华，2009），但耗时耗力，且指标质量不一定能达到要求。因此，在实际工作中，要根据评价村镇的实际情况，选取合适的指标筛选方法或将多种指标筛选方法结合（于静等，2014），为后续数据收集和模型构建提供便利（赵景柱，1995）。

同时，由于农村环境质量评价涉及的领域较多，为得到符合村镇实际的、科学的指标体系（邵云等，2010），指标筛选应遵守以下原则：①针对性。筛选的指标必须针对评价村镇的特征，能够反映其环境质量状况。②灵活性。由于我国不同区域之间环境状况差异较大，应设置必选指标和可选指标，使指标选取可以进行较为灵活的调整。③易操作性。选择的评价指标应容易获取，易于进行后续评价体系的构建和整体的环境质量评价（张铁亮等，2009）。④参与性。农村环境质量评价与农民群众自身利益息息相关，应在条件允许的情况下，征求公众对指标选取的意见，使群众参与到农村环境质量评价工作中来（赵景柱，1995）。

**（2）指标的层次**

一般采用层次分析法构建农村环境质量评价指标体系。整个体系一般分为三个层次：顶层指标、一级指标和二级指标。其中一级指标和二级指标分别由前一层指标的若干因子组成。此外，近年全国各地正在推进生态文明建设示范区创建的工作，农村生态与环境质量评估也是其中的重要内容。根据生态环境部于 2019 年 9 月 11 日印发的《国家生态文明建设示范市县建设指标》，其中涉及农村的指标有：农业废弃物综合利用率、村镇饮用水卫生合格率、农村无害化卫生厕所普及率等。同时，结合生态环境部于 2014 年 1 月印发的《国家生态文明建设示范村镇指标》以及国内部分相关工作对农村环境质量评价指标体系，总结出农村环境质量典型评价指标（表 5-1）。

**表 5-1　农村环境质量典型评价指标及其出现频次**

| 一级指标 | 二级指标 | 所在研究区 | 频次 |
|---|---|---|---|
| 自然环境 | 植被覆盖率 | 安徽省马鞍山市太仓村 | 16 |
| | 降水情况 | 临汾市尧都区农村地区 | 3 |
| | 水资源丰缺度 | 中国 9 个县（区、市）农村地区 | 9 |
| | 声环境质量 | 平阳县万全镇 | 5 |
| | 主要水体水环境质量 | 安徽省 19 个县（区）35 个村庄 | 21 |
| | 村庄主要聚集区大气环境质量 | 泰州市河横村 | 15 |

续表

| 一级指标 | 二级指标 | 所在研究区 | 频次 |
| --- | --- | --- | --- |
| 污染控制 | 有毒气体排放量 | 安徽省马鞍山市太仓村 | 10 |
| | 危险废物收集处理率 | 国家美丽乡村建设试点区域 | 2 |
| | 人畜粪便处理率 | 河北省农村地区 | 2 |
| | 垃圾无害化处理能力 | 安徽省江淮地区农村 | 5 |
| | 工业废水排放量 | 秦皇岛市农村地区 | 3 |
| | 工业废水处理率 | 秦皇岛市农村地区 | 4 |
| | 工业废气处理率 | 平阳县万全镇 | 2 |
| | 生活污水排放量 | 国家美丽乡村建设试点区域 | 1 |
| | 生活污水处理率 | 国家美丽乡村建设试点区域 | 1 |
| 土壤环境 | 土壤环境质量 | 福建省农村地区 | 9 |
| | 农田土壤有机质含量 | 重庆市铜梁区农村 | 7 |
| | 水土流失程度 | 浙江省杭州市萧山区山一村 | 5 |
| | 受灾面积比例 | 绍兴上虞区农村 | 3 |
| | 化肥施用强度 | 湖北省鄂州市杜山镇 | 13 |
| | 农药施用强度 | 湖北省鄂州市杜山镇 | 12 |
| | 农膜使用强度 | 湖北省鄂州市杜山镇 | 6 |
| 生物环境 | 生物多样性指数 | 遂宁市大英县村庄 | 8 |
| | 入侵物种指数 | 福建省农村地区 | 1 |
| 生态农业 | 万元农业 GDP 能耗 | 重庆市铜梁区农村 | 2 |
| | 人均耕地占有率 | 福建省龙岩市礼邦村 | 10 |
| | 农作物秸秆利用率 | 河北省农村地区 | 4 |
| | 农灌水污染综合指数 | 临汾市尧都区农村地区 | 3 |
| | 农村灌溉达标率 | 临汾市尧都区农村地区 | 5 |
| | 年日照时数 | 绍兴上虞区农村 | 2 |
| | 畜禽养殖废弃物综合利用率 | 全国农村地区 | 5 |
| | 环保投资比重 | 国家美丽乡村建设试点区域 | 4 |
| | 耕地退化与治理程度 | 河北省农村地区 | 10 |
| 生活设施 | 自来水普及率 | 湖北省鄂州市杜山镇 | 2 |
| | 饮用水卫生合格率 | 中国 9 个县（区、市）农村地区 | 6 |
| | 卫生厕所普及率 | 重庆市铜梁县农村 | 3 |
| | 生活污水处理率 | 福建省龙岩市礼邦村 | 4 |
| | 生活垃圾无害化处理率 | 安徽省江淮地区农村 | 3 |
| | 清洁能源使用率 | 旧市小甸头村 | 7 |
| 人口环境 | 人口自然增长率 | 浙江省杭州市萧山区山一村 | 3 |
| | 人口密度 | 湖北省鄂州市杜山镇 | 3 |

续表

| 一级指标 | 二级指标 | 所在研究区 | 频次 |
| --- | --- | --- | --- |
| 社会环境 | 人均绿地面积 | 秦皇岛市农村地区 | 4 |
| | 农民人均纯收入 | 全国农村地区 | 2 |
| | 农村居民家庭恩格尔系数 | 湖北省鄂州市杜山镇 | 3 |
| | 农业产值 | 临汾市尧都区农村地区 | 3 |
| | 村办企业能耗 | 国家美丽乡村建设试点区域 | 2 |
| 基层民主 | 农民群众满意度 | 国家美丽乡村建设试点区域 | 3 |
| | 公众环保关注度 | 平阳县万全镇 | 2 |

由表 5-1 可以看出，引用频次大于 10 次的指标有植被覆盖率、主要水体水环境质量、村庄主要聚集区大气环境质量、有毒气体排放量、化肥施用强度、农药施用强度、人均耕地占有率、耕地退化与治理程度共 8 项，其中主要水体水环境质量、植被覆盖率和村庄主要聚集区大气环境质量的引用频次最高，是研究领域中被认可且广泛使用的评价指标。引用频次是指标选取需要考虑的方面之一，具体的指标还要结合当地实际情况来确定。通过总结农村环境质量评价指标的引用情况，可以总结整体农村环境质量评价工作内外发展规律，为类似区域的农村环境质量评价提供参考和科学支撑（张涛和刘晟呈，2007）。

**（3）指标获取途径**

农村环境质量评价的指标获取方式可以分为四类（表 5-2）：第一类是通过查阅当地环境公报和统计公报等文件，获取相关统计数据（王非和党纤纤，2019）；第二类是通过实地监测，采用人工监测或自动监测手段，获取研究区域内空气、水体、土壤的点位监测数据（刘三长等，2011）；第三类是以遥感影像为数据源，建立数据库，解译得到土地利用等数据，再以此为基础进行指标信息提取，通过软件处理得到植被覆盖率等数据，进而进行农村环境质量评价（吴玉等，2015）；第四类是通过发放问卷和农户调查，获取当地居民对环境情况的认知和意见（张董敏和齐振宏，2020）。由于这些获取方式各有其优缺点，在某项指标可以由多种途径获取时，应根据实际情况选择适合的获取方式。

**表 5-2　现有监测指标获取途径比较**

| 方法名称 | 主要方式 | 优点 | 缺点 | 应用实例 |
| --- | --- | --- | --- | --- |
| 人工监测 | 现场采样，人工分析 | 指标全面，覆盖范围广，可以综合评价整体环境状况 | 工作量大，监测频次较少，监测结果缺乏代表性 | 2014 年全国 992 个典型村庄环境质量监测 |
| 问卷调查 | 在研究区域发放调查问卷并回收 | 贴近研究区域现状，可以获取一些较难获取的指标数据 | 工作量大，问卷回收困难，质量差 | 东北地区村镇环境满意度影响因素分析 |
| 自动监测 | 布设传感器 | 节约人力、物力，数据获取较为方便 | 采样点布设要考虑的因素较多，仪器需要维护 | 黑龙江省农村环境质量监测 |
| 遥感监测 | 遥感影像获取和解译 | 数据获取方便、快速、客观 | 监测精度不高，专题产品少 | 湖北省秭归县环境质量评价与时空变化分析 |

2. 评价指标体系的构建

**(1) 指标权重的确定**

指标权重的确定主要分为主观赋权法和客观赋权法。主观赋权法包括专家咨询法，是通过咨询业内专家的意见确定指标权重的方法，这种方法往往过于依赖专家的主观判断，缺乏对研究区域实地情况的分析；客观赋权法是根据收集到的研究区域的特点和各指标之间的关系，通过统计分析确定指标权重的方法，也是比较符合实际情况的权重确定方法。常用的客观赋权法有层次分析法、主成分分析法、熵值法、变异系数法等（表 5-3）。

**表 5-3 常用客观赋权法比较**

| 方法名称 | 方法介绍 | 优点 | 缺点 | 研究实例 |
|---|---|---|---|---|
| 层次分析法 | 将问题分解为不同层次的不同要素，根据要素的特征，得出每层在整体中的权重 | 权重设置更具科学性，能综合系统地表达定性和定量因素 | 指标繁多，计算极为繁复，实际应用对数据和人员的要求都较高 | 邵云等（2010）用特尔斐法和层次分析法相结合构建了一套较为系统的普适性较强的农村环境质量评价体系 |
| 主成分分析法 | 对高维变量进行降维，将多个变量简化为几个综合指标，并客观地确定各指标权重 | 整个过程和数据结构得到简化，解决了指标之间的信息重叠，并且得到的结果客观合理 | 计算过程比较烦琐，并且评价结果与选取的样本指标规模有关 | 杨仲伟（2015）利用其对张掖市部分农村区域的空气质量和水质进行了评价分析 |
| 熵值法 | 通过算式逐步计算出各项指标的熵值和权重等，最后计算出综合评价值 | 可以有效避免主观赋权法的不足，有利于根据数据的客观规律找到差异 | 权重存在均衡化缺陷，且对样本数据特征的敏感性会直接影响评价结果 | 王晓君等（2017）用熵值法确定评价指标权重，对我国农村环境质量的动态变化进行了模拟预测 |
| 变异系数法 | 通过标准差与平均值求比获得数据的变异系数 | 克服了指标权重均衡化的缺陷，在小尺度环境质量评价上具有可行性 | 过度依赖客观数据，未考虑评价指标之间的相对重要性 | 刘轩等（2016）应用变异系数法，对北京市小流域进行了环境质量评价 |

层次分析法通过分析研究问题中各要素的相互关系，将问题分解为不同层次的不同要素，每一层次根据其中要素的特征，得出该层在整体中的权重，综合各层后根据最大权重原则确定最终方案。邵云等（2010）通过实地考察，确定了三大类 35 项指标的权重，加权得到农村环境质量指数，用特尔斐法和层次分析法相结合构建了一套较为系统的普适性较强的农村环境质量评价体系。虽然权重设置更具科学性，但采用指标繁多，计算极为繁复，实际应用对数据和人员的要求都较高。

主成分分析法在最大限度地保留原始数据信息的基础上对高维变量进行降维，将多个变量简化为几个综合指标，并客观地确定各指标权重，避免主观影响。杨仲伟（2015）用此法对张掖市部分农村区域的空气质量和水质进行了评价分析，在确定主成分后代入标准化数据，计算主成分得分，根据数值所在范围评价空气和水环境质量，使整个过程和数据结构得到简化，并有效地反映各个环境要素中不同污染物的污染程度及其相关性和内在差异。

熵值法根据信息论中熵作为不确定性的度量、数据信息不确定性和熵呈负相关的原理，通过算式逐步计算出各项指标的熵值和权重，最后得出综合评价值，为多项指标进行综合评价提供依据（刘安乐等，2016）。如王晓君等（2017）用熵值法确定评价指标权重，对我国农村环境质量的动态变化进行了模拟预测，为我国未来农村环境治理和规划提供了科学依据。

变异系数法通过统计学中标准差与平均值求比获得测度数据间差异的变异系数，变异系数越大，其在各个数据中的分异性就越大，区分越明显，应赋予较大的权重，反之较小。如刘轩等（2016）应用变异系数法，对北京市小流域进行了环境质量评价，结果与实际情况相符，证明了该方法在小尺度环境质量评价的可行性。

**（2）指标的集成方法**

目前环境质量评价的方法有很多，其中应用比较广泛的有综合评价法、模糊综合评价法、质量指数法和标准对照法（表 5-4）。对于农村环境质量的评估，不同的方法在实践应用中也存在着各自的优势与不足。

**表 5-4　现有环境质量评价方法比较**

| 方法名称 | 适用范围 | 优点 | 缺点 | 发展前景 |
|---|---|---|---|---|
| 综合评价法 | 应用于环境质量评价 | 计算简便，表现形式简单，较为符合农村实际情况 | 权重设置受人为因素影响，带有一定的主观性 | 构建农村环境质量综合指数，进一步评价农村环境，具有较好的效果 |
| 模糊综合评价法 | 近年来被大量应用于环境质量评价领域 | 能够很好地解决模糊的、复杂的、难以量化的问题 | 采用取大取小的运算法则，会遗失一些有用信息 | 与 AHP 结合，克服以往定性与半定量评估方法的不足，使最终评价结论全面又可靠 |
| 质量指数法 | 常见于大气、土壤重金属污染等环境污染领域评价 | 直观易懂，避免了枯燥烦琐的计算 | 加权时具有一定主观性 | 以无量纲的比值将各环境要素统一起来，使区域总体环境质量得以精确量化，直观体现环境保护的最终成果 |
| 标准对照法 | 主要适用于环境质量评价 | 具有清晰明确的规范标准 | 形式单一、范围窄 | 未来应对现存问题出台政策标准进行不断完善，并且加强落实 |

综合评价法将实测得到的各项指标的值换算成质量指数，设定各指标权重，再用加权法得出整个指标体系的指数值，根据最后得到的数值评价环境质量等级，是目前应用较多的统计分析方法。马广文等（2016）在确定了评价因子、权重系数、计算方法及评价级别的基础上，构建了农村环境质量综合评价方法，在全国范围内选取了 9 个典型县域进行方法验证，结果表明虽然该方法在环境质量分级和权重设置带有一定的主观性，但是较为符合农村实际情况；在徐州市典型县域的农村环境质量评价中，杨靖（2017）根据区域特点研究相应的环境因素对环境的影响，从空气、地表水、地下水和土壤 4 个方面，设置各指数的权重参考值，分别构建农村环境指数和农村环境质量指数，最后将二者有机结合起来，取长补短，构建农村环境质量综合指数评价农村环境，取得了较好的效果。

模糊综合评价法是基于模糊数学的一种综合评价方法，该方法对复杂因素影响的问题不考虑其中复杂多变的因素，而是对这个问题给出整体的评价，能够很好地解决模糊的、复杂的、难以量化的问题，近年来被大量应用于环境质量评价领域。如程慧波等（2015）采用模糊总和评价法选取了甘肃省 73 个村庄作为研究对象，将农村环境中的某个属性分为若干层次，对其中的环境单因子进行评价，再把各个层次综合起来进行整体评价，在甘肃省的环境质量评价工作中取得了很好的成效，并有助于形成一套更完整、科学、简便的评价体系。

质量指数法将各项农村环境质量指标原始值换算为质量指数，用加权、叠加法计算子体系的分指数值和整个指标体系的总指数值，并根据总指数的分组数值范围确定环境质量等级。如朱承章（1994）根据基层工作经验，结合农村生态建设工作需要，构建了农村环境监测与评价指标体系，并采用质量指数法进行环境质量等级划分与比较；杨靖（2017）参考相关规范要求，对徐州市邳州市和铜山区的农村环境指数进行赋权，并计算质量指数，对各项生态要素进行了等级划分，并与国家现有标准进行比较，准确评价了农村地区环境质量现状。

标准对照法根据国家、行业和地方出台的相关政策标准（如《生态环境状况评价技术规范》《全国农村环境质量试点监测技术方案》《农村环境质量综合评估技术指南（征求意见稿）》《国家生态文明建设示范村镇指标》《生活饮用水卫生标准（GB5749）》《声环境质量标准》等），将其中对各个指标的要求作为农村环境质量评价中相应指标的标准。

3. 现有研究总结分析

基于在环境评价工作中应用广泛的“压力–状态–响应”（pressure-status-response，PSR）模型，对农村环境质量评价指标中的一级指标进行归纳，可以分为反映“压力”的“污染控制”“土壤环境”“人口环境”3 个部分，反映“状态”的“自然环境”“生物环境”“生态农业”“社会环境”4 个部分，以及反映“响应”的“生活设施”“基层民主”两个部分。采用合适的赋权法确定指标权重的同时，分析现有评价指标体系的构建方法，其中综合评价法、模糊综合评价法大多从“压力”“状态”角度出发，而缺少“响应”要素；质量指数法大多考虑“状态”维度，缺失了“压力”和“响应”；相反，标准对照法着重点在于“响应”要素，对于“压力”和“状态”维度的指标考虑较少。因此，综合以上因素，对于现有农村环境质量评估指标体系的构建，需要综合考虑，以全面理解农村环境特征，设置针对性评价指标，以此体现不同地区环境的差异性，进而系统地综合评价农村环境质量，在乡村振兴的大背景下力求农村环境的高质量发展。

目前，我国农村环境质量评价工作还处于发展阶段，在指标框架构建、指标获取、指标权重确定、指标评价等方面取得了上述成果，但还存在一定的局限性和需要改进的方面，具体包括以下 7 个方面。

研究尺度单一。大部分环境质量评价工作集中在大尺度的省域或流域层面，在小尺度的乡村层面研究较少，且研究的方向也较为单一。

缺乏与周边环境的联系。在农村环境质量评价工作中，由于其小尺度的特性，决定了乡村本身的经济、人文、环境都会受到周边地区的影响。因此在对农村进行环境质量评价时，应适当扩大评价范围并考虑相邻区域间联系，以更全面准确地进行评价。

研究的动态性不足。环境状况不是静止的，而是不断发展变化的。因此在构建评价指标体系时，要充分考虑该农村不同时期的发展状态，选取能够代表该农村生态特点的、有动态变化的指标。

未充分考虑农村的多样性。我国农村地区因其产业结构的不同分为不同类型，相应的环境问题也不同。在进行农村环境质量评价时，首先应明确当地产业结构类型，根据该类型农村的生态环境特点，结合当地共性环境问题，有针对性地确定评价指标。

权重确定存在争议。指标权重的确定应尽可能客观，减少人为主观因素的干扰，更多地从村镇本身来确定评价体系和指标权重。

监测数据获取困难。在获取环境监测数据时，由于自动监测尚未广泛覆盖到农村，人工监测往往承担了过于繁重的任务，而人工监测又受天气、仪器状态和存储条件等因素的影响，从而拖慢整体进程，给整体工作带来困难。应不断推进监测技术的发展，引进其他手段，开发更为方便快捷的监测方法。

居民参与性不足。农村环境质量评价工作需要引入不同的主体，尤其是当地的居民。在评价工作中，应通过问卷发放、平台收集等方式，让居民参与到整个评价体系的构建和指标选取等工作中来，使评价工作更贴合当地实际情况、更具现实意义。

### 5.1.4 研究展望

本书基于以上结论，在以后的农村环境质量评价工作中，未来可从以下 6 个方面进一步开展研究。

引进各领域的新理论、新技术，并结合遥感和地理信息系统对农村环境质量进行评价，促进农村环境质量评价工作的更新和发展。如遥感生态指数具有数据获取简单、评价结果可视化的特点，可用于快速、简便地分析农村生态环境的时空变化。

推广适合农村特点的环境物联网自动监测技术，提高农村环境监测与评价的精度和效率，从而更为客观地对农村环境质量进行评价。

设置针对性评价指标，结合动态变化的周边环境，综合统筹乡村生态与经济协调的发展目标，建立农村生态发展的长效机制。

优化评价指标和模型，使之更贴合全国农村环境特征，具体指标和模型的选择需要考虑当地区域的适宜性和环境特点，进一步调整与完善评价机制。

针对单一赋权法的优缺点，在今后的环境质量评价中，可以采取主客观结合的综合赋权法进行评估工作，既避免了主观人为的影响，也最大程度提高了指标权重取值的准确性。

以当地居民喜闻乐见的方式引导居民参与环境质量评价工作，筛选出与农民生产生活以及身心健康有密切关系的环境指标，明确环境质量的本质特征，使之更准确地反映农村生态环境质量状况。

## 5.2 基于遥感监测的生态环境数据提取方法

遥感技术由于其快速、便捷、准确和数据获取相对容易的特性，可以大大缩短工作周期，近年来开始频繁地与传统评价手段相结合，应用在生态环境评价工作中。本书将遥感生态指数（remote sensing ecological index，RSEI）和村镇生态环境指数（villages and towns ecological index，VTEI）应用在小尺度的村镇生态环境质量评价当中作为村镇遥感生态环境综合指数的有机组成部分，以期能够快捷、准确地进行乡镇不同时期生态环境质量的评价和时空演变分析。

## 5.2.1 研究方法

1. 遥感生态指数

遥感生态指数由徐涵秋（2013）提出，用4个指标来表示生态环境质量变化，即绿度、湿度、热度、干度，这4个指标的信息都可以通过遥感影像获取，再通过主成分分析得到综合指数。由于计算过程避免了人为主观因素的影响，可以比较客观地对研究区生态环境质量进行评价。以本书使用的 Landsat 7 ETM+遥感影像和 Landsat 8 OLI 遥感影像为例，各指标计算公式和说明如下。

1）干度指标。在村镇生态环境中，裸露的土地和生态用地向建筑用地的转化都会造成地表“干化”，因此干度指数用裸土指数（soil index，SI）和建筑指数（index-based built-up index，IBI）的均值表示，代表地表的干化程度，如生态用地在受到影响后转化为建筑用地或裸露土地。

$$\mathrm{NDSI}=(\mathrm{SI}+\mathrm{IBI})/2 \tag{5-1}$$

$$\mathrm{SI}=[(\rho_5+\rho_3)-(\rho_4+\rho_1)]/[(\rho_5+\rho_3)+(\rho_4+\rho_1)] \tag{5-2}$$

$$\mathrm{IBI}=\left[\frac{2\rho_5}{\rho_5+\rho_4}-\left(\frac{\rho_4}{\rho_4+\rho_3}+\frac{\rho_2}{\rho_2+\rho_5}\right)\right]\Big/\left[\frac{2\rho_5}{\rho_5+\rho_4}+\left(\frac{\rho_4}{\rho_4+\rho_3}+\frac{\rho_2}{\rho_2+\rho_5}\right)\right] \tag{5-3}$$

式中，NDSI 为干度指数；SI 为裸土指数；IBI 为建筑指数合成；$\rho_i$（$i=1，2，3，4，5，7$）为各波段的反射率，$\rho_1$为蓝色波段（blue），$\rho_2$为绿波段（green），$\rho_3$为红波段（red），$\rho_4$为近红外波段（NIR），$\rho_5$为短波红外 1 波段（SWIR1），$\rho_7$为短波红外 2 波段（SWIR2）。

2）湿度指标。由湿度分量（Wet）表示，是经过缨帽变换的湿度分量，代表研究区水体和地表的湿度。不同种类传感器对应的缨帽变换系数可以在 Index DataBase 网站（https：//www. indexdatabase. de/db/i-single. php？id=93）查找。

对于 Landsat 7 ETM+遥感影像：

$$\mathrm{Wet}=0.0315\rho_1+0.2021\rho_2+0.3102\rho_3+0.1594\rho_4-0.6806\rho_5-0.6109\rho_7 \tag{5-4}$$

对于 Landsat 8 OLI 遥感影像：

$$\mathrm{Wet}=0.1509\rho_1+0.1973\rho_2+0.3279\rho_3+0.3406\rho_4-0.7112\rho_5-0.4572\rho_7 \tag{5-5}$$

3）绿度指标。绿度指标由归一化植被指数（normalized differential vegetation index，NDVI）表示，通过描述研究区地表植被生长状况和密度体现生态空间变化规律。

$$\mathrm{NDVI}=(\rho_4-\rho_3)/(\rho_4+\rho_3) \tag{5-6}$$

4）热度指标。热度指标由地表温度（land surface temperature，LST）表示。地表温度是研究生态过程和气候变化、干旱、蒸散、植被密度和地表能量平衡的重要指标，受研究区的植被密度、生态用地和建筑用地面积、人口密度等因素影响（孙艳伟等，2021）。

$$\mathrm{LST}=T/\left[1+\left(\frac{\lambda T}{\rho}\right)\ln\varepsilon\right] \tag{5-7}$$

$$T=K_2/\ln\left(\frac{K_1}{L_6}+1\right) \tag{5-8}$$

$$L_6=\mathrm{gain}\times\mathrm{DN}+\mathrm{bias} \tag{5-9}$$

式中，LST 为地表温度，代表热度；$T$ 为传感器处温度值；$L_6$为热红外波段在传感器处的辐射值；$\lambda$ 为热红外波段的中心波长；$\rho=1.438\times10^{-2}\,\mathrm{mK}$；$\varepsilon$ 为比辐射率；$K_1$和 $K_2$为定标参数，可从用户手册获得；DN 为灰度值；gain 和 bias 为热红外波段的增益与偏置值。

将以上 4 个生态指标的特征信息综合起来，可以得到一个独立的综合指标进行整体评价，即遥感生态指数。通过对分指标进行标准化消除不同指标的量纲影响，并将指标值统一到［0，1］。标准化公式如下：

$$\mathrm{NX}=\frac{X-X_{\min}}{X_{\max}-X_{\min}} \tag{5-10}$$

式中，NX 为某一指标标准化后的值；$X$ 为该指标的像元平均值；$X_{\max}$为该指标的最大值；$X_{\min}$为该指标的最小值。

为了避免人为主观因素对指标集成造成影响，采用主成分分析法进行指标集成。根据主成分分析结果，如果存在某一主成分，正向指标主成分均为正值且负向指标主成分均为负值，且该主成分特征贡献率最高，则认为该主成分最大限度上集中了各项指标的特征，即 PC1。PC1 即为初始的遥感生态指数 $\mathrm{RSEI_0}$，为了方便进行不同年份之间生态环境质量的对比再次进行标准化，得到最终的遥感生态指数 RSEI。计算公式如下：

$$\mathrm{RSEI_0}=\mathrm{PC1}\left[f(\mathrm{NDVI},\mathrm{Wet},\mathrm{LST},\mathrm{NDSI})\right] \tag{5-11}$$

$$\mathrm{RSEI}=\frac{\mathrm{RSEI_0}-\mathrm{RSEI_{0\_min}}}{\mathrm{RSEI_{0\_max}}-\mathrm{RSEI_{0\_min}}} \tag{5-12}$$

式中，$\mathrm{RSEI_0}$ 为未经归一化的初始遥感生态指数，$\mathrm{RSEI_{0\_max}}$ 为 $\mathrm{RSEI_0}$的最大值，$\mathrm{RSEI_{0_min}}$ 为 $\mathrm{RSEI_0}$的最小值；RSEI 为最终得到的遥感生态指数，取值范围为［0，1］，RSEI 越大，表示研究区域的生态环境质量综合水平越好。由于本研究选用夏季或接近夏季月份的遥感影像数据，故从 RSEI 的指标来看，最理想的生态条件通常是植被覆盖度高、土壤植物水分高、夏季气温低、地表干燥少的生态环境，在比较极端的情况下，非常恶劣的生态条件可能主要发生在沙漠和强烈的水土流失地区，因其几乎没有植被，气候极端炎热和干燥。

### 2. 村镇生态环境指数

以《生态环境状况评价技术规范》（HJ 192—2015）中的生态环境指数（ecological index，EI）为基础，考虑到评价流程的快速便捷和低成本，在保留原有生态学意义的前提下对指标进行精简，构建出一种方便快捷的村镇生态环境质量综合评价方法，即村镇生态环境指数（villages and towns ecological index，VTEI）。以村镇为研究对象，通过评价时间和评价区域的双循环来进行环境指数的批量计算，批量计算所研究村镇不同年份、不同区域的环境评价指数，进而对某一时间段内的生态状况进行评价。在用 VTEI 进行村镇生态环境质量评价时，主要考虑 4 个方面：生境质量、植被覆盖程度、水网密度和人类干扰程度。可以计算的评价指数包括生境质量指数（ecology quality index，EQI）、植被覆盖指数（vegetation coverage index，VCI）、水网密度指数（water network denseness index，WDI）和人类干扰指数（human disturbance index，HDI）。以 CNLUCC 土地利用分类编码为依据（表 5-5），获得遥感解译图像中土地利用类型的分类，根据相同利用类型的土地面积差异，计算出每一类土地的变化程度和整体的变化趋势。

**表 5-5　CNLUCC 土地利用分类表**

| 一级类型 | 二级类型 |
|---|---|
| 1 耕地 | 11 水田，12 旱地 |
| 2 林地 | 21 有林地，22 灌木林，23 疏林地，24 其他林地 |
| 3 草地 | 31 高覆盖度草地，32 中覆盖度草地，33 低覆盖度草地 |
| 4 水域 | 41 河渠，42 湖泊，43 水库坑塘，44 永久性冰川雪地，45 滩涂，46 滩地 |
| 5 建设用地 | 51 城镇用地，52 农村居民点，53 其他建设用地 |
| 6 未利用地 | 61 沙地，62 戈壁，63 盐碱地，64 沼泽地，65 裸土地，66 裸岩石质地，67 其他 |

计算基本步骤如下。

设置需要评价的区域，输入评价年份的遥感解译栅格数据（已知栅格大小和土地利用代码），不同年份的土地利用按时期升序排列。

设置土地利用类型代码，分别计算各类型用地的面积和比重，计算各类环境指数变化。

输出结果，包括区域的 ID 和名称、年份、各项指标及其数值等。结果表示为表格。VTEI 涉及的若干变量和生态环境要素指数，这些变量和指数的含义及其计算方法如下，其中计算用变量含义及单位见表 5-6。

**表 5-6　变量名称及含义**

| 变量 | 含义 | 单位 |
|---|---|---|
| $T$ | 村镇区域总面积 | $m^2$ |
| $F$ | 村镇区域内林地面积 | $m^2$ |
| $G$ | 村镇区域内草地面积 | $m^2$ |
| $W$ | 村镇区域内水域面积 | $m^2$ |
| $A$ | 村镇区域内耕地面积 | $m^2$ |
| $B$ | 村镇区域内建设用地面积 | $m^2$ |
| $U$ | 村镇区域内未利用地面积 | $m^2$ |

**(1) 生境质量指数（EQI）**

评价村镇区域内环境质量状况。

计算公式：

$$EQI=(0.35\times F+0.21\times G+0.28\times W+0.11\times A+0.04\times B+0.01\times U)/T \quad (5\text{-}13)$$

**（2）植被覆盖指数（VCI）**

评价村镇区域内植被覆盖水平。

计算公式：

$$VCI=(0.38\times F+0.34\times G+0.19\times A+0.07\times B+0.02\times U)/T \quad (5\text{-}14)$$

**（3）水网密度指数（WDI）**

评价村镇区域内水资源的丰富程度。

计算公式：

$$WDI=W/T \quad (5\text{-}15)$$

**（4）人类干扰指数（HDI）**

评价村镇区域内生态环境受人类活动影响的程度。

计算公式：

$$HDI=(0.90\times B+0.10\times A)/T \quad (5\text{-}16)$$

**（5）村镇生态环境指数（VTEI）**

评价村镇生态环境质量整体状况。

计算公式：

$$VTEI=0.30\times EQI+0.25\times VCI+0.25\times WDI+0.20\times(100-HDI) \quad (5\text{-}17)$$

### 5.2.2 数据来源与预处理

1. 遥感数据来源

目前我国科学研究可使用的卫星遥感数据主要来源有 CBERS-1 中巴资源卫星，高分系列卫星，法国 SPOT 系列卫星，日本地球资源卫星 JERS 系列，美国 NASA 的陆地卫星 Landsat 系列，等等。综合考量本研究所需遥感影像数据的精度、获取难度和数据质量，选择 Landsat 系列遥感影像数据作为本研究应用的遥感数据。

美国 NASA 的陆地卫星（Landsat）计划从 1972 年 7 月 23 日开始，已陆续发射 8 颗卫星，其中 Landsat1 ~ Landsat5 已经失效。2003 年 5 月 31 日，Landsat7 ETM+机载扫描行校正器（scan line corrector，SLC）出现故障，导致其后下载的遥感影像数据条带丢失严重，直接影响了数据质量和数据使用。此后 Landsat7 ETM SLC-ON 是指 2003 年 5 月 31 日故障之前的数据产品，Landsat7 ETM SLC-OFF 则是故障之后的数据产品。针对这种情况，部分学者开展了受损修复研究，现已有相应插件，可以使用插值方法修补 Landsat7 受到影响的影像中缺失的条带部分。本研究在用到 Landsat7 ETM SLC-OFF 数据时，也需进行修补处理。

Landsat8 卫星于 2013 年 2 月 11 日发射，至今仍在正常运行，是目前应用较多的遥感影像数据。装备的陆地成像仪（outfitted land imager，OLI）可以感应从红外到可见光波长范围内的 9 个波段，波段覆盖较广。Landsat8 卫星的波段信息见表 5-7。

### 2. 遥感数据预处理

为了减少不同时相影像在光照和大气等方面的差异，在 ENVI 软件中对遥感影像数据进行预处理，首先通过辐射定标将像元灰度值（DN）转换为辐射亮度值，再利用 FLAASH 大气校正以减少不同时相影像在光照和大气反射的差异，最后再根据研究区矢量边界数据进行裁剪。

**表 5-7 Landsat8 卫星的波段信息**

| 波段类型 | 波长范围/μm | 分辨率/m | 主要应用 |
| --- | --- | --- | --- |
| 海岸波段 | 0.433～0.453 | 30 | 海岸带观测 |
| 蓝波段 | 0.450～0.515 | 30 | 水体穿透，分辨土壤植被 |
| 绿波段 | 0.525～0.600 | 30 | 分辨植被 |
| 红波段 | 0.630～0.680 | 30 | 用于观测道路、裸露地表、植物类型等 |
| 近红外 | 0.845～0.885 | 30 | 用于辨别含水量较高的土壤 |
| 短波红外 1 | 1.560～1.660 | 30 | 用于观测道路、裸露地表、水体、不同植物和大气、云雾的分辨 |
| 短波红外 2 | 2.100～2.300 | 30 | 用于岩石、矿物、植物覆盖和潮湿土壤的分辨 |
| 微米全色 | 0.500～0.680 | 15 | 用于增强分辨率的黑白图像 |
| 卷云波段 | 1.360～1.390 | 30 | 用于强水汽吸收的云量检测 |
| 热红外 1 | 10.6～11.2 | 100 | 感应热辐射的目标 |
| 热红外 2 | 11.5～12.5 | 100 | 感应热辐射的目标 |

首先进行辐射定标。打开要处理的.MTL 文件（头文件，记录传感器参数、影响获取时间、云量等重要信息），选择要处理的多光谱数据，打开参数设置面板。其中，Calibration Type（定标类型）选择 Radiance（辐射率），Scale Factor（辐射率数据单位调整系数）为 0.1。辐射定标后数值应在 0～10，单位为 $\mu W/(cm^2 \cdot sr \cdot nm)$。

然后进行大气校正。选择 FLAASH Atmospheric Correction（大气校正）工具，输入辐射定标过的影像，影像信息系统一般会自动输入，如果未能输入可打开下载影像的头文件自行输入。Atmospheric Model（大气模式）根据影像的经纬度和时间选择，Aerosol Model（气溶胶模型）选择 Urban（城市），Aerosol Retrieval（气溶胶检索）选择 K-T，其余选项默认。在 Multispectral Settings（多光谱设置）的 Defaults（默认值）中选择 Standard（标准），其余选项默认。返回主界面，开始大气校正。

最后进行影像裁剪。加载研究区域边界数据的.shp 文件，打开 Subset Data from ROIs 工具，选择大气校正过的影像，在输入 ROIs 时选择边界.shp 文件，Mask pixels outside of ROI 选择 Yes，背景值设置默认为 0，设置输出路径和文件名后点击 OK，得到经过预处理的遥感影像。

# 5.3 基于传感监测的生态环境数据提取方法

环境物联网监测与平台搭建是景感生态学理论的重要内容之一（郑渊茂等，2020）。面向村镇的生态环境快速监测主要通过在典型乡村聚落关键节点布设环境要素传感器，监测生活、生产等排放状况（Tang et al.，2018），实现关键环境要素的自动、半自动化监测与数据传输。以传感器监测得到的数据代替从当地生态部门获取的数据，不仅在数据获取上较为便捷，而且数据的时间和种类也更为多样。由于各方面限制，本书传感器监测的数据主要为村镇空气环境质量数据。

## 5.3.1 研究方法

本书基于物联网传感技术、嵌入式技术和无线通信技术，定制采购了综合监测多种环境参数的物联网传感监测设备，选取乡村聚落生态环境关键参数（CO、$NO_2$、$SO_2$、$O_3$、$PM_{2.5}$、$PM_{10}$）作为监测对象，同时选取温度、湿度等气象参数作为辅助观测数据。环境物联网监测设备采用高灵敏度的气体检测探头，信号稳定，精度高。各监测参数及具体技术性能如表5-8。

表5-8 环境物联网设备监测参数及具体技术性能

| 序号 | 监测参数 | 测量范围 | 分辨率 | 精度 |
|---|---|---|---|---|
| 1 | CO | $0\sim1000\times10^{-6}$ | $0.05\times10^{-6}$ | ±3% |
| 2 | $NO_2$ | $0\sim20\times10^{-6}$ | $0.01\times10^{-6}$ | ±3% |
| 3 | $SO_2$ | $0\sim20\times10^{-6}$ | $0.01\times10^{-6}$ | ±3% |
| 4 | $O_3$ | $0\sim20\times10^{-6}$ | $0.02\times10^{-6}$ | ±3% |
| 5 | $PM_{2.5}$ | $0\sim1000\mu g/m^3$ | $1\mu g/m^3$ | ±10% |
| 6 | $PM_{10}$ | $0\sim1000\mu g/m^3$ | $1\mu g/m^3$ | ±10% |
| 7 | 温度 | −40～80℃ | 0.1℃ | ±0.3℃ |
| 8 | 湿度 | 0～100%RH | 0.1%RH | ±（3～7）%RH |

完成对关键环境参数及气象参数的数据采集后，利用物联网卡将实时监测数据上传到环境物联网监测平台，便于监测数据的管理和分析。另外，针对不同监测场景的需求，在设计时预留了各种接口，使物联网传感设备具有较好的可拓展性，能够在后续工作需要时对既有的模块进行更新或替换。

## 5.3.2 数据来源与预处理

1. 传感数据来源

出于研究需求和实际情况的限制，进行监测仪器布设。

在监测点进行仪器布设时，首先由资源规划管理部门协调示范村对接人，与示范村对接人联系后工程师到示范村现场选择合适地点并安装设备。设备安装包括支柱支架安装、配电箱安装、风速风向L形转接架安装、风速风向传感器安装、风向传感器安装、$SO_2$、$NO_2$、CO、$O_3$、$PM_{2.5}$/$PM_{10}$、温湿度传感器等王字壳传感器安装。安装地点多为村委会，优先选择村委会楼顶或人流较少地方，减少设备被人为损坏的风险；所有安装均在断电情况下进行，最终要求能在15m范围之内不间断供电。设备安装确认无误后，整理设备接线及户外插座的接线，确保走线安全，将插座置于配电箱内。

2. 传感数据预处理

从监测平台下载实时监测数据，排除设备故障导致的异常数据，筛选出可用数据。将监测点的空气质量数据分监测指标整理，取平均值，根据2016年公布的《环境空气质量标准》(GB 3095—2012) 中对二类区（包括农村地区）规定的二级污染物浓度标准（环境保护部，2012)，对监测点的空气质量水平进行初步判断。

## 5.4 基于人感调查的生态环境数据提取方法

景感生态学强调了人与生态系统之间和谐发展的重要性（Zhao et al.，2016)。在生态环境评价中，“人”对周边生态环境的感知，是其中重要的内容（Shao et al.，2020)，甚至在一定程度上可以影响周边环境变化的方向（Xu et al.，2020)。

生态环境评价需要引入不同的主体。在评价工作中，应通过问卷发放、平台收集等方式，通过将居民对周边生态环境的感知融入生态环境研究中（Han et al.，2021)，让居民参加到整个工作中来，可以使评价工作更贴合当地实际情况，具有重要的现实意义。

### 5.4.1 问卷设计

为了准确了解村镇居民生态环境满意度和环境污染感知度，本书从村镇“三废”处理与处置工程现状、村镇环境优化工作开展、新农村建设及美丽乡村建设情况、民众主观环境感受和民众的环境类需求等方面，进行精准提问，以期得到村民对其生存环境的生态环境现状、环境污染现状、环保工作开展现状等方面的综合认知。

### 5.4.2 问卷发放与回收

由于调查难度、样本回收等各种条件限制，大部分生态环境评价工作中存在居民参与性不足的问题。因此，在村镇生态环境评价中，可以申请与当地政府合作，同步开展线上线下的开展问卷调查和回收工作，获取村镇居民生态环境满意度和环境污染感知度数据。进而整理问卷调查结果，将调查结果分为村镇周边生态环境质量、村庄周边生态环境满意度、村庄周边生态环境变化、村庄周边生态环境污染源4个部分，进行后续分析。

# 5.5 示范区监测效果及效果评价

## 5.5.1 示范区概况

本书以蓟州区26个乡镇为基本研究单元（图5-1，不包含于桥水库和青甸洼泄洪区）。蓟州区，原为天津市蓟县，2016年撤县设区。全区总面积1590km²，位于天津市最北部，地处北京市、承德市、唐山市、廊坊市中央，介于39°45′～40°15′N，117°05′～117°47′E，地势北高南低，呈阶梯分布，北部主要为山地，南部主要为平原，农耕发达。蓟州区下辖25个镇、1个乡，949个行政村。根据天津市第七次全国人口普查主要数据公报，蓟州区总户数28.68万户，户籍人口87.85万人，常住人口约80万人，其中乡村人口60.97万人，乡村人口占全部人口的69%。

作为京津冀地区重要的生态功能区和美丽乡村建设的重要基地，蓟州区在“十三五”期间建成美丽乡村595个，人居环境示范村52个，西井峪、小穿芳峪、郭家沟等12个村入选全国乡村旅游重点村名录，成为首批国家全域旅游示范区，游客数量和旅游收入年均增长10%以上。乡村旅游业等经济产业的快速发展，对蓟州区维护和提高乡村生态环境质量、推动生态农村建设提出了更高的要求，选择蓟州区开展融合多感知的乡村生态环境质量综合评价具有较强的示范意义。

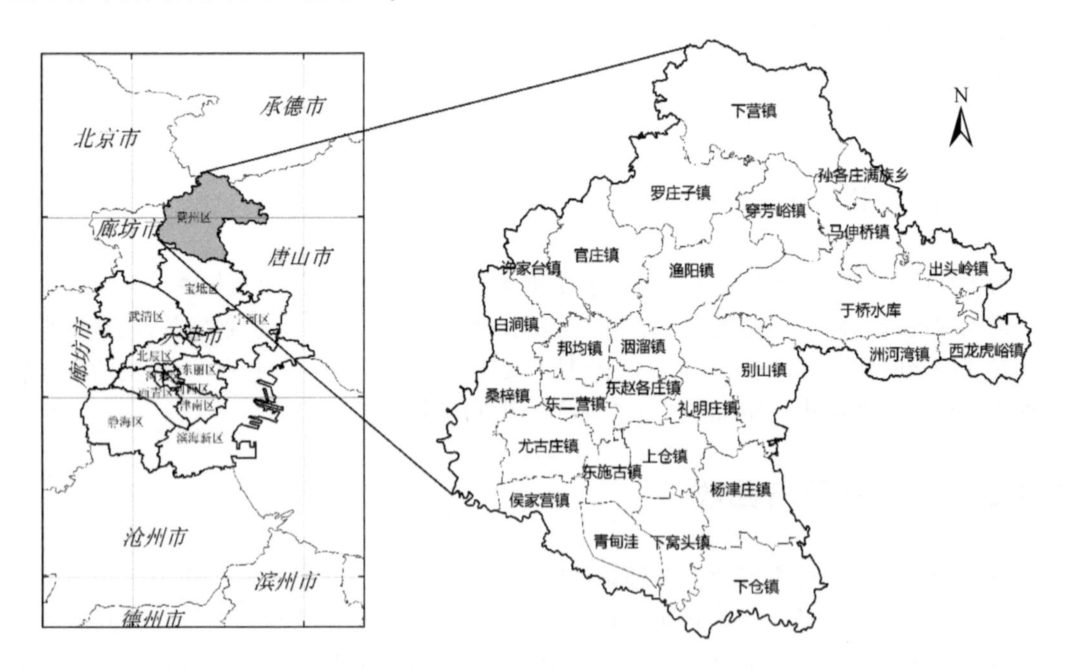


图5-1 蓟州区区位和行政区划图

## 5.5.2 村镇遥感生态环境综合指数

本书以从美国地质勘探局官网（https://earthexplorer.usgs.gov/）上获取的研究区2000年、2005年、2010年、2015年、2020年的Landsat系列遥感影像为源数据。根据研究需求和数据质量，本书使用的遥感数据见表5-9。

**表5-9 本研究所用的遥感数据**

| 行列号（行，列） | 采集日期（年.月.日） | 传感器 |
|---|---|---|
| 122，32 | 2000.5.25 | Landsat7 ETM SLC-ON |
| 122，32 | 2005.5.23 | Landsat7 ETM SLC-OFF |
| 122，32 | 2010.9.26 | Landsat7 ETM SLC-OFF |
| 122，32 | 2015.7.6 | Landsat7 ETM SLC-OFF |
| 122，32 | 2020.8.28 | Landsat8 OLI_TIRS |

根据5.2.1节中介绍的研究方法，计算蓟州区2000年、2005年、2010年、2015年和2020年的湿度、绿度、干度和热度并进行空间分析。根据计算结果（表5-10），蓟州区的湿度指数变化幅度很小，高值主要集中在水库位置，部分水田位置湿度也较高；绿度指数在2000～2015年有一个明显升高，2020年较2015年略有降低。其中西北山区明显高于中南部的人类聚集地；干度指数与绿度指数的空间分布相反，在2000～2015年明显降低，2020年明显升高，人类聚集地的干度指数明显高于山地；热度指数地表温度在2000～2015年，高温区明显减少，平均地表温度降低，在2020年，高温区明显增加，热度指数在人类聚集地要明显高于林地和农田。

**表5-10 天津市蓟州区2000～2020年四指数空间分布**

| 年份 | 湿度（Wet） | 绿度（NDVI） | 干度（NDSI） | 热度（LST） |
|---|---|---|---|---|
| 2000 | 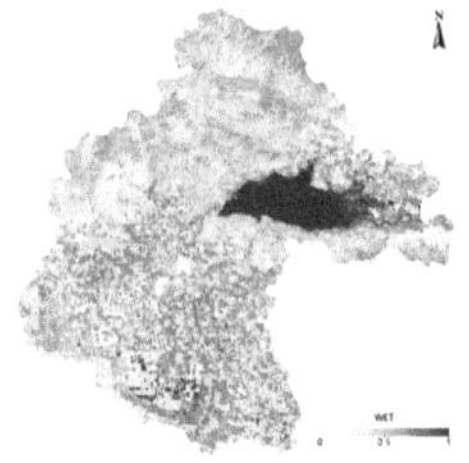 | 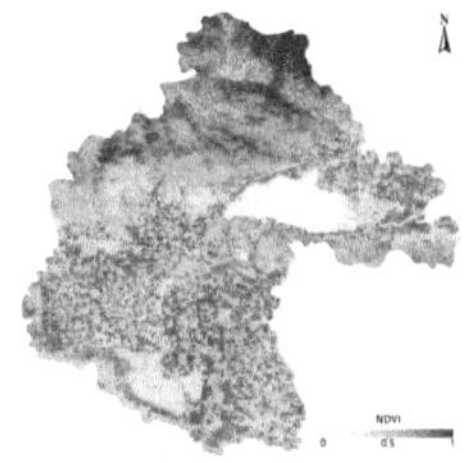 |  | 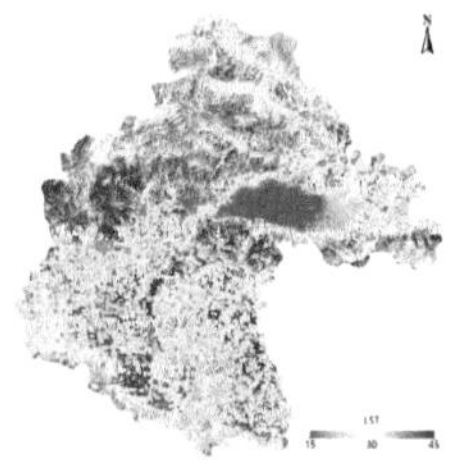 |
| 2005 | 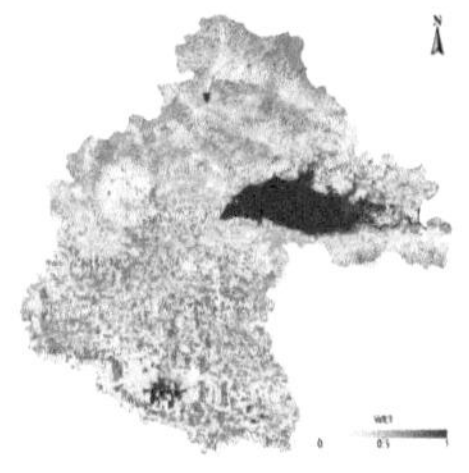 | 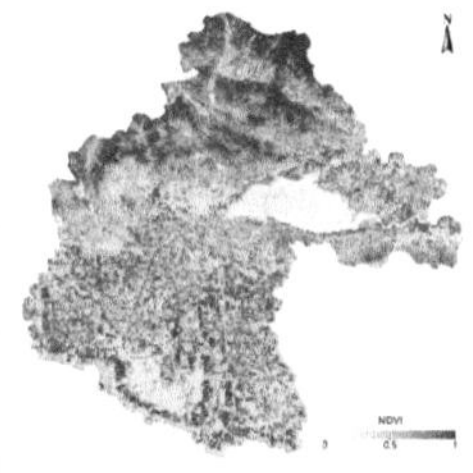 | 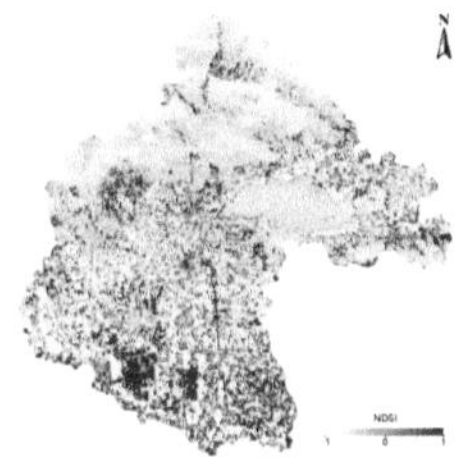 | 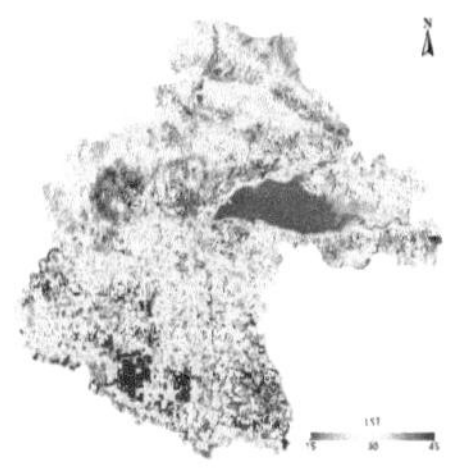 |

续表

| 年份 | 湿度（Wet） | 绿度（NDVI） | 干度（NDSI） | 热度（LST） |
| --- | --- | --- | --- | --- |
| 2010 | 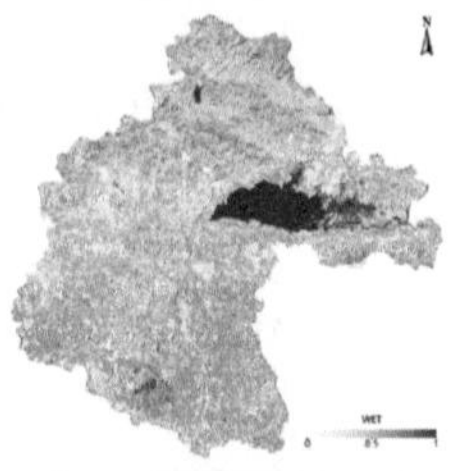 |  | 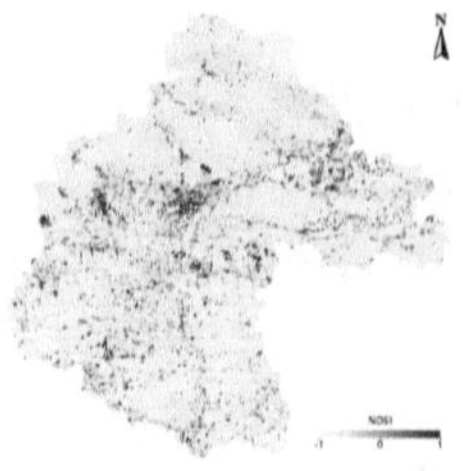 | 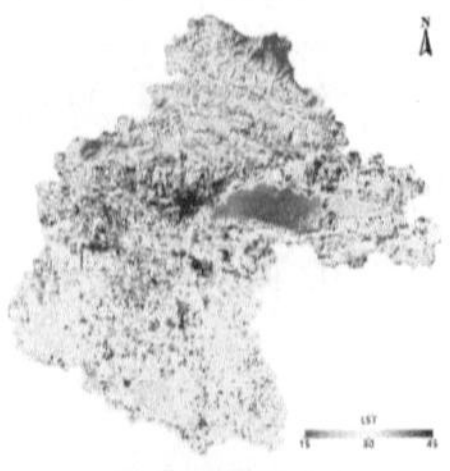 |
| 2015 | 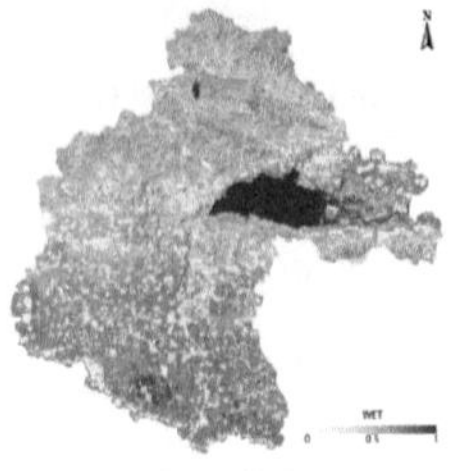 | 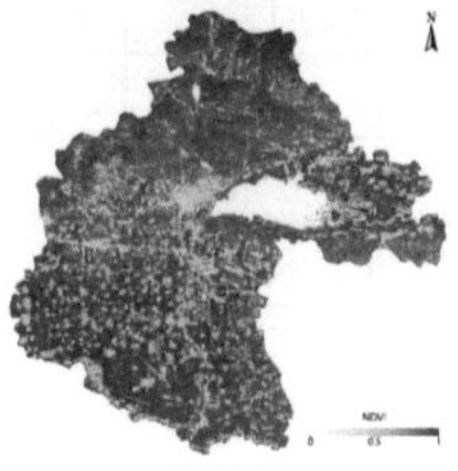 | 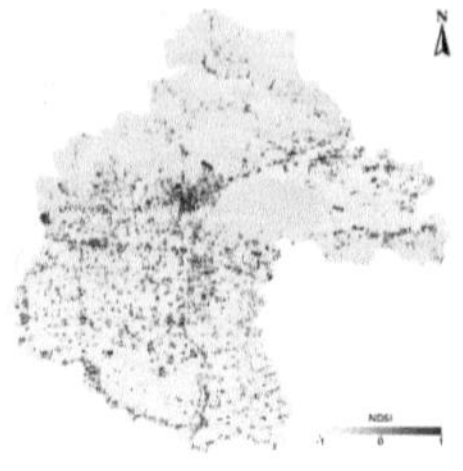 | 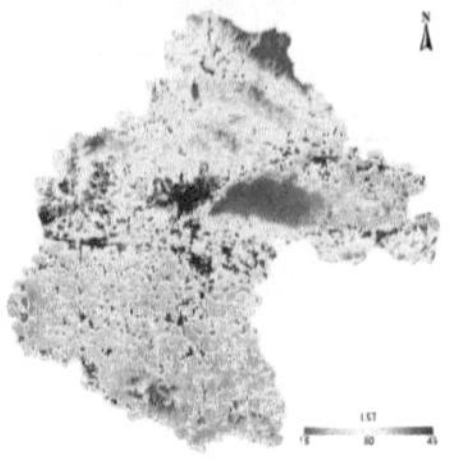 |
| 2020 | 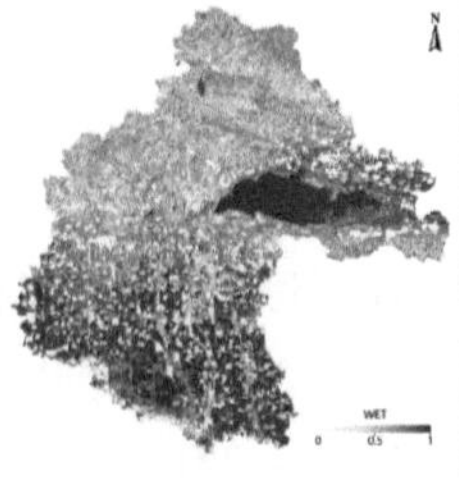 | 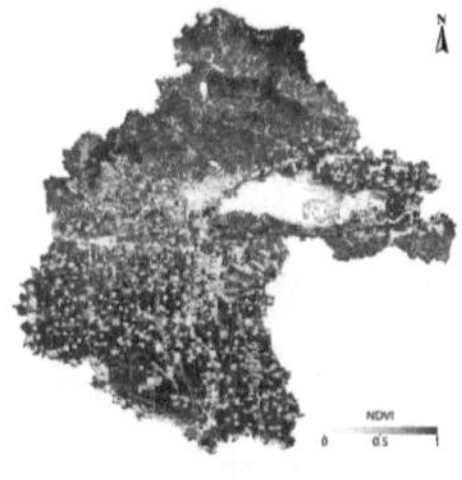 |  | 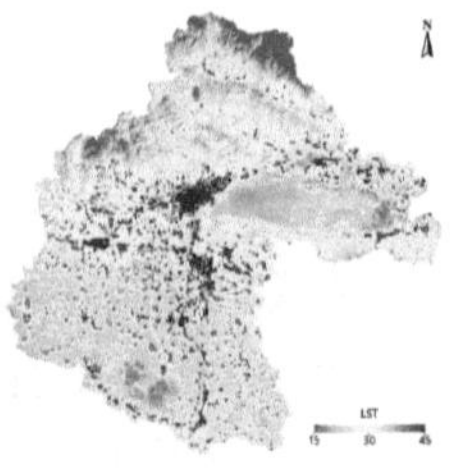 |

对遥感生态指数的 4 个分指标标准化的结果进行主成分分析，结果见表 5-11。由表 5-11可以看出，在所有年份的分析结果中，特征值贡献率最高的都是第一主成分 PC1，即每个年份中各个指标的特征信息都主要集中在 PC1 中，且在每个 PC1 中，Wet 和 NDVI 为正值，NDSI 和 LST 为负值，与 4 个指标对生态环境质量变化的反馈情况相符，即地表水体和土壤、植被湿润程度和植被密度对生态环境质量变化的影响是正面的，裸地、建设用地和较高的地表温度在一定程度上对生态环境质量变化影响是负面的。

将得到的遥感生态指数划分为五个等级：0～0.2 为极差，0.2～0.4 为差，0.4～0.6 为中等，0.6～0.8 为好，0.8～1 为极好，各研究年份的遥感生态指数等级的空间分布如图 5-2 所示。根据生态环境质量等级的空间分布变化，蓟州区在 2000～2020 年生态环境质量整体提升，生态环境质量等级为差和极差的区域面积明显减少，生态质量等级为好的区域面积增加；其中生态环境质量好的区域集中在蓟州区的北部山区、南部农业用地和水库、泄洪区等水体周边区域；中部和水库周边的人口密集区域，尤其是人口密度较大且比较集中的乡镇，如渔阳镇附近的生态环境质量相对较差。

蓟州区乡镇 2000～2020 年各生态环境质量等级的面积和比重变化如表 5-12 所示。其中，生态环境质量等级为差和极差的区域面积减少了 10.73%；生态环境质量等级为好和极好的区域面积增加了 20.23%，占蓟州区总面积的 77.8%。由图 5-3 可以看出，生态环境质量明显提升的区域（图 5-3 中绿色区域）聚集在白涧镇西北部、许家台镇东南部、官

**表 5-11　遥感生态指数各指标主成分分析结果**

| 年份 | 指标 | PC1 | PC2 | PC3 | PC4 |
|---|---|---|---|---|---|
| 2000 | Wet | 0. 4880 | 0. 3512 | -0. 2124 | 0. 7703 |
| | NDVI | 0. 2357 | -0. 7811 | 0. 2335 | -0. 4605 |
| | NDSI | -0. 2124 | -0. 5762 | -0. 6022 | 0. 5100 |
| | LST | 0. 7703 | 0. 0479 | 0. 1950 | 0. 6052 |
| | 特征值 | 0. 2165 | 0. 0514 | 0. 0230 | 0. 0080 |
| | 特征值贡献率 | 72. 43% | 17. 21% | 7. 68% | 2. 68% |
| 2005 | Wet | 0. 5692 | 0. 3720 | -0. 2528 | 0. 6883 |
| | NDVI | 0. 4255 | -0. 7385 | -0. 5045 | -0. 1381 |
| | NDSI | -0. 6049 | 0. 1521 | -0. 7698 | 0. 1353 |
| | LST | -0. 3592 | -0. 5414 | 0. 2982 | 0. 6992 |
| | 特征值 | 0. 2054 | 0. 0511 | 0. 0193 | 0. 0104 |
| | 特征值贡献率 | 71. 75% | 17. 87% | 6. 73% | 3. 64% |
| 2010 | Wet | 0. 6844 | 0. 2454 | 0. 4182 | 0. 5445 |
| | NDVI | 0. 2581 | -0. 8566 | -0. 3225 | 0. 3093 |
| | NDSI | -0. 4900 | 0. 2550 | -0. 3391 | 0. 7615 |
| | LST | -0. 4742 | -0. 3756 | 0. 7785 | 0. 1673 |
| | 特征值 | 0. 1248 | 0. 0480 | 0. 0194 | 0. 0117 |
| | 特征值贡献率 | 61. 19% | 23. 55% | 9. 52% | 5. 74% |
| 2015 | Wet | 0. 6393 | 0. 2523 | 0. 4204 | 0. 5924 |
| | NDVI | 0. 3179 | -0. 8715 | -0. 2907 | 0. 2344 |
| | NDSI | -0. 4637 | 0. 1802 | -0. 4490 | 0. 7422 |
| | LST | -0. 5247 | -0. 3800 | 0. 7329 | 0. 2078 |
| | 特征值 | 0. 1573 | 0. 0437 | 0. 0149 | 0. 0095 |
| | 特征值贡献率 | 69. 76% | 19. 41% | 6. 60% | 4. 23% |
| 2020 | Wet | 0. 5777 | 0. 5327 | 0. 4189 | 0. 4550 |
| | NDVI | 0. 5284 | -0. 8089 | 0. 0206 | 0. 2571 |
| | NDSI | -0. 4418 | -0. 0253 | -0. 2829 | 0. 8510 |
| | LST | -0. 4381 | -0. 2476 | 0. 8626 | 0. 0519 |
| | 特征值 | 0. 1663 | 0. 0442 | 0. 0192 | 0. 0097 |
| | 特征值贡献率 | 69. 47% | 18. 48% | 8. 01% | 4. 04% |

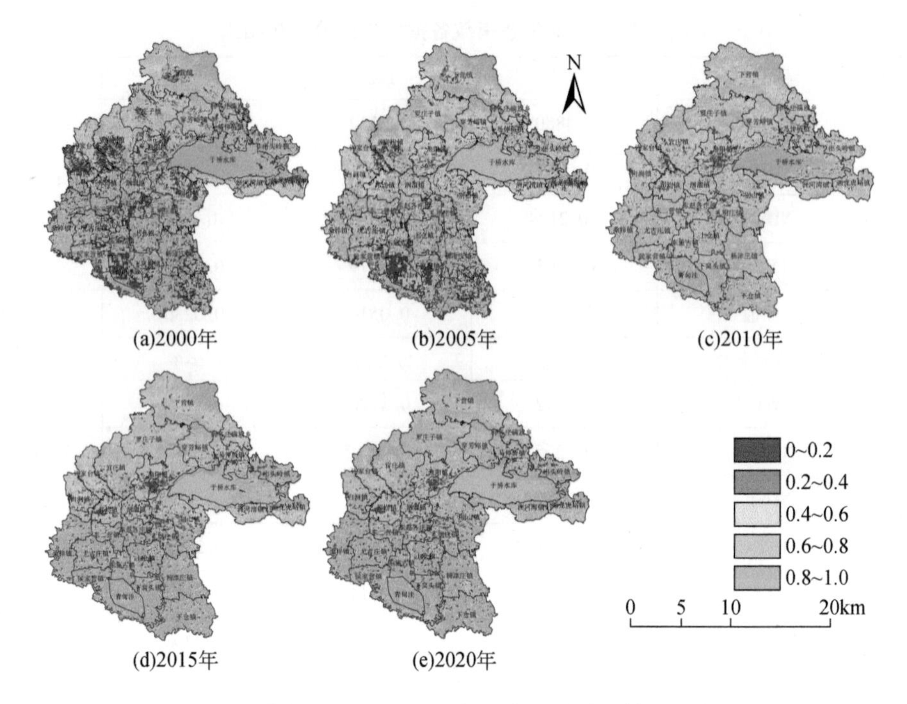


图 5-2 蓟州区 2000 ~ 2020 年生态环境质量等级分布图

**表 5-12 蓟州区乡镇 2000 ~ 2020 年生态环境质量分级结果**

| 质量等级 | 2000 年 | | 2005 年 | | 2010 年 | | 2015 年 | | 2020 年 | |
|---|---|---|---|---|---|---|---|---|---|---|
| | 面积/$km^2$ | 占比/% | 面积/$km^2$ | 占比/% | 面积/$km^2$ | 占比/% | 面积/$km^2$ | 占比/% | 面积/$km^2$ | 占比/% |
| 极差（0 ~ 0.2） | 318.34 | 20.03 | 218.19 | 13.73 | 74.12 | 4.66 | 83.64 | 5.26 | 74.35 | 4.68 |
| 差（0.2 ~ 0.4） | 19.35 | 1.22 | 62.53 | 3.93 | 89.08 | 5.61 | 107.66 | 6.78 | 92.83 | 5.84 |
| 中等（0.4 ~ 0.6） | 336.61 | 21.18 | 507.58 | 31.94 | 408.52 | 25.71 | 268.03 | 16.87 | 185.57 | 11.68 |
| 好（0.6 ~ 0.8） | 522.55 | 32.89 | 549.18 | 34.56 | 716.17 | 45.07 | 669.52 | 42.13 | 661.96 | 41.66 |
| 极好（0.8 ~ 1.0） | 392.14 | 24.68 | 251.52 | 15.83 | 301.12 | 18.95 | 460.14 | 28.96 | 574.28 | 36.14 |

庄镇西南部、青甸洼泄洪区和别山镇、东赵各庄镇及其周边地区等；生态环境质量明显降低的区域（图 5-3 中橘色和红色区域）主要在于桥水库、渔阳镇西南部、洇溜镇、邦均镇、礼明庄镇、上仓镇等，整体分布比较零散。

基于遥感影像解译的土地利用数据，分乡镇尺度和行政村尺度计算蓟州区 2000 ~ 2020 年的村镇生态环境指数。

根据村镇生态环境指数计算结果（表 5-13，表 5-14），2000 ~ 2020 年，蓟州区人类干扰指数呈逐年下降趋势，其中受人类干扰较大的区域集中在中部和于桥水库周边的人口聚集区，包括渔阳镇、洇溜镇、邦均镇、出头岭镇和南部青甸洼周边的侯家营镇、上仓镇等。

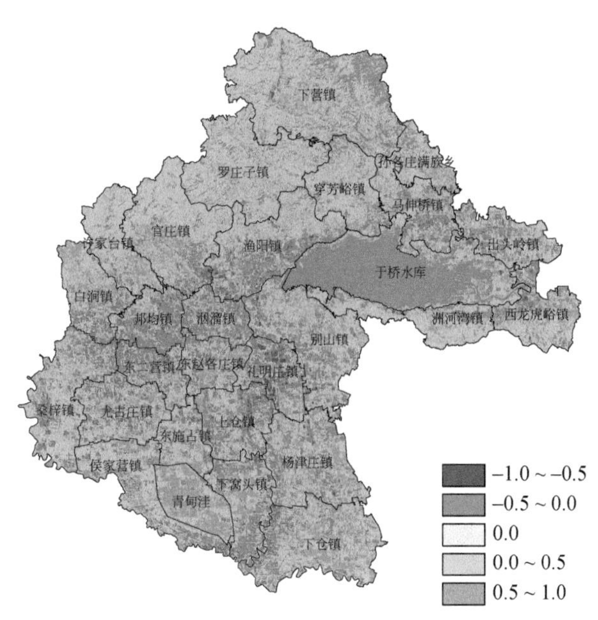


图 5-3　蓟州区 2000 ~ 2020 年生态环境质量变化

**表 5-13　蓟州区 26 个乡镇生态环境指数及分指数空间分布**

| 年份 | 人类干扰<br>指数（HDI） | 水网密度<br>指数（WDI） | 生境质量<br>指数（EQI） | 植被覆盖<br>指数（VCI） | 村镇生态环境<br>指数（VTEI） |
| --- | --- | --- | --- | --- | --- |
| 2000 | | | | | |
| 2005 | | | | | |
| 2010 | | | | | |
| 2015 | | | | | |

续表

| 年份 | 人类干扰指数（HDI） | 水网密度指数（WDI） | 生境质量指数（EQI） | 植被覆盖指数（VCI） | 村镇生态环境指数（VTEI） |
|---|---|---|---|---|---|
| 2020 | | | | | |

表 5-14　蓟州区 942 个行政村生态环境指数及分指数空间分布

| 年份 | 人类干扰指数（HDI） | 水网密度指数（WDI） | 生境质量指数（EQI） | 植被覆盖指数（VCI） | 村镇生态环境指数（VTEI） |
|---|---|---|---|---|---|
| 2000 | | | | | |
| 2005 | | | | | |
| 2010 | | | | | |
| 2015 | | | | | |
| 2020 | | | | | |

蓟州区水网密度指数随年份变化呈现为：在 2000 ~ 2015 年逐年上升，2020 年下降，整体略有降低，变化较为明显的区域主要为北部山林地区的下营镇、中部人口聚集区的别山镇、洇溜镇、东赵各庄镇、上仓镇和青甸洼周边的侯家营镇、下窝头镇和下仓镇。

蓟州区生境质量指数北部山林地区和中部基本不变且数值较高，南部平原绝大部分区域数值较低但上升明显，整体情况略有上升。

蓟州区植被覆盖指数与生境质量指数相似，较高的区域集中在北部山林地区和于桥水库周边地区，南部平原地区大部分区域数值较低但有较明显的上升，青甸洼区域则逐年降低，整体情况略微上升。

综合以上分析结果，蓟州区村镇生态环境指数较高的区域集中在北部山林区域的下营镇、罗庄子镇、官庄镇、穿芳峪镇和孙各庄满族乡、于桥水库北部的洲河湾镇和西龙虎峪镇、青甸洼，大部分区域变化较小，侯家营镇和上仓镇有较明显的上升，整体生态环境质量上升。

综上所述，蓟州区 2000～2020 年在生态环境方面，人类干扰水平持续下降，水网密度略有降低，生境质量水平和植被覆盖提升，村镇生态环境整体向好的方向发展。

根据计算得到的 2020 年的遥感生态指数（RSEI）和村镇生态环境指数（VTEI）计算蓟州区 2020 年村镇遥感生态环境综合指数（简称为村镇遥感生态指数）。2020 年的遥感生态指数（RSEI）为 0.6965，2020 年村镇生态环境指数（VTEI）为 77.4199，归一化到［0，100］后取均值，即村镇遥感生态指数为 74。

## 5.5.3 村镇传感生态指数

出于研究需求和实际情况的限制，在天津市蓟州区的小穿芳峪、蒋家胡同村和八营村进行监测仪器布设。监测仪器布设空间位置如图 5-4。此外，在监测数据收集和处理过程

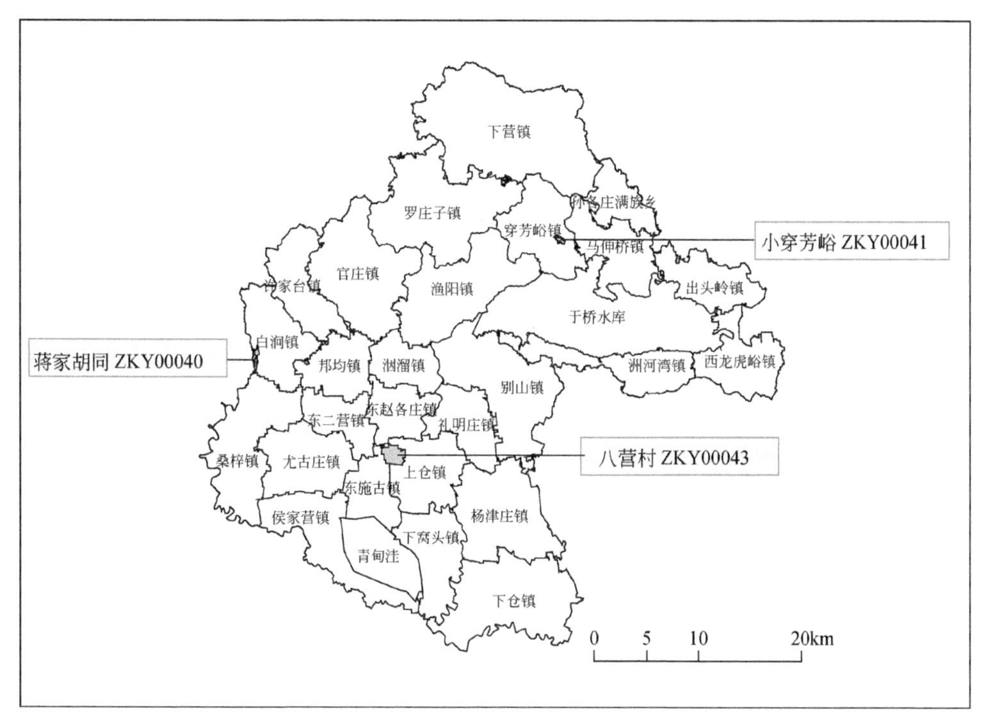


图 5-4　蓟州区监测点空间分布

中发现，虽然物联网传感器在监测点 24 小时连续工作，每 10 分钟获取一次监测数据。但蓟州区 3 个监测点设备 2020 年 12 月才完成布设，时间较晚且刚开始运行时在部分时间出现异常，导致监测数据缺失，故挑选了数据比较完整、趋势变化明显的数据进行监测结果分析与展示。

目前环境物联网传感监测设备在天津市蓟州区的蒋家胡同村和八营村稳定运行，连续采集大气环境数据。位于小穿芳峪的监测设备由于出现故障，未能采集 2020 年 12 月到 2021 年 1 月的数据。因此仅对蒋家胡同村和八营村的监测数据进行分析。

对位于蒋家胡同村的监测设备（ZKY00040）监测数据分析结果如图 5-5 ~ 图 5-10 所示。日变化曲线取 12 月 6 日监测数据。由图 5-5 可见，监测设备实现了实时在线连续监测且运行稳定，其中温度峰值和湿度谷值均出现在 12 时左右，两者呈现相反的变化趋势，温湿度变化趋势符合一般温湿度变化的实际情况；两类颗粒物 $PM_{2.5}$ 和 $PM_{10}$ 的变化趋势大体一致；$PM_{2.5}$ 和 $PM_{10}$ 颗粒物浓度日变化峰值在 8 时、18 时，与早、晚交通高峰时段相吻

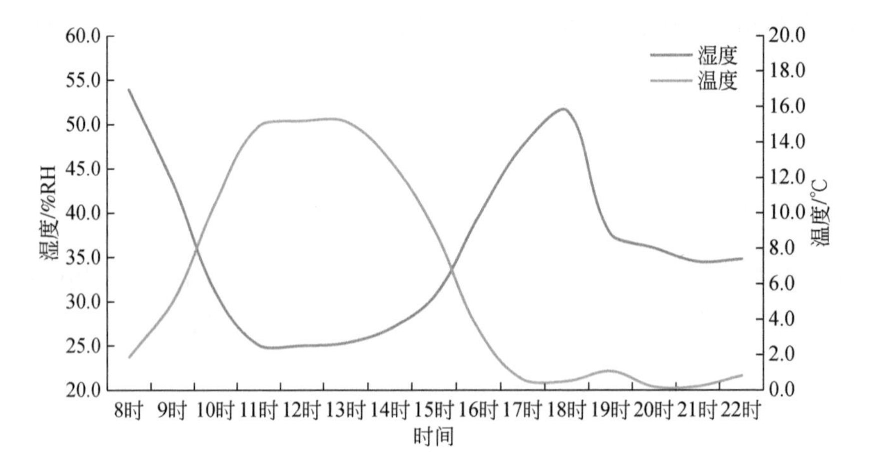


图 5-5　蒋家胡同村温湿度日变化曲线（2020 年 12 月 6 日）

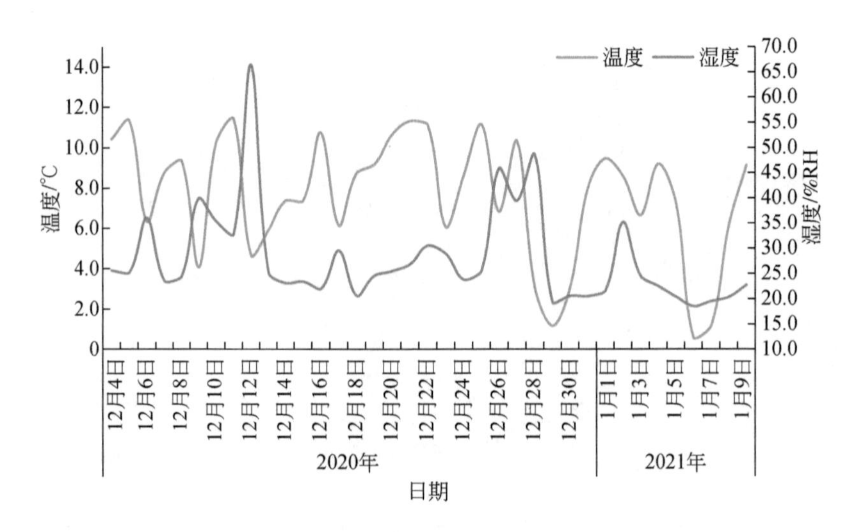


图 5-6　蒋家胡同村日均温湿度变化曲线（2020 年 12 月 ~2021 年 1 月）

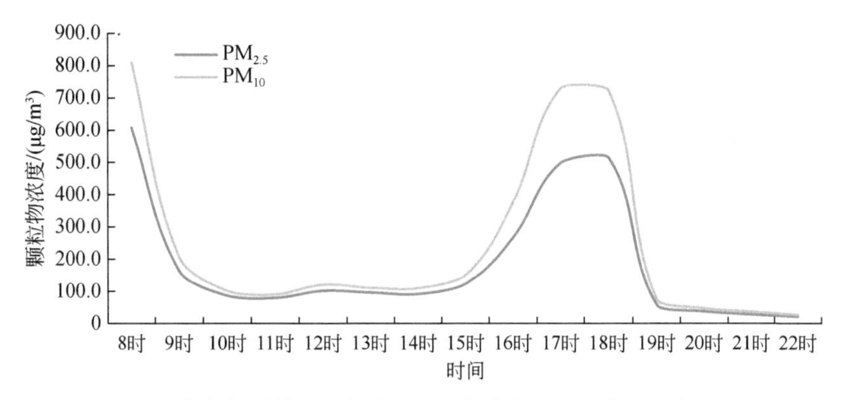


图 5-7 蒋家胡同村颗粒物浓度日变化曲线（2020 年 12 月 6 日）

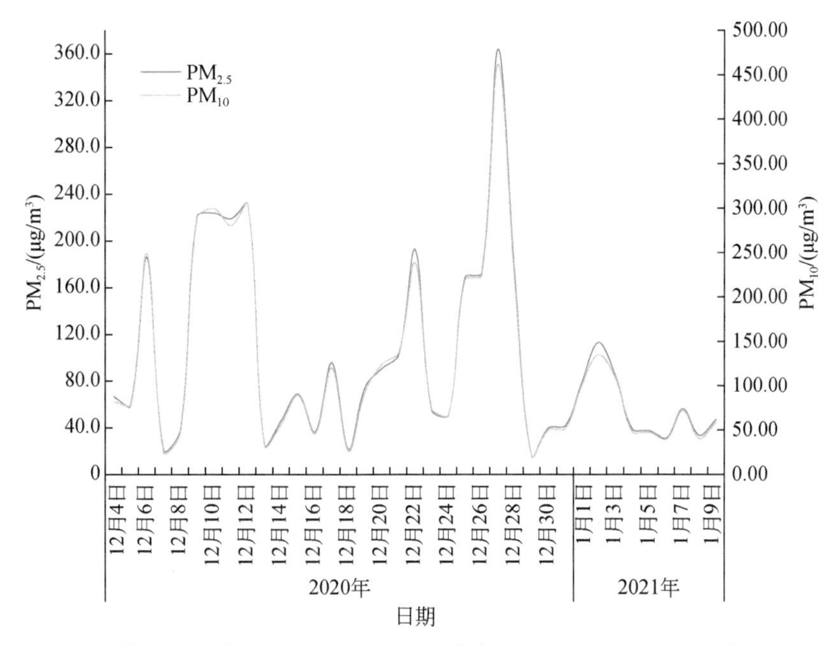


图 5-8 蒋家胡同村颗粒物日均浓度变化曲线（2020 年 12 月 ~2021 年 1 月）

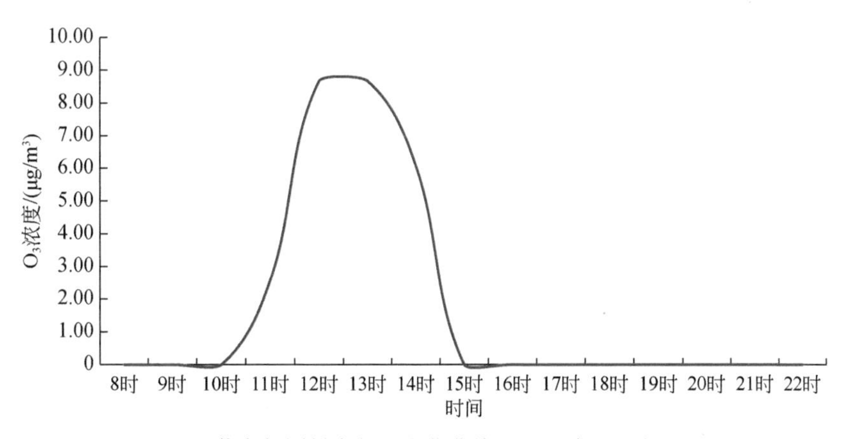


图 5-9 蒋家胡同村臭氧日变化曲线（2020 年 12 月 6 日）

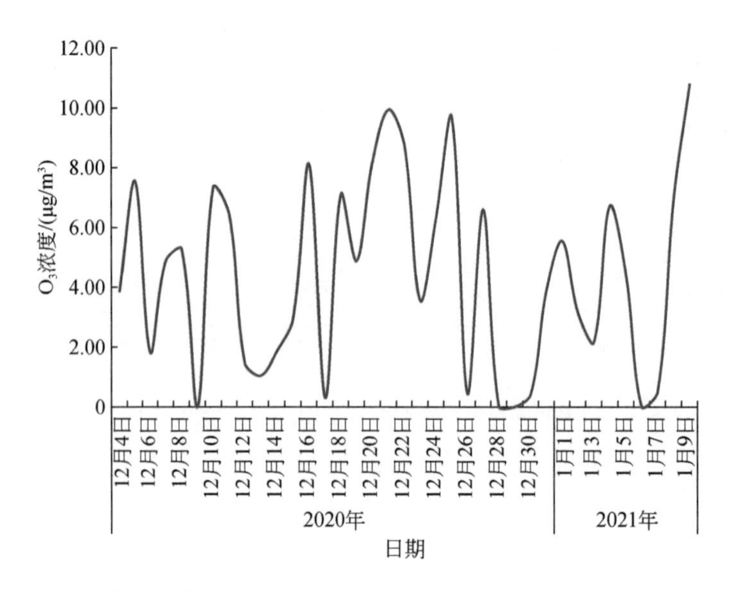


图 5-10　蒋家胡同村臭氧日均变化曲线（2020 年 12 月 ~2021 年 1 月）

合（图 5-7）。蓟州区蒋家胡同村空气质量很好，因此各类污染物浓度检出值较小，其中 CO、$NO_2$、$SO_2$均未检出，故仅展示 $O_3$的监测结果。结果显示 $O_3$检出值日变化规律较明显，在 12 时、13 时出现峰值，在午后的 15 时出现谷值（图 5-9）。

对上仓镇八营村的监测设备（ZKY00043）的监测数据的分析结果如图 5-11 ~ 图 5-16 所示，日变化曲线图选取时间为 2020 年 12 月 10 日。从监测结果可以看出，监测设备实现了实时在线连续监测且稳定运行，其中温度峰值与湿度谷值分别出现在 12 时、13 时，两者整体呈现相反的变化趋势（图 5-11）。两类颗粒物 $PM_{2.5}$和 $PM_{10}$的变化趋势大体一致（图 5-13）；上仓镇八营村 $PM_{2.5}$和 $PM_{10}$颗粒物浓度日变化在傍晚的 17 时左右出现峰值。

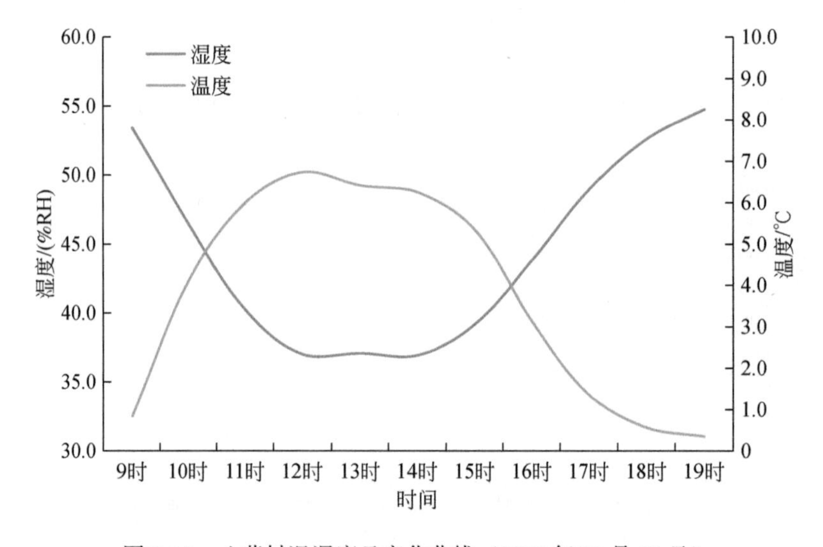


图 5-11　八营村温湿度日变化曲线（2020 年 12 月 10 日）

蓟州区上仓镇八营村空气质量较好，因此各类污染物浓度检出值较小，其中 CO、$NO_2$、$SO_2$均未检出，故仅展示 $O_3$的监测结果。结果显示 $O_3$检出值日变化规律较明显，在 12 时、13 时出现峰值。

因为本研究数据获取质量以及时间限制，以蓟州区的小穿芳峪、蒋家胡同村和八营村 3 个地区（3 个地区相距较远，分别位于蓟州区的三片区域）2020 年 12 月 4 ~ 31 日共 28 天的大气监测数据的平均值作为蓟州区 2020 年的空气质量数据。其中 $PM_{2.5}$和 $PM_{10}$采取 24 小时平均值，臭氧采取日最大 8 小时平均值。计算结果如表 5-15 所示。

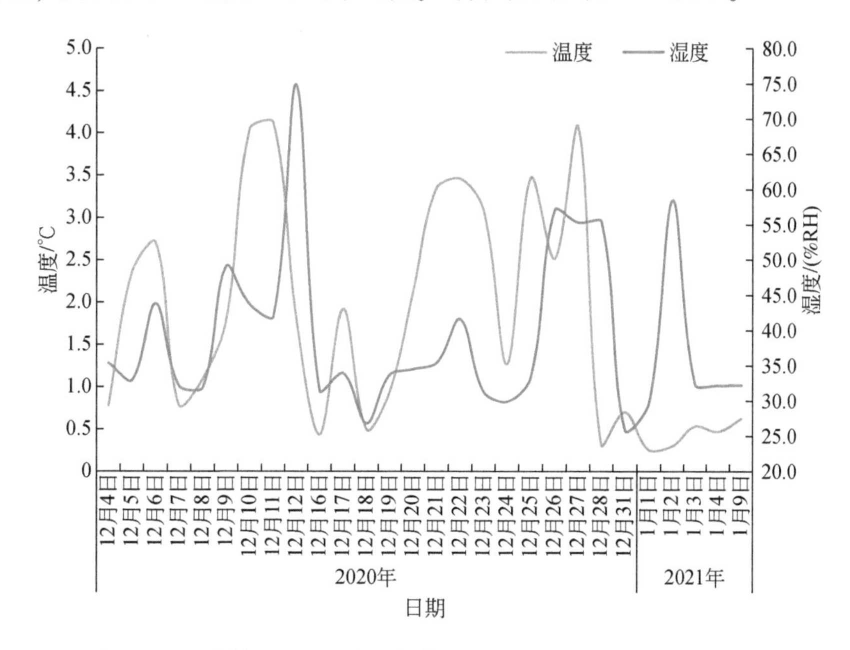


图 5-12　八营村日均温湿度变化曲线（2020 年 12 月 ~ 2021 年 1 月）

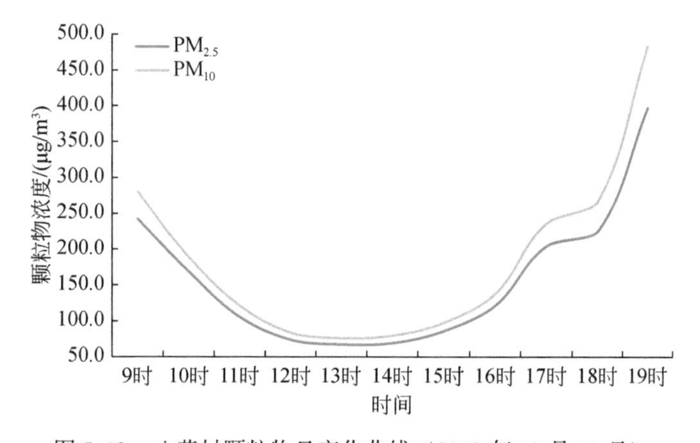


图 5-13　八营村颗粒物日变化曲线（2020 年 12 月 10 日）

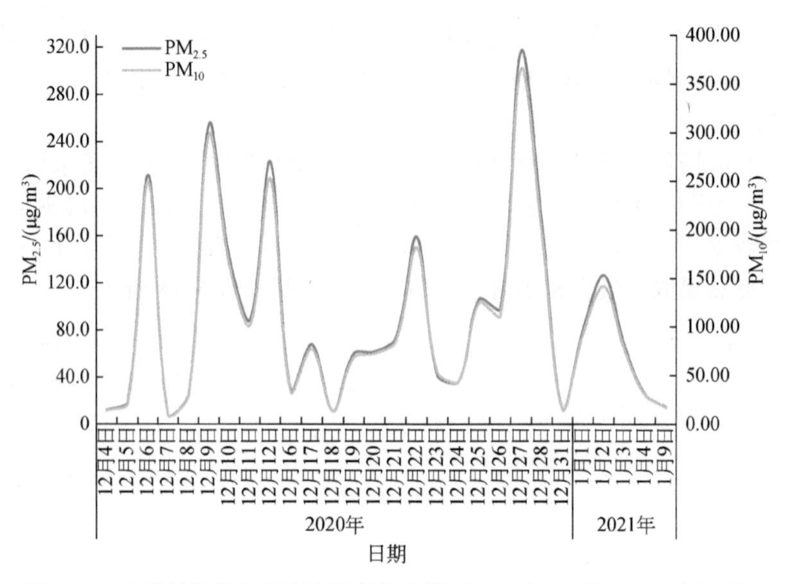


图 5-14　八营村颗粒物日均浓度变化曲线（2020 年 12 月 ~2021 年 1 月）

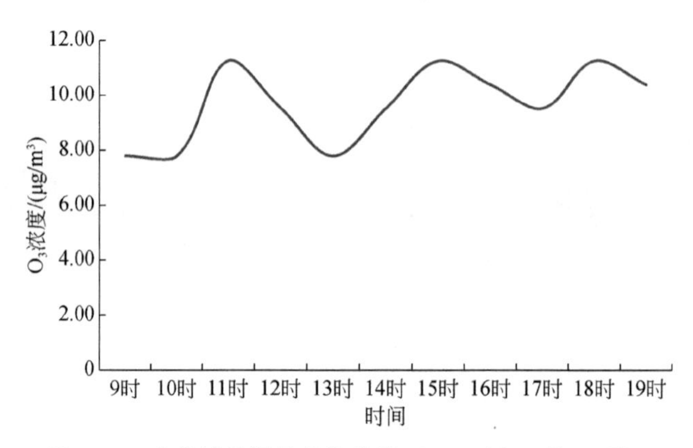


图 5-15　八营村臭氧日变化曲线（2020 年 12 月 10 日）

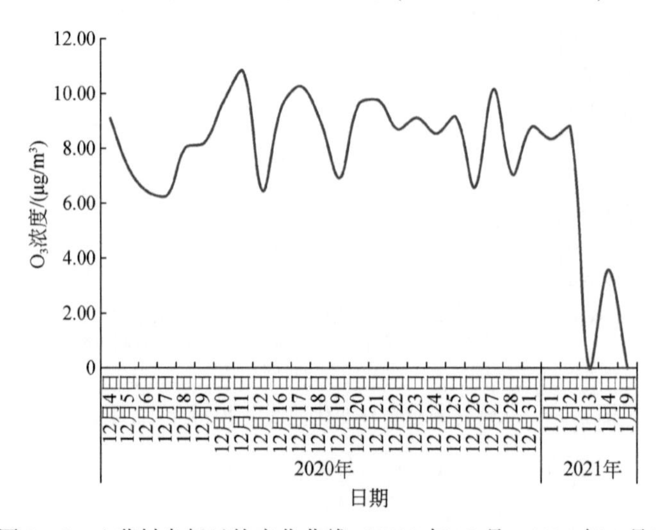


图 5-16　八营村臭氧日均变化曲线（2020 年 12 月 ~2021 年 1 月）

表 5-15　2020 年蓟州区环境空气质量达标率

| 指标 | 浓度限值/(μg/m³) | 达标天数/天 | 达标率/% | 分指数值 |
| --- | --- | --- | --- | --- |
| $PM_{2.5}$ | 75 | 14 | 50 | 50 |
| $PM_{10}$ | 150 | 18 | 64 | 64 |
| 臭氧 | 160 | 28 | 100 | 100 |

村镇环境传感器监测空气质量指数计算结果为分指数计算结果的均值，即村镇传感生态指数结果为 71。

## 5.5.4　村镇人感生态指数

1. 村庄周边生态环境质量

**(1) 村庄周边污染情况**

本书以天津市蓟州区为例，依托清华大学天津市蓟州区村庄布局规划项目，设计调研问卷并投放到蓟州区 942 个行政村，共获取样本 847 份。通过调查村庄居民对村庄周边各项生态环境要素的污染程度的评价，得到村庄周边生态环境质量调查结果（图 5-17）。

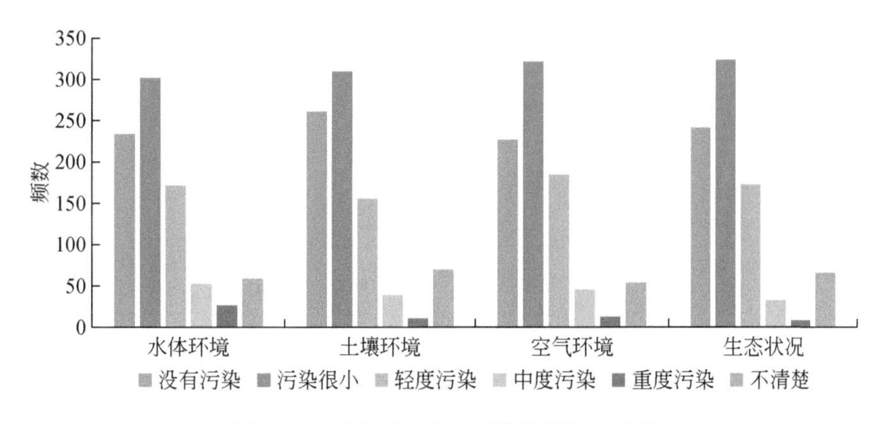


图 5-17　村庄周边生态环境质量调查结果

由问卷调查结果看出，大部分村民认为周边水体、土壤、空气和整体生态污染较小，认为污染程度中等的比例很小，重度污染比例极小。为了进行综合评估，按污染程度从轻到重设置分数为从 5 至 1（不清楚为 0 分），水体、土壤和空气分别占比 1/3，集成后与生态环境各按权重为 0.5 进行集成，得到周边生态环境质量综合评分为 3.6，介于轻度污染和污染较小之间。

**(2) 村庄空气质量主观感知度**

通过调查村庄居民是否经常在村里闻到恶臭，本书得到村庄空气质量主观感知调查结果（图 5-18）。

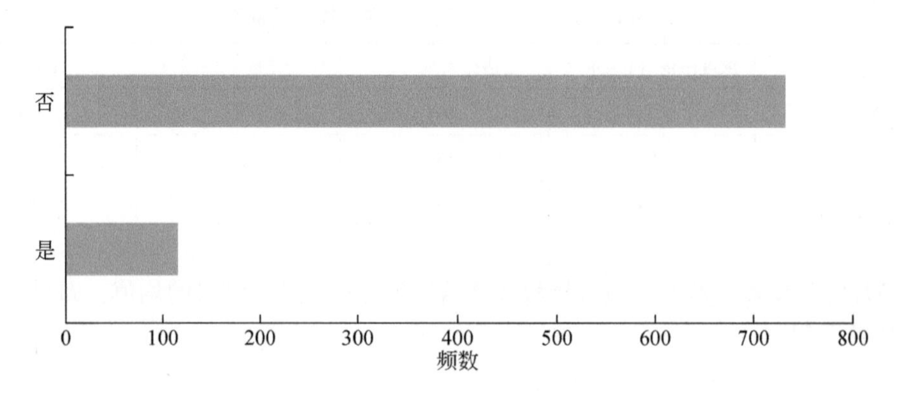


图 5-18　村庄空气质量主观感知度调查结果

由调查结果可知，村民不常在村里闻到恶臭的比例远大于常闻到恶臭，感官上周边的空气质量普遍较好，少部分村庄需要整治。

2. 村庄周边生态环境满意度

通过调查村庄居民对村庄周边生态环境情况是否满意，本书得到村庄周边生态环境满意度调查结果（图 5-19）。

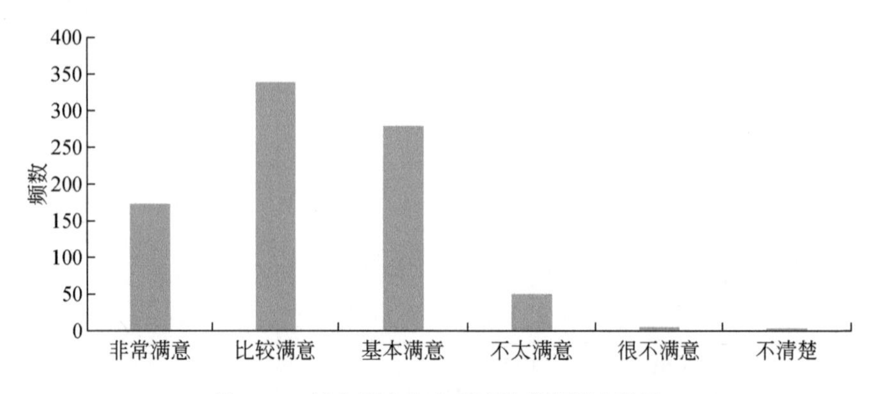


图 5-19　村庄周边生态环境满意度调查结果

根据调查结果，大部分村民对周边生态环境较为满意，不太满意和很不满意的很少。按污染程度从轻到重设置分数为从 5 至 1，得到周边生态环境状况综合评分为 3.7 分，处于基本满意与比较满意之间。

3. 村庄周边生态环境变化

**（1）近一年村庄周边生态环境变化**

通过调查村庄居民对村庄周边近一年来生态环境变化的评价，本书得到近一年村庄周边生态环境变化调查结果（图 5-20）。

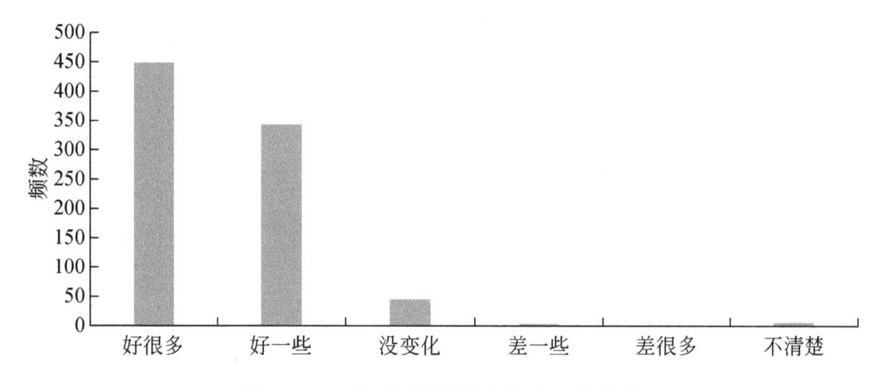


图 5-20　近一年村庄周边生态环境变化

根据调查结果，大部分村民认为和上一年相比，周边的生态环境好很多或好一些，差一些和不清楚的很少，说明村里周边生态环境质量维持和治理有成效，整体生态环境质量有向好的方向转化的趋势。

**（2）1990～2015 年生态环境变化**

通过调查村庄居民对村庄周边 1990～2015 年生态环境变化的评价，本书得到 1990～2015 年村庄周边生态环境变化调查结果（表 5-16，图 5-21）。

**表 5-16　1990～2015 年生态环境变化调查结果**　（单位：份）

| 年份 | 污染很少 | 污染较少 | 轻度污染 | 中度污染 | 污染较重 | 重度污染 |
|---|---|---|---|---|---|---|
| 1990 | 358 | 174 | 106 | 77 | 72 | 60 |
| 1995 | 253 | 242 | 137 | 110 | 82 | 20 |
| 2000 | 180 | 233 | 229 | 139 | 51 | 15 |
| 2005 | 152 | 246 | 237 | 158 | 40 | 14 |
| 2010 | 156 | 256 | 242 | 133 | 51 | 9 |
| 2015 | 239 | 242 | 191 | 107 | 43 | 25 |

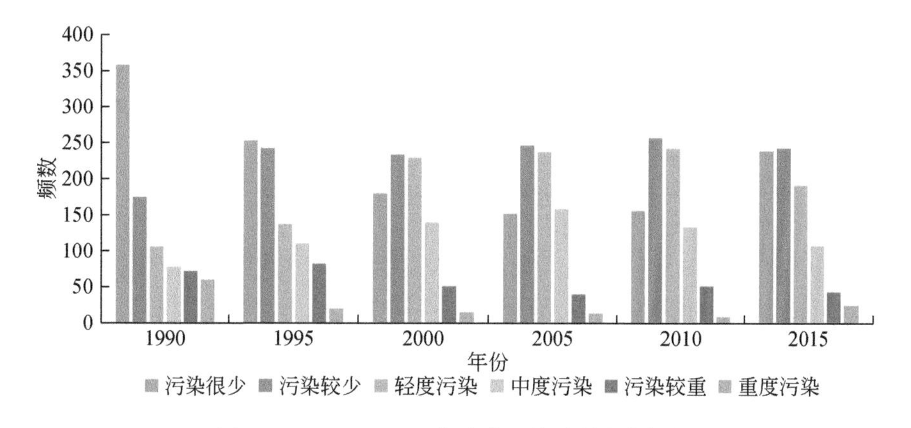


图 5-21　1990～2015 年生态环境质量变化打分

对于1990～2015年村庄周边生态环境变化调查结果，设置计分标准：“污染很少”计6分，“污染较少”计5分，“轻度污染”计4分，“中度污染”计3分，“污染较重”计2分，“重度污染”计1分，得到各年份村庄周边生态环境质量得分（图5-22）。根据评价结果，1990～2015年，村庄周边生态环境质量经历了一个从下降到回升的过程，其中1990～2005年生态环境质量一直下降，2005年以后开始回升。各年份评分均在4～5，村庄周边生态环境状态处于“轻度污染”到“污染较少”之间。

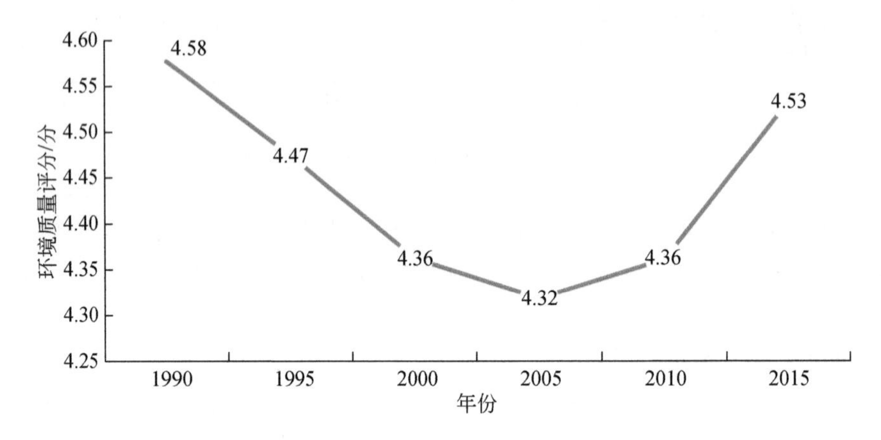


图5-22　1990～2015年生态环境变化情况

### （3）20年村庄周边生态环境变化调查

通过调查村庄居民对村庄周边20年各环境要素变化情况的评价，本书得到20年村庄周边生态环境变化的调查结果（图5-23）。

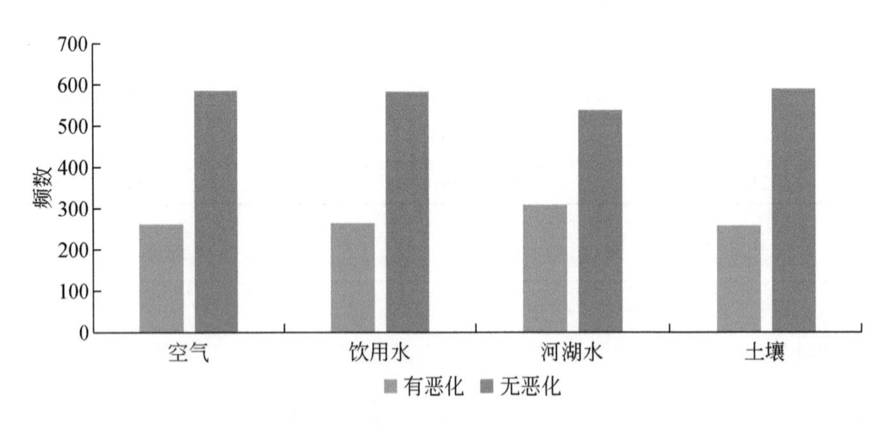


图5-23　20年村庄周边的生态环境变化

根据调查结果，与20年前相比，大部分人认为空气、饮用水、河湖水和土壤质量没有恶化，在小部分认为周边生态环境有恶化的群体中，认为河湖水质量恶化的人最多。

### （4）村庄周边生态环境污染源

通过调查村庄居民对村庄周边各类污染源污染程度的评价，本书得到村庄周边污染源污染水平调查结果（表5-17，图5-24）。

**表 5-17　村庄周边污染源污染水平调查结果**　（单位：份）

| 项目 | 没有污染 | 污染很小 | 轻度污染 | 中度污染 | 重度污染 | 不清楚 |
|---|---|---|---|---|---|---|
| 农业面源 | 219 | 403 | 137 | 33 | 6 | 49 |
| 生活污水 | 179 | 383 | 167 | 61 | 26 | 31 |
| 生活垃圾 | 157 | 357 | 206 | 72 | 28 | 27 |
| 畜禽养殖 | 157 | 334 | 184 | 98 | 44 | 30 |
| 乡村工业 | 289 | 264 | 127 | 50 | 44 | 73 |

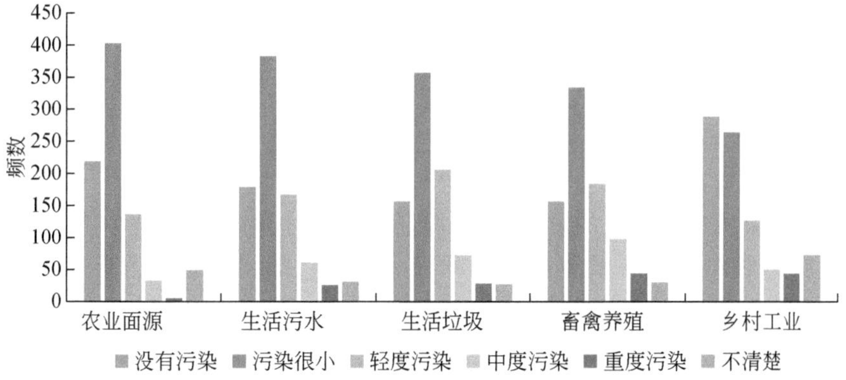

图 5-24　村庄周边污染源的污染水平

根据调查结果，村庄周边农业面源、生活污水、生活垃圾和畜禽养殖大部分处于污染较小的水平，乡村工业大部分处于没有污染和污染很小之间，与其他污染源相比，选择畜禽养殖和乡村工业会造成重度污染的人数较多，在生态环境治理中可以多关注乡村工业和畜禽养殖方面的整治。此外，选择“不清楚”的比例在所有调查问题中最高，说明部分村民对本村的污染来源关注度不足。

通过调查村庄居民认为的村庄周边各类环境要素恶化的原因，本书得到村庄周边生态环境恶化原因的调查结果（表 5-18，图 5-25）。

**表 5-18　村庄周边生态环境恶化原因的调查结果**　（单位：份）

| 类别 | 工业 | 农药 | 化肥 | 粪便 | 生活垃圾 | 旅游业 |
|---|---|---|---|---|---|---|
| 空气 | 204 | 172 | 23 | 89 | 342 | 17 |
| 饮用水 | 114 | 167 | 72 | 168 | 303 | 23 |
| 河湖水 | 114 | 130 | 43 | 103 | 432 | 25 |
| 土壤 | 70 | 273 | 238 | 62 | 194 | 10 |

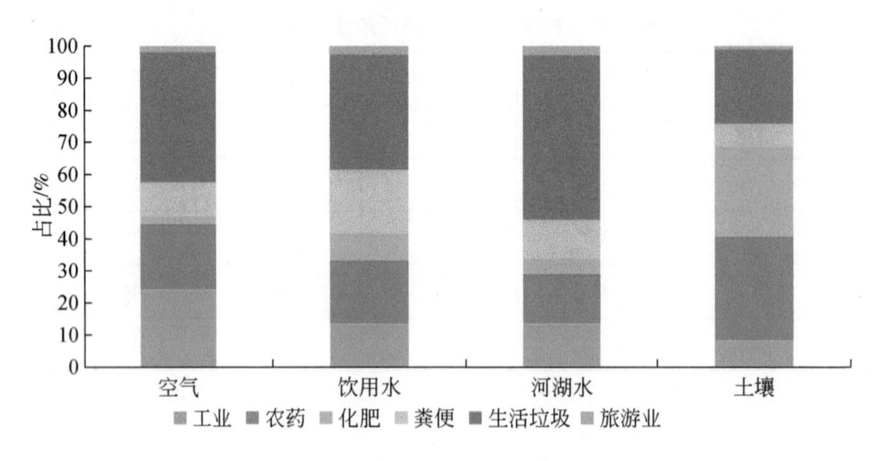


图 5-25　村庄周边生态环境恶化的主要原因占比

根据图 5-25 可知，空气、饮用水、河湖水质量恶化的主要原因都是生活垃圾，土壤质量恶化的原因中，农药略大于化肥和生活垃圾，说明生活垃圾是村庄周边生态环境质量恶化的主要因素。应在现有的垃圾集中转运基础上，宣传垃圾定点堆放、分类处理，避免出现乱扔垃圾、非集中转运区的垃圾无人处理等问题；同时适当减少农药、化肥的使用。相对而言，旅游业对生态环境质量的影响极小，可以继续发展旅游业，提高村民生活水平。

综合问卷调查分析结果，蓟州区村民对村庄生态环境较为满意，生活垃圾、生活污水和畜禽养殖占污染源前三位，其中生活垃圾问题尤为严重；村庄周边整体生态环境在向好的方向发展。

# 第三篇　评价方法篇

# 第6章　乡村聚落综合发展质量评价

## 6.1　乡村聚落综合发展质量评价研究进展

### 6.1.1　我国乡村聚落评价的发展脉络

乡村聚落是国家和地方社会经济发展过程中的重要组成部分，其既拥有相对独立的内部组织结构，同时又与外部城市或区域有紧密联络关系，是城乡地域系统的重要一环。客观认识乡村聚落发展状况，提出有针对性的理念和发展思路，对引导乡村聚落高质量发展以及对我国城乡建设有着重要的理论和实践价值。

乡村聚落如同有机生命一般，伴随着人类社会生产力的提高和生产关系的变迁，乡村聚落因自然基底、资源禀赋、区位条件，以及在参与国家和地方社会经济发展过程中的地位和重要性不同，从而呈现出多元化、类型化的发展格局。自中华人民共和国成立至今，党和国家始终将乡村地区的发展作为重点和焦点对象，但因不同发展阶段面对的主要问题不同，对乡村聚落的关注重点也有所不同。整体来看，自改革开放至今，可将我国对乡村地区的评价分为三个阶段。

第一阶段，改革开放初期阶段（1978～2000年）。这一阶段，发展现代化产业、提高人民物质生活水平和增强国家实力等是全国层面的主要任务，乡村地区作为国之大者有着举足轻重的价值，因此扶贫脱贫、乡镇企业发展状况以及改善发展过程中人居环境恶化等成为了此时期重要的评价热点。这一时期也出台了与乡村地区紧密联系的、用于评价乡村地区在社会经济发展方面的指标体系。如1992年，国家统计局提出了一套以增加农民纯收入为核心的6个方面（收入分配、物质生活、精神生活、人口素质、生活环境、保障安全）和16个指标的农村小康指标体系。除此之外，在学术研究领域，对乡村地区的认识也逐步加深，如黄公元（1996）从乡村发展阶段的视角，选择经济系统、人口系统和生活质量系统的3个维度16个指标建立了一个用于反映乡村发展水平——贫困（不发达）、温饱（欠发达）、小康（次发达）、富裕（发达）的指标体系。

第二阶段，城乡统筹发展阶段（2000～2016年）。农业现代化水平、新农村建设水平、美丽乡村建设、农村基础设施建设等成为新的评价热点。如郭强和李荣喜（2003）选择农业现代化的视角，构建农业发展水平、农村富裕程度、劳动者素质、环境质量4个维度和24个指标的指标体系。陈山山和周忠学（2012）以乡村地区发展潜力为视角，构建经济建设、生态建设和社会建设3个维度多方面的村庄发展潜力评价指标体系，尝试为拆迁撤并型村庄提供指导。

第三阶段，乡村振兴战略阶段（2017 年至今）。乡村振兴战略的提出，将乡村地区的高质量发展推向历史前台。其中，基于“分类推进乡村发展”的策略，在乡村地区展开 4 个类型乡村的识别和发展潜力评价，或者在更大尺度上根据乡村特征进行差异性分类，从而更好地引导乡村发展等成为这一时期的热点。如李裕瑞等（2020）从 4 个类型乡村这一目标出发，选择村庄特色、村民生存条件、发展建设、城村联系、村庄功能等维度，建立参考指标体系，以盐池县为例形成 4 类 11 小类的村庄；乔陆印（2019）以山西长子县为例，选择自然本底、区位条件、宅基地利用和资源禀赋等 4 个维度进行评价识别，并在原有 4 类村庄的基础上，增加“传统农业型”村庄类型；屠爽爽等（2023）以广西乡村聚落类型为研究对象，以县域为基本单元划分了 6 个一级区、17 个二级区中不同地区的乡村聚落的地域特征。

## 6.1.2 东亚和欧美地区对乡村聚落的评价重点

类似的，东亚地区如日本、韩国在乡村地区的评价方面，主要关注乡村功能或其在整个社会经济中的发展特性。如日本是一个国土面积较小、耕地稀少的国家，对进口农产品依赖较大，而且日本也是人口老龄化问题比较严重的国家，乡村地区面临着空心化和老龄化等问题，这些因素对当地的农业发展影响较大，因此乡村地区的农业价值或可持续发展成为其关注的重点。因此，为了能够更好地保护乡村地区，日本通过“乡村活力”这一概念，整合资源推动乡村的发展，如在具体实施方面，日本通过激进型村庄的合并工作，一方面降低行政村的成本，另一方面根据乡村的情况去精准打造“一村一品”的特色产业，维护乡村地区的可持续发展。韩国则在 20 世纪 70 年代提出了“新村运动”，通过投资、引导和鼓励乡村地区的发展，提高乡村地区的基础设施、文化氛围和组织管理等诸多方面，这一举措对缓解当时的社会发展矛盾、提高韩国整体实力发挥了重要的作用。

欧美国家在乡村发展评价方面与东亚地区略有不同，除了减小乡村地区持续衰败或因持续工业化和城镇化带来的农业问题、社会问题和生态问题等之外，其更关注对乡村地区人文特性的保护。以英国为例，乡村一直是英国国家文化的重要组成部分，早期工业革命带来的机器生产、郊区化以及人为对乡村的破坏，引发了知名的“乡村保护运动”，并成立了英国国内有影响力的环保组织——英格兰乡村保护委员会（CPRE）；同一时期，英国城镇规划委员会主席帕特里克·艾伯克隆比爵士出版《英国的乡村保护》一书指出，我们都市的发展是由多种因素促成的，有战后经济发展的时机，也有新式交通方式的推进，我们已经建了很多新公路、新桥梁、新城郊、新的村庄、新城镇，我们的欲望应该节制，应该在不伤害土地的亘古美丽的前提下享受现代设施的舒适。正是在这样的文化背景和传承下，源于 19 世纪末提出的“乡村性”（rurality index，RI）后来成为其内部学术界评价乡村地区的重要概念。而且，在进入新世纪之后，伴随着乡村景观破坏愈演愈烈，英国政府通过政策、资金等多种手段维护乡村资源环境与生态景观恢复和保持乡村的独特性与吸引力，英国规划体系中的国家规划政策指南则明确要求地方政府在编制规划时必须对乡村地区进行可持续性评估，其中景观特征评估为其中一项重要的指标。

从以上不同国家和地区对乡村地区的评价脉络以及评价重点来看，乡村地区的评价与不同国家的发展阶段、国家文化等有密切关系，且主要以其在社会经济发展过程中应当满足某一理念或目标为标准，进而形成多样化的概念，用于进一步对乡村地区评价和未来引导实施乡村可持续发展。而且，这些理念本身伴随着不同发展阶段面对的问题和目标不同而不同，其中东亚国家以社会经济发展视角为主，欧美国家则以人文生态保护视角为主。这些不同时期乡村地区评价的关注点，对深入认识乡村聚落发展的状态和质量有很重要的意义。

### 6.1.3 乡村聚落综合发展质量的内涵

就本书而言，更关注乡村聚落的综合发展质量。自改革开放至今，伴随着不同阶段对乡村地区在产业扶持、转移就业、易地搬迁、教育支持、医疗救助等方面的影响，乡村地区已经发生了翻天覆地的变化，2020 年农村贫困人口已全部脱贫。2017 年，我国经济已由高速增长阶段转向高质量发展阶段，正处在转变发展方式、优化经济结构、转换增长动力的攻关期，建设现代化经济体系是跨越关口的迫切要求和我国发展的战略目标。乡村地区作为我国未来实现中华民族伟大复兴的主战场之一，其高质量发展是我国构建国内大循环发展格局中的重要内容。因此，能够充分认清乡村地区的实际发展状况，对其综合发展质量有客观的认识和判断是十分重要且有意义的内容。

但是，在乡村聚落的综合发展质量评价方面，相关研究相对较少，主要问题在于对综合发展质量的概念认识上较为模糊。本书认为，乡村聚落的综合发展质量指的是作为空间承载地和空间供给地的乡村地区，在城乡发展过程中，其构成要素如社会、经济、生态等不断与城市地区相互配合和持续互动，并在产业体系、市场体系、管理体系等诸多领域逐步融合，从而呈现出网络化、一体化、协同化等的整体效应。这样不仅有利于自身的转型升级，同时也能对城市地区发展起到很好的辅助加强作用，对城乡整体发展会产生积极影响。

**(1) 作为空间承载地的乡村地区**

乡村地区作为相对独立的个体，拥有完整的社会、经济、文化等子系统，但是不同乡村地区因其资源条件不同，与城市或区域在不同维度形成了紧密相依的局面，承载了与城市或区域发展等相关的功能，这些不同维度的互动逐步构成了乡村高质量发展过程中相对稳定的内生动力。如临近城区的乡村聚落因其具备良好的交通区位和土地资源优势等，会逐步发展出类似居住区、工业园区等这样的显著区别于传统乡村聚落的要素，这些新要素的出现对推动乡村聚落发展有重要意义；另外，伴随着城市人口收入水平和消费水平的提高，休闲娱乐的意识逐步增强，部分自然环境、基础设施等条件相对较好的乡村地区逐步加入了旅游市场体系，成为了新时期消费市场的重要载体之一，而这些新生的要素则成为乡村发展的重要助力。

**(2) 作为空间供给地的乡村地区**

乡村地区长期以来是我国重要的劳动力、农业生产、土地等重要资源的供给地，自改革开放至今，源源不断的人口、粮食等资源涌入城市，对我国的国民经济发展起到了奠基性的作用。与此同时，农民作为乡村地区高质量发展的主体，直接参与到乡村土地整治、旅游开发、特色农产品种植、生态环境保护等一系列有利于城乡一体化发展的过程之中。因此，作为供给地的乡村地区，其内部生活条件和基础设施的改善、完善，与城市能够保持良好的、综合的、协同的发展状态，对国家和地方均有重要的价值。

因此，能够及时准确把握和监测乡村地区的发展动态对国家和地方而言有重要的意义。通过对乡村聚落综合发展质量的评价，不仅能够对乡村地区的整体发展水平有较为清晰的判断，而且能够对县区一级单元内部不同乡村聚落的整体发展格局有所了解，进而可以更好、更有针对性地对乡村振兴战略的推进有所帮助。

## 6.2 乡村聚落综合发展质量评价模型构建

### 6.2.1 “三生”空间的概念模型

为了能够将乡村聚落综合发展质量转换成为可操作的概念模型和可表征的指标体系，本文选择“三生”空间——生产、生活和生态空间——作为逻辑基础。2008 年，国务院印发《全国土地利用总体规划纲要（2006—2020 年）》，其中指出“立足构建良好的人居环境，统筹安排生活、生态和生产用地”；2012 年，党的十八大报告中提出“生产空间集约高效、生活空间宜居适度、生态空间山清水秀”。自此，“三生”空间这一概念结构因其“以人为中心”且十分贴切地表达出人与自然互动的基本模式，既能反映出人在改造自然过程中的基本态度和行为特征，又能充分显示了我国传统文化中的整体思想，后被广泛应用于国土空间规划体系和国土空间治理体系的分析框架等场景。

**（1）“三生”空间与国土空间规划体系的衔接**

2013 年 11 月，党的十八届三中全会通过的《中共中央关于全面深化改革若干重大问题的决定》中指出，“建立空间规划体系，划定生产、生活、生态空间开发管制界限，落实用途管制。健全能源、水、土地节约集约使用制度”。2013 年 12 月，中央城镇化工作会议要求“形成生产、生活、生态空间的合理结构”。这一理念对建立国土空间规划体系的整体框架有重要影响，并在后续提出的“三区三线”中也有一定的体现，其中“三区”分别为城镇空间、农业空间和生态空间，以及对应的“三线”，分别为城镇开发边界、永久基本农田保护红线、生态保护红线。

**（2）“三生”空间与空间治理体系的衔接**

2013 年，党的十八届三中全会首次提出“推进国家治理体系和治理能力现代化”，并把“完善和发展中国特色社会主义制度，推进国家治理体系和治理能力现代化”确定为全面深化改革的总目标，党的十九大则将其纳入党章。2019 年，《中共中央 国务院关于建立国土空间规划体系并监督实施的若干意见》中指出，“全面提升国土空间治理体系和治理能力现代化水平，基本形成生产空间集约高效、生活空间宜居适度、生态空间山清水秀，安全和谐、富有竞争力和可持续发展的国土空间格局”。空间治理体系的核心在于空间中各物理要素和建设主体的协同协作，其中以生产空间、生活空间和生态空间为中心的空间治理框架，有利于未来城乡发展在具体规划、投资、项目以及分区等方面发挥重要的作用。

就乡村地区而言，可理解成是生产空间、生活空间和生态空间的集成性空间，是空间规划体系和空间治理体系下的重要落脚点，通过这一概念结构更有利于未来乡村地区以空间为导向的乡村规划和精准施策。因此，乡村聚落综合发展质量相当于乡村地区生产、生活和生态空间的综合发展质量。其中的生产空间指的是乡村地区中可直接用于或有机会用于具体社会生产的农业和非农业要素，如在农业中的耕地、林地、园地等，非农业中的工业用地、商业用地等都可作为基本的生产资料对乡村地区的发展发挥重要的作用。生活空间指的是生活在其中的城乡居民为了满足自身的生存需要，发展出的与人需求紧密相关的要素集合，如人口结构、交通设施、公共或商业服务等方面。生态空间指的是除去生产和生活空间以外的空间，既是前两个空间的背景，同时又是乡村地区整体发展的重要控制性变量。

综上所述，乡村聚落综合发展质量评价可进一步转换为对生产空间质量、生活空间质量和生态空间质量的综合评价。

## 6.2.2 指标体系构建和计算

为了能够更加充分地表征乡村地区“三生”空间质量情况，本书选择行政村这一尺度。在指标体系构建方面，本书结合调研问卷、手机信令以及通过简单计算可获得的互联网数据等方式，进一步针对不同空间质量选择最能体现其特征的一级指标，其中生产空间质量包括人口就业、农业种植和旅游发展三个方面；生活空间质量包括人口结构、交通条件和服务设施三个方面；生态空间质量包括绿地规模、体感指数和环境指数三个方面。

在此基础上，结合不同空间质量的各维度，选择能够表征该维度的可量化指标作为二级指标，详见表 6-1。

表 6-1　乡村聚落综合发展质量指标体系和权重表

| 评价结构 | 一级指标 | | 二级指标 | | | |
|---|---|---|---|---|---|---|
| | 一级评价指标 | 一级权重 | 二级评价指标 | 二级权重 | 单位 | 正负向(+/-) |
| 生活空间质量 | 人口结构 | 0.500 | 居住人口 | 0.334 | 人 | + |
| | | | 老龄人口（60 岁以上）抚养比 | 0.333 | % | - |
| | | | 未成年人口（18 岁以下）抚养比 | 0.333 | % | - |
| | 交通条件 | 0.250 | 到县区中心时间 | 0.5 | h | - |
| | | | 到镇区中心时间 | 0.5 | h | - |
| | 服务设施 | 0.250 | 商业性娱乐设施数量 | 0.5 | 个 | + |
| | | | 公共服务型设施数量 | 0.5 | 个 | + |

续表

| 评价结构 | 一级指标 | | 二级指标 | | | |
|---|---|---|---|---|---|---|
| | 一级评价指标 | 一级权重 | 二级评价指标 | 二级权重 | 单位 | 正负向（+/-） |
| 生产空间质量 | 人口就业 | 0.328 | 劳动力人口（18～60岁）数量 | 0.5 | 人 | + |
| | | | 工作人口数量 | 0.25 | 人 | + |
| | | | 村庄职住比 | 0.25 | % | + |
| | 农业种植 | 0.261 | 人均耕地 | 0.334 | $hm^2$ | + |
| | | | 人均林地 | 0.333 | $hm^2$ | + |
| | | | 人均果园 | 0.333 | $hm^2$ | + |
| | 旅游产业 | 0.411 | 旅游人口数量 | 0.5 | 人 | + |
| | | | 农家乐数量 | 0.5 | 个 | + |
| 生态空间质量 | 绿地规模 | 0.333 | 人均非建设用地 | 1.0 | $hm^2$ | + |
| | 体感指数 | 0.334 | 遥感生态指数 | 0.25 | — | + |
| | | | 干度指数 | 0.25 | — | - |
| | | | 湿度指数 | 0.25 | — | + |
| | | | 绿度指数 | 0.25 | — | + |
| | 环境指数 | 0.333 | 村镇生态环境指数 | 1.0 | — | + |

在不同指标体系权重赋值方面，本书采用AHP层次分析法，通过邮件形式发送给从事乡村治理、产业发展、人居环境等方向的16位专家，回收整理有效意见，并根据专家的各指标打分确定权重，通过并满足一致性检验，然后根据专家在各指标打分的几何平均值，得到一、二级指标的判断矩阵，并进行统计，最终得到指标权重。在对二级指标的数据处理方面，由于部分乡村采集的数据不全等因素，采用众数的方式予以填充，然后统一无量纲化和Z-score标准化处理。最后，就每个乡村聚落，通过一级指标和二级指标加权会得到相对应的综合发展质量的值，并按照“自然断点法”进一步分为6种类型，分别为：优秀、良好、中等、一般、较差、很差。

其中，Z-score标准化计算公式如下：

$$X_i'=\frac{X_i-\mu}{\sigma}\qquad i=1,2,\cdots,n \tag{6-1}$$

$$\mu=\frac{X_1+X_2\cdots+X_n}{n} \tag{6-2}$$

式中，$X_i$指的是不同乡村聚落二级指标量化原始数据；$X_i'$为经过计算之后得到的二级指标值；$\mu$为同一二级指标下，不同乡村聚落原始数据的平均值；$\sigma$为总体数据的标准差。

其中，针对生产空间质量、生活空间质量和生态空间质量的得分计算公式如下：

$$F_i=\sum_{j=1}^{n}(F_{ij}\times W_{ij}) \tag{6-3}$$

式中，$F_i$为$i$一级指标下的发展质量分值；$F_{ij}$为$i$指标中$j$评价因子的发展质量分值；$W_{ij}$

为 $i$ 维度中 $j$ 评价因子（二级指标）相对 $i$ 目标（一级指标）的权重值；$n$ 为评价因子个数。

乡村聚落综合发展质量计算公式如下：

$$M_i = \sum_{i=1}^{n} (F_i \times W_i) \tag{6-4}$$

式中，$M_i$为乡村聚落综合发展质量分值；$F_i$ 为 $i$ 一级指标下的发展质量总分值；$W_i$为 $i$ 一级指标下的权重值；$n$ 为一级指标个数。

### 6.2.3 评价模型的应用

结合本书对 5 个县区乡村地区的调查成果，将乡村聚落综合发展质量评价模型分别用于其中进行观察。这 5 个县区分别为：天津市蓟州区、宁波市宁海县、广州市番禺区、重庆市永川区、咸阳市杨陵区。为了能够更好地描述各县区乡村聚落的整体格局特征，将优秀和良好命名为“头”，一般和中等命名为“身”，较差和很差命名为“尾”。

**（1）蓟州区乡村聚落观察结果**

天津市蓟州区地处北京东部约 80km，天津北部约 90km 处，常住人口约 80 万人。本次统计中有效的可纳入评价体系的乡村聚落单元共有 938 个。通过计算可观察到，蓟州区的乡村聚落整体呈现“头小身大尾小”的发展格局。

蓟州区乡村聚落中“头”和“尾”的数量比例接近，均约 20%，涉及人口的比例也接近。“身”部乡村聚落的数量、居住人口和工作人口规模都比较大，约为 60%。而且也能看出，“头”部和“尾”部乡村聚落内部分化也比较大，质量优秀的乡村聚落数量是良好的乡村聚落的数量的近 5 倍，涉及的人口则达到 6 ~ 8 倍，详见表 6-2。

**表 6-2 蓟州区乡村聚落综合发展质量分级结果**

| 分级 | 乡村聚落数量/个 | 乡村聚落数量比例/% | 居住人口数量/人 | 居住人口比例/% | 工作人口数量/人 | 工作人口比例/% |
|---|---|---|---|---|---|---|
| 优秀 | 150 | 16.1 | 96480 | 15.2 | 52671 | 15.9 |
| 良好 | 34 | 3.6 | 12160 | 1.9 | 6110 | 1.8 |
| 中等 | 295 | 31.4 | 193797 | 30.5 | 107247 | 32.3 |
| 一般 | 263 | 28.0 | 194360 | 30.6 | 105222 | 31.7 |
| 较差 | 150 | 16.0 | 114635 | 18.2 | 51359 | 15.5 |
| 很差 | 46 | 4.9 | 23119 | 3.6 | 9306 | 2.8 |

从这些乡村聚落在空间上的分布来看，“头”部乡村聚落主要集中在蓟州区北部山区，“身”部乡村聚落主要集中在蓟州区南部平原地区，“尾”部乡村聚落在于桥水库东侧、蓟州区西侧和东南侧，如图 6-1 所示。

从具体的综合发展质量得分情况观察，乡村聚落整体发展相对均衡，但质量最好的乡村聚落和最差的乡村聚落之间差距较大。在 3 个分维度发展质量方面，生活和生态空间质量中最好和最差的乡村聚落差距相对较大，详见表 6-3。

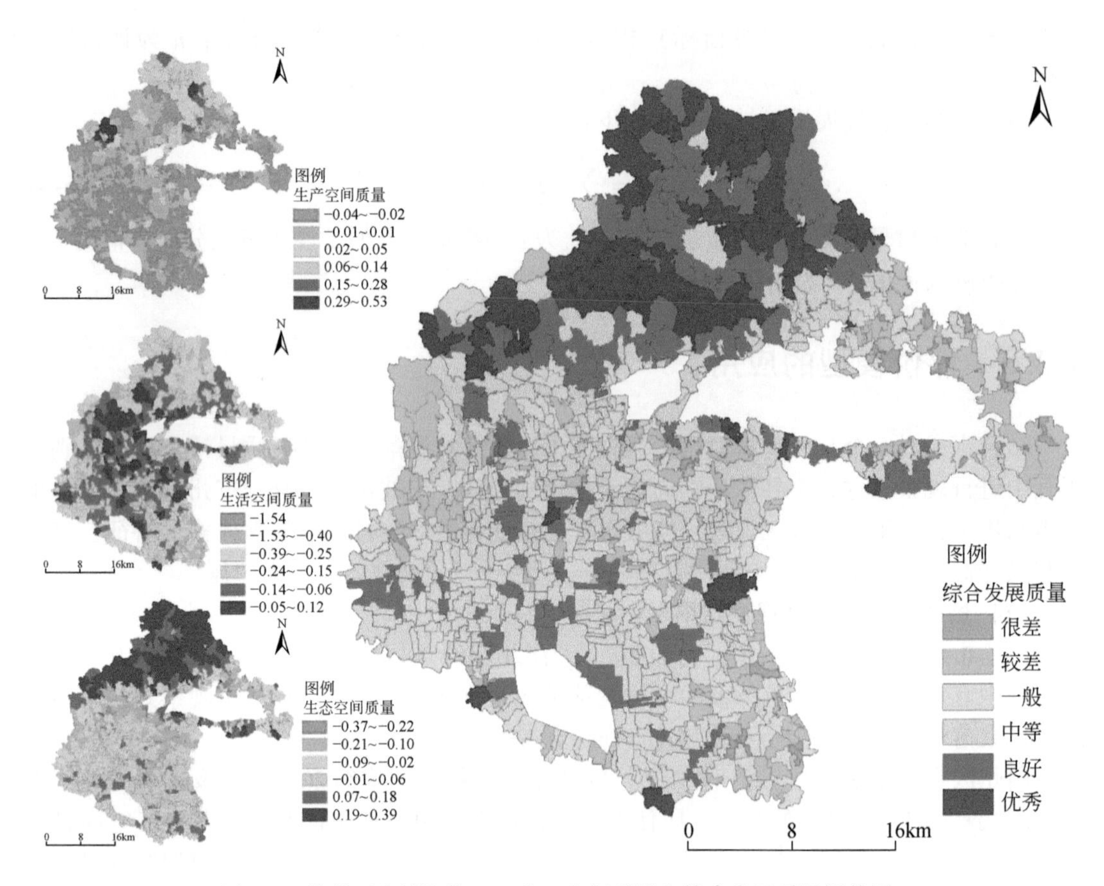


图 6-1 蓟州区乡村聚落“三生”空间质量和综合发展质量评价图

**表 6-3 蓟州区综合发展质量得分情况**

| 分类 | 乡村聚落综合发展质量 | | | |
|---|---|---|---|---|
| | 生活空间质量 | 生产空间质量 | 生态空间质量 | 综合得分 |
| 均值 | -0. 18 | -0. 01 | -0. 02 | -0. 22 |
| 中位数 | -0. 16 | -0. 02 | -0. 03 | -0. 21 |
| 极小值 | -1. 54 | -0. 04 | -0. 38 | -1. 53 |
| 极大值 | 0. 14 | 0. 53 | 0. 39 | 0. 75 |

**(2) 宁海县乡村聚落观察结果**

宁海县位于宁波市南部约60km，以山区为主，临近三门湾，常住人口约70万人。本次统计中有效的可纳入评价体系的乡村聚落单元共有441个。通过计算可观察到，宁海县的乡村聚落整体呈现“头微身大尾小”的发展格局。

宁海县位于“头”部的乡村聚落数量仅占5.6%，居住和工作人口分别占7.6%和9.0%。“身”部的乡村聚落数量比例则达到了76.7%，涉及的人口接近70%，详见表6-4。

**表 6-4 宁海县乡村聚落综合发展质量分级结果**

| 分级 | 乡村聚落数量/个 | 乡村聚落数量比例/% | 居住人口数量/人 | 居住人口比例/% | 工作人口数量/人 | 工作人口比例/% |
|---|---|---|---|---|---|---|
| 优秀 | 3 | 0.6 | 30508 | 5.3 | 20499 | 7.0 |
| 良好 | 22 | 5.0 | 13060 | 2.3 | 5858 | 2.0 |
| 中等 | 175 | 39.7 | 232171 | 40.5 | 114428 | 39.3 |
| 一般 | 163 | 37.0 | 166120 | 29.0 | 82941 | 28.5 |
| 较差 | 66 | 15.0 | 78580 | 13.7 | 41630 | 14.3 |
| 很差 | 12 | 2.7 | 52717 | 9.2 | 25524 | 8.9 |

从空间分布上来观察，头部乡村聚落集中在该地区的两条区域性交通通道——西部的沈海高速和东部 G527 国道。与此同时，也能看出虽然宁海县东南侧临近三门湾，且有另一条交通通道——甬湾高速穿过，但综合发展质量较差，如图 6-2 所示。

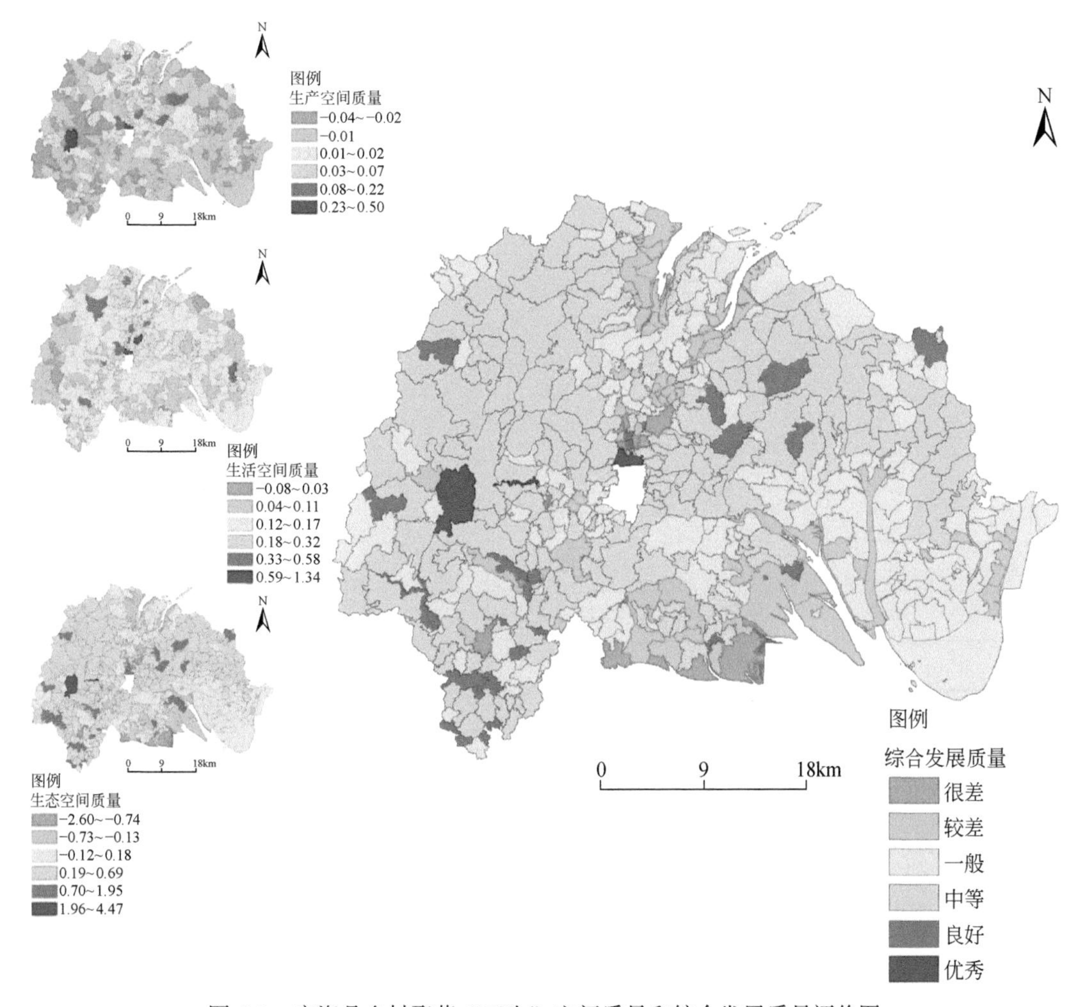


图 6-2 宁海县乡村聚落“三生”空间质量和综合发展质量评价图

从综合发展质量得分情况来看，宁海县乡村聚落发展整体情况较强，但生态空间质量最好的和最差的乡村聚落之间差距较大，生产空间质量方面彼此差距相对较小，详见表6-5。

**表6-5　宁海县综合发展质量得分情况**

| 分类 | 乡村聚落综合发展质量 | | | |
|---|---|---|---|---|
| | 生活空间质量 | 生产空间质量 | 生态空间质量 | 综合得分 |
| 均值 | 0.13 | -0.01 | 0.17 | 0.30 |
| 中位数 | 0.12 | -0.02 | 0.19 | 0.29 |
| 极小值 | -0.08 | -0.04 | -2.60 | -1.49 |
| 极大值 | 1.34 | 0.50 | 4.47 | 5.09 |

**(3) 番禺区乡村聚落观察结果**

番禺区位于广州中心区南部约20km，以平原为主，常住人口约280万人。本次统计中有效的可纳入评价体系的乡村聚落共有213个。通过计算可观察到，番禺区的乡村聚落整体呈现“头身尾相对均衡”的发展格局。

番禺区位于头部的乡村聚落数量占9.4%，但居住和工作人口分别占26.9%和25.1%。身部的乡村聚落数量比例则达到了52.6%，涉及的人口占50%左右，详见表6-6。

**表6-6　番禺区乡村聚落综合发展质量分级结果**

| 分级 | 乡村聚落数量/个 | 乡村聚落数量比例/% | 居住人口数量/人 | 居住人口比例/% | 工作人口数量/人 | 工作人口比例/% |
|---|---|---|---|---|---|---|
| 优秀 | 1 | 0.5 | 94479 | 3.8 | 59356 | 4.6 |
| 良好 | 19 | 8.9 | 573517 | 23.1 | 261607 | 20.5 |
| 中等 | 42 | 19.7 | 462113 | 18.6 | 242051 | 19.0 |
| 一般 | 70 | 32.9 | 767123 | 30.9 | 423140 | 33.1 |
| 较差 | 57 | 26.8 | 448679 | 18.1 | 227062 | 17.8 |
| 很差 | 24 | 11.2 | 137039 | 5.5 | 63975 | 5.0 |

从空间分布上来观察，“头”部乡村聚落在番禺区较为分散，但综合发展质量最好的乡村聚落距广州中心区最近，番禺西部乡村聚落发展要比东部乡村发展质量好。与此同时能够看出，番禺城区周围乡村聚落综合发展质量相对较差，如图6-3。

从综合发展质量得分情况来看，番禺区乡村聚落发展整体情况相对均衡，不同乡村聚落的各维度发展质量差距也相对较小，详见表6-7。

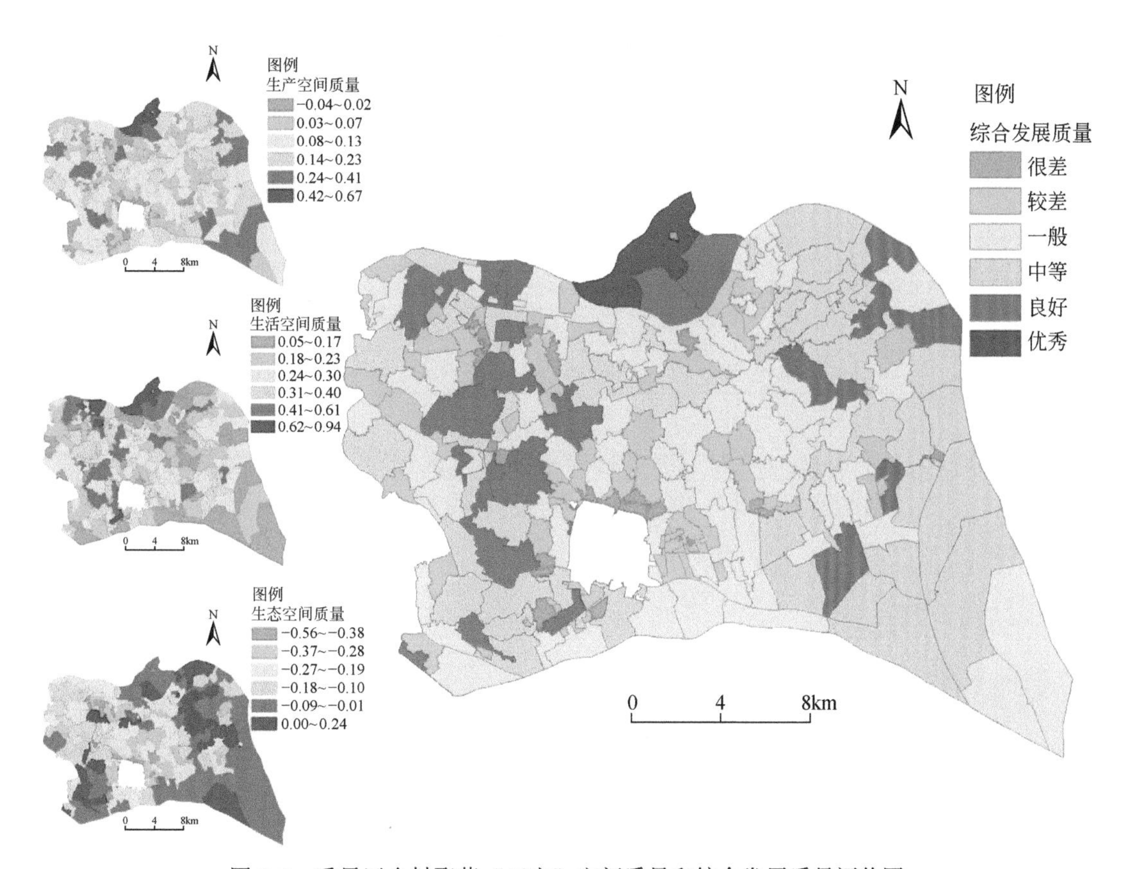


图6-3　番禺区乡村聚落“三生”空间质量和综合发展质量评价图

**表6-7　番禺区综合发展质量得分情况**

| 分类 | 乡村聚落综合发展质量 | | | |
|---|---|---|---|---|
| | 生活空间质量 | 生产空间质量 | 生态空间质量 | 综合得分 |
| 均值 | 0.27 | 0.08 | -0.18 | 0.17 |
| 中位数 | 0.22 | 0.05 | -0.19 | 0.13 |
| 极小值 | 0.05 | -0.04 | -0.56 | -0.40 |
| 极大值 | 2.99 | 0.99 | 0.24 | 3.66 |

**(4) 永川区乡村聚落观察结果**

永川区位于重庆中心区西南部约70km，以山区为主，常住人口约110万人。本次统计中有效的可纳入评价体系的乡村聚落共有416个。通过计算可观察到，永川区的乡村聚落整体呈现“头大身小尾小”的发展格局。

永川区位于“头”部的乡村聚落数量占20.0%，但居住和工作人口分别占62.0%和57.5%。“身”部的乡村数量比例则达到了65.6%，涉及的居住人口近30%，工作人口超过35%，详见表6-8。

表 6-8　永川区乡村聚落综合发展质量分级结果

| 分级 | 乡村聚落数量/个 | 乡村聚落数量比例/% | 居住人口数量/人 | 居住人口比例/% | 工作人口数量/人 | 工作人口比例/% |
|---|---|---|---|---|---|---|
| 优秀 | 3 | 0.7 | 216090 | 31.7 | 96687 | 25.5 |
| 良好 | 72 | 17.3 | 206217 | 30.3 | 121555 | 32.0 |
| 中等 | 121 | 29.1 | 108973 | 16.0 | 81191 | 21.4 |
| 一般 | 152 | 36.5 | 93432 | 13.7 | 54379 | 14.3 |
| 较差 | 60 | 14.5 | 47181 | 6.9 | 21259 | 5.6 |
| 很差 | 8 | 1.9 | 9653 | 1.4 | 4393 | 1.2 |

从空间分布上来观察，“头”部乡村聚落在永川区相对集中，主要临近永川城区，“身”部乡村聚落则围绕在“头”部乡村周围。整体呈现出“中心-外围-边缘”的基本模式，如图 6-4 所示。

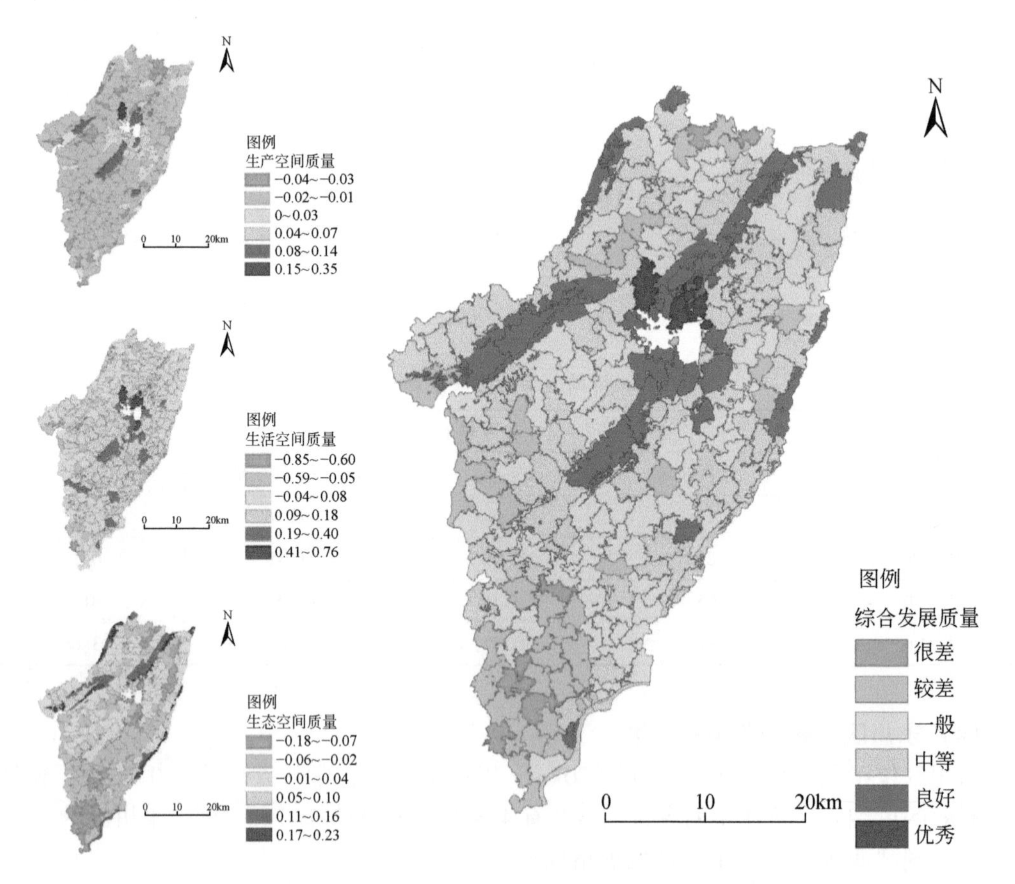


图 6-4　永川区乡村聚落“三生”空间质量和综合发展质量评价图

从综合发展质量得分情况来看，永川区乡村聚落发展整体情况也相对均衡，不同乡村聚落的各维度发展质量差距也相对较小，详见表 6-9。

**表 6-9　永川区综合发展质量得分情况**

| 分类 | 乡村聚落综合发展质量 | | | |
|---|---|---|---|---|
| | 生活空间质量 | 生产空间质量 | 生态空间质量 | 综合得分 |
| 均值 | 0. 12 | -0. 01 | 0. 00 | 0. 11 |
| 中位数 | 0. 13 | -0. 02 | -0. 02 | 0. 08 |
| 极小值 | -0. 85 | -0. 04 | -0. 18 | -0. 64 |
| 极大值 | 0. 76 | 0. 35 | 0. 23 | 1. 14 |

**(5) 杨陵区乡村聚落观察结果**

杨陵区位于咸阳市中心区西部约 50km，位于西安市中心区西部 80km，为平原地区，常住人口约 25 万人。本次统计中有效的可纳入评价体系的乡村聚落共有 79 个。通过计算可观察到，杨陵区的乡村聚落整体呈现“头大身大尾小”的发展格局。

杨陵区位于头部的乡村聚落数量占 53. 2%，但居住和工作人口分别占 57. 6% 和 47. 4%。“身”部的乡村聚落数量比例则达到了 34. 2%，涉及的居住和工作人口分别占 37. 7% 和 48. 3%，详见表 6-10。

**表 6-10　杨陵区乡村聚落综合发展质量分级结果**

| 分级 | 乡村聚落数量 | 乡村聚落数量比例/% | 居住人口数量/人 | 居住人口比例/% | 工作人口数量/人 | 工作人口比例/% |
|---|---|---|---|---|---|---|
| 优秀 | 9 | 11. 4 | 13833 | 19. 2 | 5805 | 13. 2 |
| 良好 | 33 | 41. 8 | 27695 | 38. 3 | 15040 | 34. 2 |
| 中等 | 16 | 20. 3 | 14701 | 20. 4 | 9853 | 22. 4 |
| 一般 | 11 | 13. 9 | 12449 | 17. 3 | 11373 | 25. 9 |
| 较差 | 8 | 10. 1 | 3343 | 4. 6 | 1802 | 4. 1 |
| 很差 | 2 | 2. 5 | 142 | 0. 2 | 72 | 0. 2 |

从空间分布上来观察，“头”部乡村聚落在杨陵区西侧，且非常集中，与城区连成一体，身部乡村聚落分布相对零散，如图 6-5。

从综合发展质量得分情况来看，杨陵区乡村聚落发展差异较大，其中综合发展质量方面，优秀乡村聚落与最差乡村聚落差距较大，生活空间质量也差距较大，但生产和生态空间质量各乡村聚落之间差距不大，详见表 6-11。

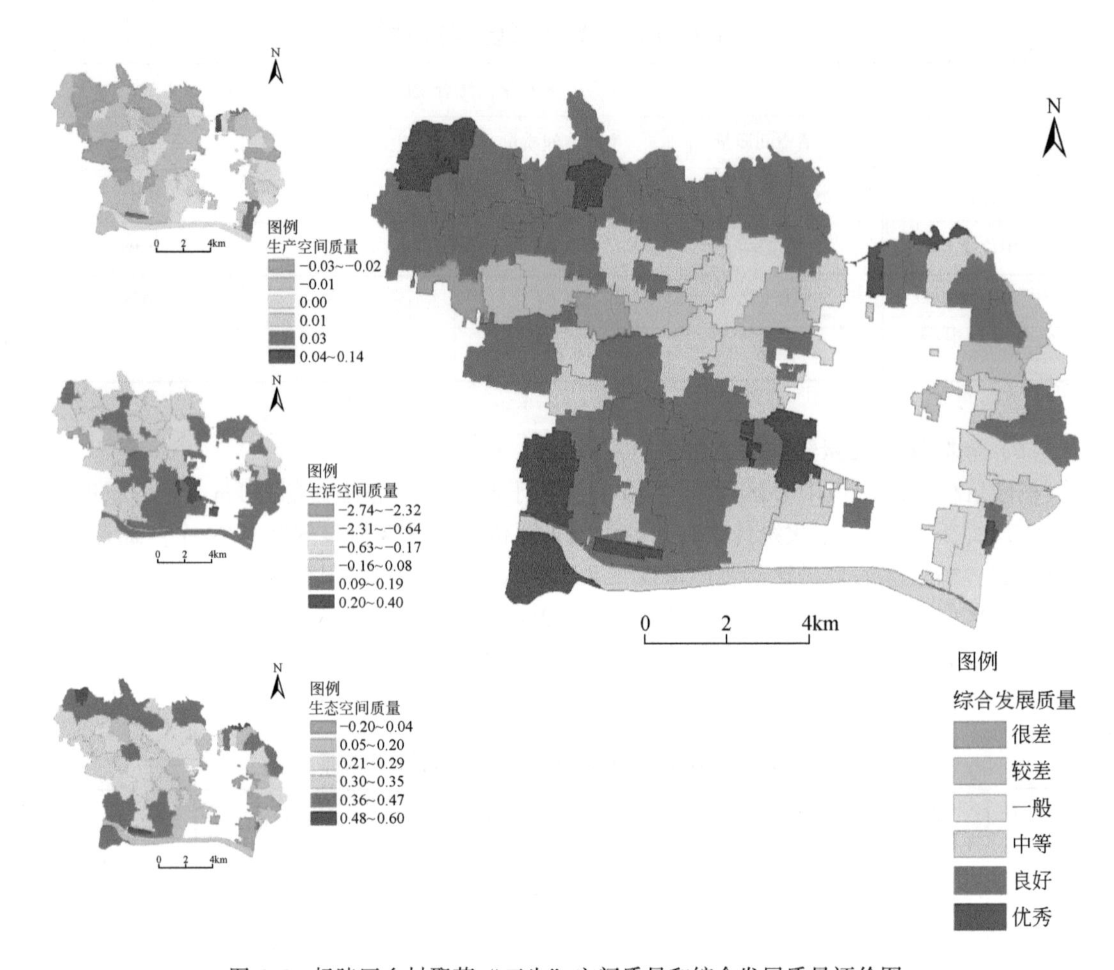


图 6-5 杨陵区乡村聚落“三生”空间质量和综合发展质量评价图

**表 6-11 杨陵区综合发展质量得分情况**

| 分类 | 乡村聚落综合发展质量 | | | |
|---|---|---|---|---|
| | 生活空间质量 | 生产空间质量 | 生态空间质量 | 综合得分 |
| 均值 | -0. 02 | -0. 01 | 0. 26 | 0. 22 |
| 中位数 | 0. 08 | -0. 02 | 0. 29 | 0. 34 |
| 极小值 | -2. 74 | -0. 03 | -0. 20 | -2. 34 |
| 极大值 | 0. 40 | 0. 14 | 0. 60 | 0. 75 |

**(6) 5 个县区对比观察分析**

从 5 个县区乡村聚落综合发展质量的分级情况来看，各地差距较大。其中蓟州区、宁海县的“头”部乡村聚落涉及人口均相对较少，不到 20%，“身”部乡村聚落超过 60%；永川区和杨陵区则是“头”部乡村聚落涉及人口较多，超过 50%，其次“身”部乡村聚落占比大于“尾”部乡村聚落占比，详见表 6-12。

**表 6-12　5 个县区乡村聚落分级格局对比**

| 评价结果 | 蓟州区（头小身大尾小） | | 宁海县（头微身大尾小） | | 番禺区（头身尾相对均衡） | | 永川区（头大身小尾小） | | 杨陵区（头大身大尾小） | |
|---|---|---|---|---|---|---|---|---|---|---|
| | 居住人口/人 | 比例/% | 居住人口/人 | 比例/% | 居住人口/人 | 比例/% | 居住人口/人 | 比例/% | 居住人口/人 | 比例/% |
| 优秀 | 96480 | 15.2 | 30508 | 5.3 | 94479 | 3.8 | 216090 | 31.7 | 13833 | 19.2 |
| 良好 | 12160 | 1.9 | 13060 | 2.3 | 573517 | 23.1 | 206217 | 30.3 | 27695 | 38.3 |
| 中等 | 193797 | 30.5 | 232171 | 40.5 | 462113 | 18.6 | 108973 | 16.0 | 14701 | 20.4 |
| 一般 | 194360 | 30.6 | 166120 | 29.0 | 767123 | 30.9 | 93432 | 13.7 | 12449 | 17.3 |
| 较差 | 114635 | 18.2 | 78580 | 13.7 | 448679 | 18.1 | 47181 | 6.9 | 3343 | 4.6 |
| 很差 | 23119 | 3.6 | 52717 | 9.2 | 137039 | 5.5 | 9653 | 1.4 | 142 | 0.2 |

从 5 个县区的生产空间质量、生活空间质量和生态空间质量形成的雷达图来观察（图 6-6），可以看出不同区县内部 3 个维度结构差异也较大。其中，蓟州区的生活空间质量要低于其他两维；杨陵区和宁海县的生态空间质量要强于其他两维；番禺区生态空间质量显著低于其他两维，这与其本身距离广州城区较近、发展相对充分有直接关系。

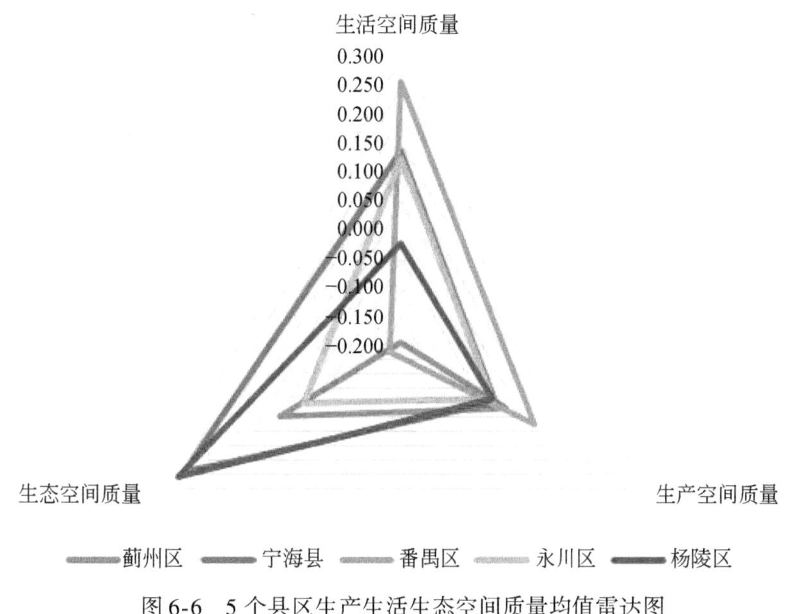


图 6-6　5 个县区生产生活生态空间质量均值雷达图

# 6.3　乡村聚落类型划分

## 6.3.1　国内外乡村聚落类型评述

类型是认识和改造世界的重要认识论基础，分类则是重要的方法论基础。客观、合理、科学的类型和分类具有很强的理论和实践意义。乡村聚落作为城乡地域系统和国民经济系统中的重要组成部分，在内外因素的影响下持续分化，并形成了在社会、经济、文化、生态等诸多方面存在较大差异的、多样化的乡村聚落，因此在改造过程中不能“一刀切”，需要因地制宜。在充分了解现有乡村聚落类型和未来想要实现的乡村类型的情况下，政府部门可以有效地对乡村地区精准施策，提高治理效能。我国对乡村地区的类型研究，起始于20世纪三四十年代，但是真正展开较为系统的研究是自改革开放之后（李强和孟广艳，2020）。改革开放初期，伴随着国民经济快速发展，各生产要素快速集聚和扩散，乡村聚落也在这一过程中快速变化。但是，乡村分类并不是一件容易的事情，不同国家和地区在乡村分类上，因其观察视角和分类手段不同，呈现出差异化的类型认识和分类方法。

1. 国内关于乡村类型的研究

石忆邵（1990）基于对日本、波兰学者的乡村地区分类的研究之后，结合中国的社会主义商品经济国情，在充分认识现状和结合未来发展的基础上，对山东省乡村地区划分为11个功能类型，并针对不同的功能类型单元提出发展建议。田明和张小林（1999）从乡村地区的发展模式出发，基于经济发展水平、城镇体系结构和区域内部联系程度3个维度，对中国乡村地区进行分类。龙花楼等（2012）则基于中国乡村转型发展的视角，选择乡村经济发展、农业生产发展和乡村社会发展3个维度，选择代替性指标，建立乡村发展度评价指标体系，将乡村转型发展地域分为8个类型。除此之外，中国学者也尝试借用英国的“乡村性”这一概念，以中国乡村为例，进行研究。但这些主要在县区及以上尺度展开，对乡村聚落尺度的类型研究受到数据可获得性等的影响，进展较小。

2018年，《乡村振兴战略规划（2018—2022年）》提出城郊融合型、集聚提升型、特色保护型、搬迁拆迁型四类村庄，用以指导各地的乡村振兴战略。这一国家层面对乡村发展的指导文件推动了乡村分类技术向更小的尺度拓展。陈伟强等（2020）采用POI点数据的方式，从乡村主题、区位条件、资源禀赋、产业基础、生活网络5个维度，构建乡村振兴的潜力评价指标体系，使用引力模型的方法对新郑市乡村进行分类识别。赵梦龙（2021）构建起5个层面共17个小类的村庄潜力评价体系，对各个网格进行加权叠加，得出乡村发展潜力评价结果，构建村庄分类模型对各潜力等级村庄进行筛选，得出市域村庄的分类结果。

2. 英国及欧盟关于乡村类型的研究

英国对乡村类型研究有较为悠久的历史。自工业革命之后，伴随着人民的生产生活变化，英国乡村地区呈现出不同程度的兴旺和衰落景象，“乡村性”这一概念应运而生。“乡村性”产生于18世纪，意指“之所以成为乡村的条件”（陈伟强，2020），作为乡村研究的关键概念原型，为后续的乡村分类奠定了基础。在20世纪70年代，英国学者克洛克（Cloke）将乡村性概念进一步量化，提出“乡村性指数”（rurality index），用以评价英格兰和威尔士地域类型，并通过人口普查数据中人口密度、人口年龄，迁入本地少于五年的人口比例、迁出本地小于一年的人口比例、居住质量、到城市中心距离等方面综合计算将乡村划分为极度乡村（extreme rural）、中等程度乡村（intermediate rural）、中等程度非乡村（intermediate non-rural）。

在这种对“乡村性”建立指标体系和量化模型思想的框架引导下，后续学者主要就分类维度、指标选取、权重设置等不断深入研究。与此同时，为了满足乡村地区的发展，减小城乡差距，从国家和地方层面需要一套相对完整的方法对乡村进行分类施策和投资，但是从实际操作角度来看，通过乡村性指数实现这一目的并不容易（Romanoa et al.，2015）。因为乡村是一个多元综合因素的整体，对其异质性的感知有很多方式，使得乡村性概念本身模糊，缺乏客观性。因此，欧盟则采用了更为标准化的、少干扰的乡村分类方法。在乡村地区，根据行政单元 NUTS-3 级别，根据不同单元内的乡村人口比例对乡村分类，包括主要农村地区（乡村人口比例大于50%）、中等农村地区（乡村人口比例在20%～50%）、主要城市地区（乡村人口比例小于20%）。

显而易见的是，将人口密度作为区分乡村类型的分类方法，重点关注了城乡人口和居民点的实体聚落空间规模特征。在政策制定层面有较好的统一性和实用性，且对不同时期的乡村发展具有形式上的可比性。但是，由于没有关注到经济、文化和社会特征，忽略了地域性和差异性，导致不能反映城乡发展的全貌，并没有解决乡村有针对性的发展实践问题，这也为乡村分类方法更加地域化和特色化埋下了伏笔。如 Romanoa 等（2013）运用地理混合模型技术，以意大利南部的巴西利卡塔地区为研究对象，建立“社会-经济-景观”的三维视角，并选择不同视角下具有代表性的指标，用来描述该地区不同乡村的乡村特征，从而为地方的政策制定和发展方向做出建议。Francois-Michel（2017）通过直观观察的方法，首先选择人口密度低于 70 人/$km^2$ 的单元，认为其更能代表美国乡村地区，同时选择男性比例、家庭规模、农业人口比例、家庭收入和年龄中位数等作为特征指标，构建乡村地区的数据集。在这个基础上，基于聚类分析的方法得到分类结果，进一步根据分类结果中各指标的特征来总结乡村类型，包括中等型乡村、长期贫穷型乡村、发展良好及城市边缘型乡村、准城镇型乡村、混合边缘型乡村、贫穷边缘型乡村。

3. 乡村聚落分类的两种范式

从国内外研究文献中能够看出，乡村类型受到学科视角、政府决策、学者观点等因素的影响较大，在认识和理解上并不存在统一的标准。通过中西乡村研究思想来看，存在两种基本的分类范式。

第一种，目标导向式的分类。这里的目标导向指的是对乡村地区在类型方面首先形成整体认识，如乡村振兴战略下的四类村庄，或者选择某一视角结合指标体系对乡村地区进行的分级分类。这种分类范式的重点是认识优先或战略优先，而这个过程中夹杂了国家、地方、规划师等的思想观念、体验经验和主观意愿等；在认识或战略的基础上，进一步通过适配的方法识别满足或符合认识的各种乡村类型。这种范式最大的优势在于能够直接指导具体的乡村实践工作，有助于实现长期目标。但是这种方式也存在一定的问题，那就是认识优先原则下的乡村类型带有明确的目的性和一般性，未必能够符合本地的实际发展状况，就各地具体的乡村而言往往能够满足一般性但未必能够体现地方乡村聚落的特殊性。如在一些地方的乡村分类过程中，有的地方则因地制宜，在原有类型的基础上增加新的类型。

第二种，特征导向式的分类。这种分类范式的起点在于首先搁置对最后乡村类型的总体认识，即假设对当前的乡村类型一无所知，但可以通过选择乡村聚落的一系列特征指标，通过数学模型的方法进一步聚类得到初步成果，然后再结合经验对聚类结果进行描述和总结。整体来看，是一个“无中生有”的探索过程，具备很强的科学特征。这种分类范式的重点在于方法优先或探索优先，这个过程中当然也会因为特征指标的选择渗入一些思想理论、主观意愿等因素，但干预的程度相对较小；在方法或探索的基础上，形成初步分类成果，然后再结合专家经验对结果进行解释或调整。

综上可知，第一种分类范式与具体的乡村实践有直接关系，因此在不同的历史发展阶段，乡村类型会在不同视角下呈现出复杂的、多元的、混合的形象，这些形象作为下一步政策、资金等投入的重要概念窗口，进一步影响乡村的发展。如某乡村聚落在乡村振兴战略中被划分为“集聚提升类”的村庄，那么在未来的资源资金等投放上，这类村庄将会成为重要的载体。第二种分类范式则与具体的乡村实践没有必然的直接关系，属于探索性研究或纯粹的科学研究，而且研究成果可以为未来乡村聚落的实践提供较为有效的认识基础。可以看出，就乡村聚落的分类而言，期待的理想乡村聚落和事实上的乡村聚落状况是两种不同的认识，但两种认识并不矛盾，存在对立统一的辩证关系。

本书为了能够更加真实地反映蓟州区乡村聚落的特征特点，采用第二种分类范式对蓟州区乡村类型展开探索性研究。

### 6.3.2 蓟州区乡村聚落分类的方法

1. 数据来源及特征指标筛选

本书采用多元化数据来源构建乡村聚落相关的原始数据库，包括乡村行政单元边界作为基本单元，中国科学院城市环境研究所提供的生态数据，土地二调数据，手机信令数据，百度地图路径数据，网络 POI 数据等。

在选择乡村聚落的特征性指标方面，本书选择乡村聚落在生产、生活和生态 3 个视角下的特征指标，也即生产维度的特征指标、生活维度的特征指标和生态维度的特征指标。在不同维度下根据本维度自身涉及的子维度，进一步筛选对应的特征指标，如在生活维度的特征指标选择方面，选择人口、交通、服务和其他 4 个方面进一步筛选能够体现乡村聚落的特征指标，其中的“其他”则用于反映本地乡村聚落的特性，如住房、生活满意度等，这一维度可根据不同区县的实际调研情况灵活选择。

原有收集到的蓟州区乡村聚落的指标达到 200 多个，经过讨论以及多轮筛选，剔除无效指标，共选择 21 个特征指标。

2. 数据处理方法和分类方法

对于乡村聚落中不同的特征指标下有空缺的，选择该地区乡村聚落在该指标下的众数进行填充，最后得到一张完整的蓟州区乡村聚落特征指标数据集（表 6-13）。

**表 6-13　蓟州区乡村聚落特征指标数据集**

| 一级维度 | 二级维度 | 指标体系 | 单位 | 指标来源 |
|---|---|---|---|---|
| 生活 | 人口 | 居住人口 | 人 | 联通手机信令扩样数据 |
| | | 老龄人口（60 岁以上）抚养比 | % | 联通手机信令扩样数据，按照居住人口计算 |
| | | 未成年人口（18 岁以下）抚养比 | % | 联通手机信令扩样数据，按照居住人口计算 |
| | 交通 | 到县区中心时间 | s | 百度计算，按照千米网格，取乡村各千米网格中位数 |
| | | 到镇区中心时间 | s | 百度计算，按照千米网格，取乡村各千米网格中位数 |
| | 服务 | 商业性娱乐设施数量 | 个 | POI，网络，包含小卖部、娱乐场所等，全部纳入统计 |
| | | 公共服务型设施数量 | 个 | POI，网络，包含卫生所、图书馆等，全部纳入统计 |
| | 其他（待选） | 住房、生活满意度等 | — | 根据实际情况，如蓟州区调研有诸多满意度数据 |
| 生产 | 劳动力 | 劳动力人口（18～60 岁）数量 | 人 | 联通手机信令扩样数据，按照居住人口计算 |
| | | 工作人口数量 | 人 | 联通手机信令扩样数据 |
| | | 村庄职住比 | % | 联通手机信令扩样数据，按照乡村内的工作和居住人口比例计算 |
| | 农业 | 人均耕地 | $hm^2$ | 土地二调 |
| | | 人均林地 | $hm^2$ | 土地二调 |
| | | 人均果园 | $hm^2$ | 土地二调 |
| | 服务业 | 旅游人口数量 | 人 | 联通手机信令扩样数据 |
| | | 农家乐数量 | 个 | POI |
| | 其他（待选） | 收入、工作类型等信息 | 无 | 具体视情况而定 |
| 生态 | 绿地 | 人均非建设用地 | $hm^2$ | 土地二调，按照人均非建设用地 |
| | 遥感 | 遥感生态指数 | — | 中国科学院城市环境研究所提供数据 |
| | | 干度指数 | — | 中国科学院城市环境研究所提供数据 |
| | | 湿度指数 | — | 中国科学院城市环境研究所提供数据 |
| | | 绿度指数 | — | 中国科学院城市环境研究所提供数据 |
| | 环境 | 村镇生态环境指数 | — | 中国科学院城市环境研究所提供数据 |

注：乡村聚落居住、工作人口，采用联通提供的居住人口数据（定义为调查时月内 21：00 至次日 07：00 驻留时间最长且月驻留天数超过 10 天的人），与常住人口数据有较小差距（约 5%）；其中实际居住人口是在采集到的居住人口数量基础上扩样得到。

在具体的分类方法上，本书借用模糊数学中的模糊分类思想，通过 SPSS 数据分析软件，使用 PCA 主成分分析法和 k-means 聚类方法，对乡村进行分类，其中分类结果选择软件建议的最佳分类数量，并通过 GIS 数据平台展示分类结果。

### 6.3.3 蓟州区乡村聚落分类成果和分析

1. 聚类分类结果及分析

经过分析整理，本次聚类分析，蓟州区乡村聚落可分为6类，不同类型之间在特征指标上差异较大（表6-14，图6-7）。

表6-14 蓟州区乡村聚落分类模型下不同乡村类型各特征指标的均值表

| 特征指标 | 单位 | 第一类 | 第二类 | 第三类 | 第四类 | 第五类 | 第六类 |
|---|---|---|---|---|---|---|---|
| | | 自然边缘型村庄 | 传统农业型村庄 | 城市功能型村庄 | 生态农业型村庄 | 社会留守型村庄 | 旅游发展型村庄 |
| 居住人口 | 人 | 215 | 473 | 4684 | 456 | 945 | 1025 |
| 老龄人口抚养比 | % | 1.322 | 1.088 | 1.450 | 1.393 | 2.989 | 1.427 |
| 未成年人口抚养比 | % | 0.024 | 0.010 | 0.050 | 0.013 | 0.064 | 0.051 |
| 到县区中心时间 | s | 2182 | 1744 | 956 | 1900 | 1893 | 1663 |
| 到镇区中心时间 | s | 687 | 632 | 803 | 791 | 555 | 915 |
| 商业性娱乐设施数量 | 个 | 1 | 1 | 5 | 7 | 4 | 80 |
| 公共服务型设施数量 | 个 | 1 | 1 | 7 | 1 | 5 | 1 |
| 劳动力人口数量 | 人 | 34 | 80 | 659 | 65 | 91 | 131 |
| 工作人口数量 | 人 | 134 | 241 | 2716 | 228 | 467 | 761 |
| 村庄职住比 | % | 2.289 | 0.537 | 0.642 | 0.447 | 0.481 | 0.721 |
| 人均耕地 | $hm^2$/人 | 826 | 1115 | 605 | 812 | 652 | 522 |
| 人均果园 | $hm^2$/人 | 628 | 117 | 129 | 2250 | 95 | 1221 |
| 人均林地 | $hm^2$/人 | 2293 | 74 | 95 | 7806 | 108 | 6429 |
| 旅游人口数量 | 人 | 1099 | 1380 | 13245 | 1288 | 2198 | 4244 |
| 农家乐数量 | 个 | 0 | 0 | 2 | 6 | 1 | 53 |
| 人均非建设用地 | $hm^2$/人 | 454 | 9 | 1 | 28 | 7 | 17 |
| 遥感生态指数 | 无 | 0.568 | 0.574 | 0.562 | 0.581 | 0.566 | 0.578 |
| 绿度指数 | 无 | 0.452 | 0.454 | 0.475 | 0.407 | 0.472 | 0.395 |
| 干度指数 | 无 | 0.415 | 0.407 | 0.431 | 0.390 | 0.429 | 0.388 |
| 湿度指数 | 无 | 0.737 | 0.747 | 0.732 | 0.757 | 0.729 | 0.756 |
| 村镇生态环境指数 | 无 | 20.957 | 10.490 | 10.745 | 28.807 | 9.448 | 24.001 |

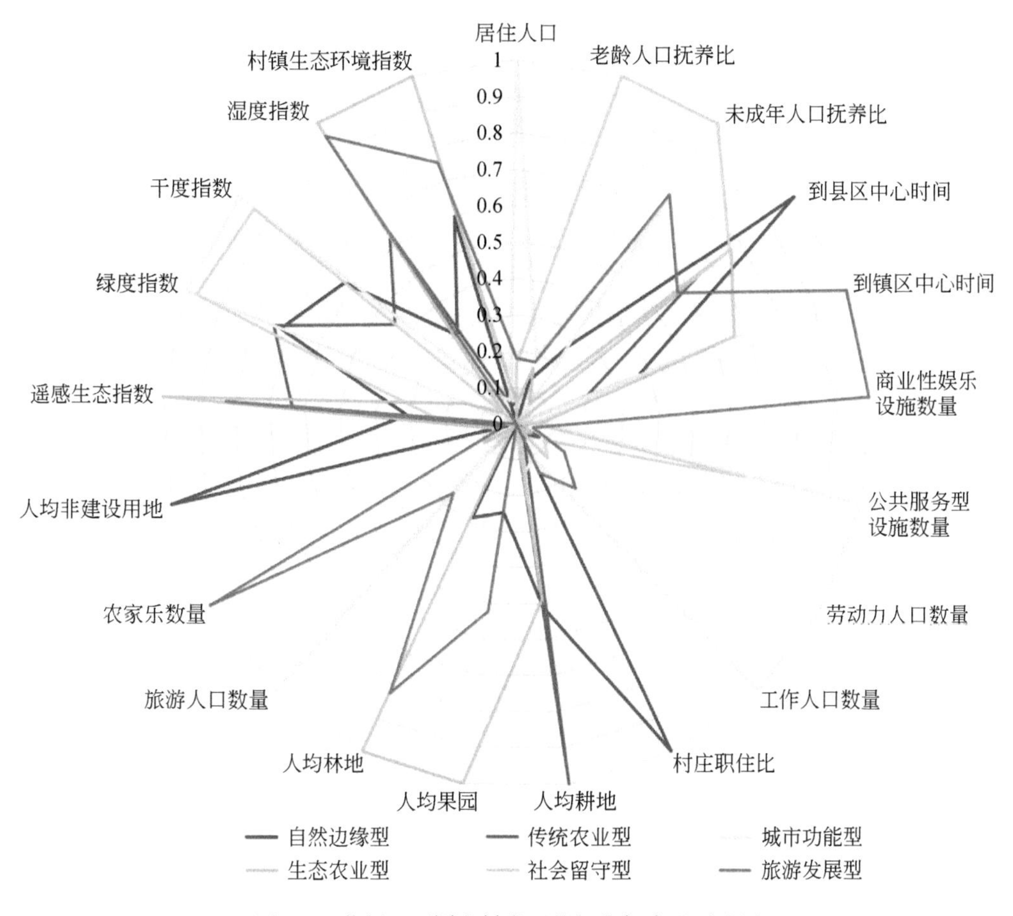


图 6-7　蓟州区不同乡村类型特征指标表现雷达图

第一类，自然边缘型村庄。共计 17 个村庄，占整个乡村聚落分类数量的 1.81%。这类村庄的发展特点是居住和工作人口是分类中最少的一类，有较多的林地、耕地以及果园，人均非建设用地多，生态环境较好。

第二类，传统农业型村庄。共计 637 个村庄，占整个乡村聚落分类数量的 67.91%。这类村庄的发展特点是各项数据较为均衡，耕地较多，以传统农业为主。这部分村庄较多。

第三类，城市功能型村庄。共计 27 个村庄，占整个乡村聚落分类数量的 2.88%。这类村庄的发展特点是居住和工作人口较多，这类村庄有更多的工作岗位；从区位上来看，位于紧邻蓟州区的城区或者重要的区域城市功能组团；生活服务设施和娱乐设施较多；人均耕地、人均果园用地较少，农业生产占比较低。

第四类，生态农业型村庄。共计 80 个村庄，占整个乡村聚落分类数量的 8.52%。这类村庄的发展特点是居住人口较少，从空间上来看，主要集中在山区和水库库区附近，生态环境良好。人均果园、耕地较多，农业生产水平也相对较高；商业娱乐设施较多，有少量农家乐，分布在这些地方。

第五类，社会留守型村庄。共计 168 个村庄，占整个乡村聚落分类数量的 17.92%。

这类村庄的发展特点是劳动力数量和工作人口较少；老年人、儿童抚养比较大；从区位上来看，距离蓟州区中心较远，但位于镇中心边缘；生态环境质量指数较差。

第六类，旅游发展型村庄。共计 9 个村庄，占整个乡村聚落分类数量的 0.96%。这类村庄的发展特点是旅游人口较多，相应地提供了更多的工作岗位，工作人口数量也相对较多；距离蓟州区中心、各个镇中心较远，生态环境较好；人均林地数量较多，农家乐、商业娱乐设施较多。

从对比分类的结果可以看出，不同类型的村庄特征性指标差异较大，且在现状条件上存在较大差异。而且，这一分类结果从现有对乡村聚落的经验体验而言，也比较符合调研期间对它的认知。为了能够对以上 6 类乡村有更深入的理解，本书对乡村聚落分类结果结合空间分布进一步整体观察，乡村聚落可被分为以下两大类型。

**（1）第一大类型：城市互动型乡村聚落（城市功能型、社会留守型、旅游发展型）**

这种类型的乡村聚落靠近城区或依托产业聚集形成，主要以提供居住、工业生产、商贸服务、旅游服务为主，并在空间上呈现出三种形态，如图 6-8 所示。

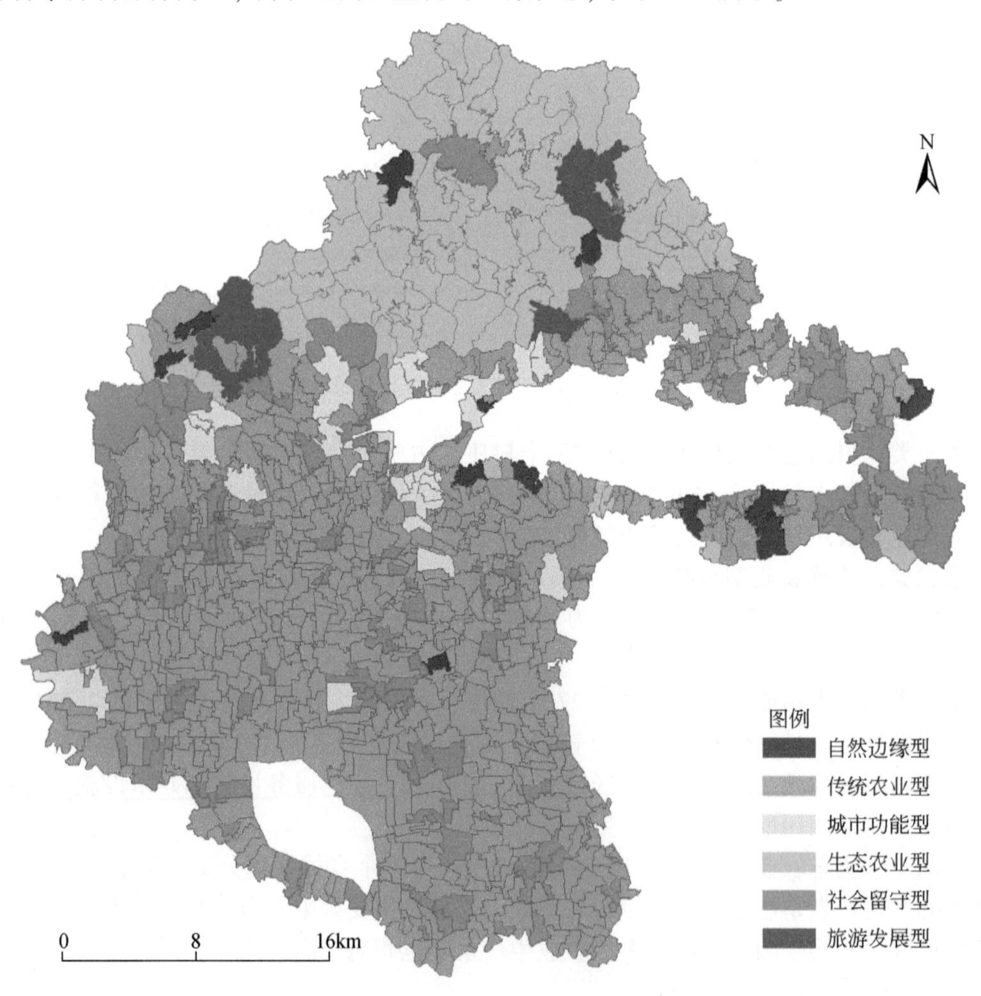


图 6-8　蓟州区乡村聚落类型空间分布图

第一种形态，与城区紧邻，成为了城市的一部分，良好的区位条件，成为了众多外来人口集聚的场所，同时对生态环境造成了一定的破坏。拥有较多的休闲娱乐设施和生活服务设施，生活品质较高，如分布在蓟州区城区边缘的城市功能型村庄。

第二种形态，分散在各乡镇单元内部，大多沿高速路分布。这类村庄由于人口、产业的聚集，对本地的生态环境造成了巨大的影响，乡村生态环境指数偏低。伴随着城市的快速发展，这类乡村缺少农业用地，由于农业资源有限，这些地区的人口需要考虑兼业打工的形式保障自身的收入，收入来源也更趋向于多元化。如果本地区持续缺少工作机会，会导致吸引力减弱，从而引发人口流失，如社会留守型村庄。

第三种形态，旅游发展型村庄。位于北部山区，受到城市的直接辐射带动影响较小，在发展上依托自身的农业和自然资源集中发展农业和旅游业。旅游发展型村庄依托自身的生态资源优势，吸引旅游人口。

**（2）第二大类型：乡村特性型乡村聚落（生态农业型、传统农业型、自然边缘型）**

这类乡村聚落主要依托农业、自然资源等形成，与城区关联性较差，如图 6-8 所示。

第一种形态，生态农业型村庄。生态资源优势明显。更多的果园，提供更多的第一产业就业机会。缺乏资源优势（如旅游）、政策或其他因素，导致土地闲置或缺乏吸引力，从而导致人口流失。

第二种形态，传统农业型村庄。农业用地较多，农业生产优势明显。传统农业型村庄，因有更多的耕地，可提供更多的农业就业机会。

第三种形态，自然边缘型村庄。由于自身资源和区位条件限制，缺乏发展动力，导致居住和工作人口较少，同时生态条件相对优越。

### 2. 与乡村振兴战略下乡村类型分类成果之间的对比

通过建模的方式得到蓟州区乡村聚落的类型划分，且在认识上具备一定的合理性，可根据经验以及理论展开解释。但这个与基于现状特征的分类和乡村振兴战略引导下的四种乡村聚落类型相比，存在一定的差异（图 6-9）。

乡村振兴战略下分类中有 687 个集聚提升类村庄，占全部村庄数量的约 2/3，这些是远期蓟州区进行重点保留、提升的村庄，如果结合特征分类来看，可观察到其中涉及到的自然边缘型村庄 6 个，传统农业型村庄 483 个，城市功能型村庄 7 个，生态农业型村庄 60 个，社会留守型村庄 123 个，旅游发展型村庄 8 个。二者在空间上的表现也存在一定差异（图 6-10）。那么，该如何处理二者之间的关系？本书认为，一方面可考虑以特征分类为基础，对乡村振兴战略下分类做一定的优化；另一方面，考虑到乡村振兴战略下分类的村庄类型是我们当前认知下各个村庄的发展目标，或保留提升，或拆迁撤并，这是面向远期的发展目标，但在实施的过程中，各个村庄的实施手段、实施时间必定存在差异，本书建议以乡村振兴战略下分类为引导，特征分类为基础，在每个乡村振兴战略下类型针对村庄的不同特征，给出更有针对性、更加完善的优化政策。

集聚提升类村庄。对其中的生态农业型村庄，要注意其临近于桥水库的基本特点，需要在基础设施和生态保护上予以更多关注，保障这个地区能够在品质上得到提升；对旅游发展型村庄，需要进一步突出旅游品牌，提升农家乐和商业娱乐设施水平；对社会留守型

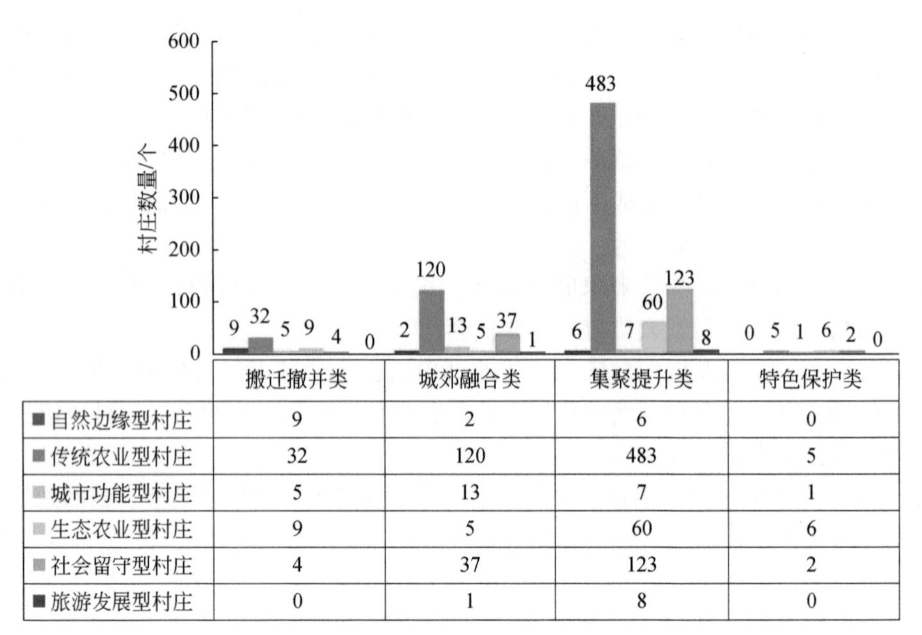


| | 搬迁撤并类 | 城郊融合类 | 集聚提升类 | 特色保护类 |
|---|---|---|---|---|
| ■自然边缘型村庄 | 9 | 2 | 6 | 0 |
| ■传统农业型村庄 | 32 | 120 | 483 | 5 |
| ■城市功能型村庄 | 5 | 13 | 7 | 1 |
| ■生态农业型村庄 | 9 | 5 | 60 | 6 |
| ■社会留守型村庄 | 4 | 37 | 123 | 2 |
| ■旅游发展型村庄 | 0 | 1 | 8 | 0 |

图 6-9　本书乡村聚落类型与蓟州区国土空间规划分标准结果对比图

村庄，则需要进一步实地调研分析人口流失原因，或从增强村庄的吸引力的角度，恢复乡村活力，或增强对留守人口的基本社会服务保障。

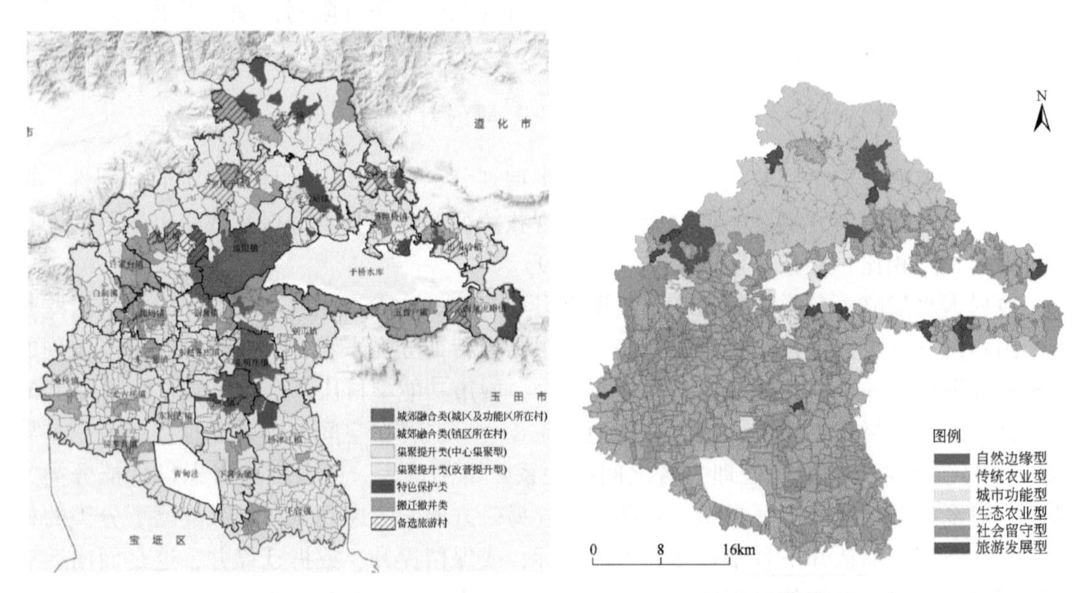


图 6-10　蓟州区村庄国土空间规划分类与本书乡村聚落分类比较

城郊融合类村庄。针对自然边缘型村庄，考虑选择特定的城市功能，如休闲娱乐，保障原有的自然本底特色；对生态农业型村庄，可考虑都市农业方面的发展；对旅游发展型村庄，可考虑进一步提高其基础设施质量和旅游环境品质。

特色保护类村庄。特色保护类村庄在现有的乡村振兴战略下分类中主要以其是否有历史保护建筑遗迹等为评判标准，而且分布较散。对涉及到的传统农业型村庄、生态农业型村庄，可考虑结合历史保护进一步发展成村民的重要文化设施；对城市功能型村庄，可考虑融入城区旅游景点体系，设置相应的旅游线路等。

拆迁撤并类村庄。拆迁撤并类村庄中除了旅游发展型村庄以外均有涉及，可考虑先选择自然边缘型、社会留守型村庄作为试点，向城郊融合类村庄转移，这些地区人口相对稀少，拆迁成本相对较低，可作为乡村振兴战略下的重要示范，能更好地引导传统农业型和城市功能型村庄的拆并工作。

## 6.4 结　　论

本章就国内外的乡村聚落评价阶段和特征进行了梳理，结合当前我国正处于实施乡村振兴战略、高质量发展的转型阶段，进一步提出乡村综合发展质量的概念，并在思想和理论上进行了讨论，利用“三生”空间理论，进一步构建了关于乡村综合发展质量评价的概念模型和相对应的指标体系、计算方法，最后将这一认识和方法应用到 5 个县区的乡村聚落展开观察。从中可以看到，不同地区的乡村聚落发展格局存在较大差异，同一地区内的乡村聚落之间除了在综合发展质量上存在差异之外，在生产空间质量、生活空间质量和生态空间质量上也存在着较大差异。

另外，在乡村聚落类型划分方面，本章对当前存在的两种分类范式——目标导向式的分类和特征导向式的分类展开了讨论，并使用后者展开对蓟州区乡村类型的探索，形成了 6 种类型的乡村，均符合当前对乡村发展中形成的一般认识。事实上，两种分类模式各有优劣，但可相互借鉴，均对未来乡村发展引导有实际价值。在未来的乡村振兴过程中，既需要有目标引导式的四类村庄作为约束性目标，同时也需要将现状的村庄类型作为改造的基础，进一步精准施策。

# 第7章 乡村聚落土地利用效益评价

快速城市化背景下，城乡发展问题一直是国内外的关注热点（刘彦随，2018），世界各国为缩小城乡差异，促进乡村建设，结合本国国情进行了探索和实践（Liu and Li，2017），如英国农村中心村建设（龙花楼等，2010）、美国战后新城镇开发建设（王庆安，2007）、韩国新村运动（金俊等，2016）等。中国也先后提出了城乡统筹发展、新农村建设、乡村振兴战略等，党的十九届五中全会通过的《中共中央关于制定国民经济和社会发展第十四个五年规划和二〇三五年远景目标的建议》首次提出实施乡村建设行动，并明确指出统筹县域城镇和村庄规划建设。乡村振兴战略和乡村建设行动的提出与实施对城乡协调发展和村镇发展建设均具有重要指导意义（刘彦随，2018）。

土地作为人类社会经济活动和生态资源的重要空间载体，土地利用类型的变化一直是影响村镇发展的重要因素（龙花楼等，2019）。长期以经济为重心和城市偏向的发展战略，不仅导致资本要素向城市倾斜，乡村劳动力及土地也大量向城市聚集（Long et al.，2010），造成我国村镇建设用地布局散乱、粗放利用现象严重，农村人均建设用地远大于城镇人均建设用地，村镇空心化、耕地破碎化、生态用地被侵占等。村镇土地的空间配置模式和资源产出水平共同构成了村镇土地利用效益（谢晖等，2007），因此，如何优化村镇土地结构，提高利用效益，实现村镇土地的高效和合理利用是乡村可持续发展的重点。但是，目前关于土地利用效益评价的研究一方面主要集中在地理学和经济学领域以及省市县等空间层面，村镇层面的研究较少（胡毅等，2020；赵浩楠等，2021），另一方面，规划领域学者对村镇土地的相关研究主要集中在土地结构优化、集约利用、动态变化、规划管理机制等方面（杨廉和袁奇峰，2012；史焱文等，2018；王竹等，2019），较少有对村镇土地利用效益进行定量分析的相关研究。

鉴于此，本书将经济地理学中“土地利用效益”的概念应用于村镇层面，关注乡村聚落土地利用的合理性和高效性。土地利用效益的概念从早期仅关注土地经济效益逐渐发展为经济、社会、生态等多重效益的综合研究（王雨晴和宋戈，2006；张明斗和莫冬燕，2014；陈颜等，2021），乡村聚落土地利用效益可以被定义为一定时间、空间范围内单位村镇土地面积对促进村镇经济、社会、生态等方面发展所产生效益的总和，主要反映乡村聚落土地资源配置的合理程度（王雨晴和宋戈，2006）。构建科学合理的乡村聚落土地利用效益评价指标体系，不仅可以对村镇土地利用的现状进行评价诊断，为村镇土地的合理高效和可持续利用提供指导，还能为促进城乡融合发展和乡村建设行动的实施提供理论参考。

因此，本书选取经济、社会和生态三个维度，构建乡村聚落土地利用效益评价指标体系，并以天津市蓟州区949个村庄为例开展实证研究，通过测算乡村聚落土地利用的综合效益及耦合协调度，分析评价天津市蓟州区的土地利用状况，并结合研究结果提出乡村聚落土地利用发展建议，为促进乡村聚落可持续发展、有效实施乡村振兴战略和乡村建设行动提供参考。

## 7.1 乡村聚落土地利用效益评价相关研究

土地利用一直是城乡规划关注的核心问题，其中村镇土地利用作为影响乡村规划和发展的重要原因（姜棪峰等，2021），也是城乡规划领域关注的重要议题。乡村聚落土地利用的主要研究内容包括土地发展问题解析、动态演变分析、规划管理机制等方面。在土地发展问题解析方面，较多研究关注城中村或城市边缘地区的土地问题。如袁奇峰和陈世栋（2015）以广州白云区及北部四镇为代表分析了快速城镇化地区农地和村庄的变迁。赖亚妮和桂艺丹（2019）在城中村土地发展的综述中指出城中村土地利用存在权属混乱、建设用地密度高、基础设施不完善等问题。在动态演变分析方面，吴纳维等（2015）基于北京绿化隔离带内乡村的土地利用演变的分析结果提出村庄内建设用地评价与管控指标，从而指导村庄规划编制和村庄建设。熊彬宇等（2021）采用转移矩阵法分析了江苏省社渚镇 2009 ~ 2017 年的土地利用变化，并模拟了不同政策情境下 2035 年社渚镇的主要土地类型变化。在规划管理机制方面，高银宝等（2018）运用行动者网络模型分析了广东省韶关市区内乡村土地转化过程中的多主体协作开发机制。胡航军和张京祥（2022）从发展范式、规划体系和治理模式等方面探索了国土空间规划体系下收缩乡村的可持续发展路径。但少有针对村镇土地利用效益定量分析的研究，仅有部分研究对村镇、城乡接合部或小城镇土地的集约利用程度或适宜性展开评价，如江文亚等（2010）从土地利用结构、土地利用强度、社会经济效益和监管绩效 4 个维度构建了村镇土地集约利用评价的指标体系。陈华飞等（2016）从土地利用潜力挖掘的角度出发选取人口、经济和生态承载力等方面因子构建土地集约利用评价体系。周书宏等（2020）基于“三生”空间的视角，利用物元模型对重庆市永川区村镇土地利用适宜性开展评价，指引未来村镇的土地利用规划及建设。

土地利用效益定量评价的研究主要集中在地理和经济学领域，大部分研究都是在辨析土地利用效益概念的基础上，构建评价指标体系并进行定量分析（表 7-1）。在评价指标体系构建方面，不同学者针对不同的研究对象，在指标选取、权重确定及评价方法等方面存在差异，尚未形成统一标准。目前，最为常用的评价指标体系是从经济、社会和生态 3 个维度出发对土地利用效益进行评价（李明月和江华，2005；佟香宁等，2006；方琳娜等，2013；李穗浓和白中科，2014；陈柔珊和王枫，2021），常用的评价方法包括因子分析（陈玉兰和苏武铮，2005）、协调度模型（罗罡辉和吴次芳，2003；彭建等，2005；吉燕宁等，2016）、TOPSIS（technique for order preference by similarity to an ldeal solution）法（朱珠等，2012；赵浩楠等，2021）、熵权法（史进等，2013）、综合效益函数（黄辉玲等，2012）等。

就空间层次而言，研究主要集中在省市县等较大区域和尺度下，村镇层面的定量研究较少。省市县级土地利用效益的研究角度多样且覆盖范围广，如罗罡辉和吴次芳（2003）、朱珠等（2012）、史进等（2013）分别从全国范围内 31 个省（直辖市、自治区）、223 个地级市和 16 个城市群不同层级评价分析了土地利用效益的地域和结构差异。胡毅等

(2020) 从经济、社会和生态 3 个方面分析了江苏省土地利用的空间格局特征。陈颜等 (2021) 在整理归纳现有土地利用效益指标体系的基础上构建了城市土地利用效益评价指标。而村镇层面由于数据获取难度较大，多集中在评价指标体系构建和对策分析方面（王磊等，2016；张冬，2017；罗小超和宋国敏，2019），实证研究还相对较少。吉燕宁等 (2016) 从生态、环境、社会和经济效益 4 个维度选取 24 个指标构建了村镇土地利用效益评价体系，但由于数据有限，以辽宁省绥中县塔山屯镇的 13 个行政村为例进行实证研究时，仅选取了 8 项指标进行分析。

**表 7-1　土地利用效益评价研究现状**

| 空间层次 | 一级维度 | 研究方法 | 研究对象 |
|---|---|---|---|
| 全国 | 资源环境、经济、社会 | 协调度模型 | 223 个地级市（不辖县） |
| | 农用地综合效益、建设用地综合效益 | TOPSIS 法 | 31 个省（直辖市、自治区） |
| | 规模效益、结构效益、集约效益 | 熵权法和系统聚类法 | 16 个城市群 |
| 省级 | 保护耕地、保障发展、节约资源、促进新农村建设、统筹城乡发展 | 统计预测法、类比分析法、专家调查法 | 黑龙江省 |
| | 经济、社会、生态 | 耦合协调度模型 | 江苏省 |
| 市级 | 经济、社会、生态 | 综合效益函数 | 武汉市 |
| | 经济、社会、生态 | 耦合协调度、灰色关联度 | 西安市 |
| 区县级 | 社会、经济、生态、环境 | 协调度模型 | 南京市江宁区 |
| | 社会、经济、生态 | 协调度模型 | 北京市大兴区 |
| 村镇级 | 社会、经济、生态 | 综合效益函数、协调度模型 | 广州市白云区 118 个行政村 |
| | 生态、环境、社会、经济 | 综合效益函数、协调度模型 | 辽宁省绥中县塔山屯镇 13 个行政村 |

虽然村镇的发展及土地利用等相关问题一直是研究的重点，但村镇层面土地利用效益定量评价的相关研究仍是少数，而以村镇土地利用效益评价结果为基础，为村镇规划和发展建设提供指导意见的相关研究更是极少。提升乡村聚落土地利用效益作为促进乡村发展的重要因素，需要开展相关的定量评价分析为村镇规划建设提供理论依据。

## 7.2　研究区概况

蓟州区位于天津市最北部，共 949 个行政村。地处环渤海地区典型的山区与平原交错带，地形丰富，是天津市唯一的半山区。同时，研究表明蓟州区在 2000 ~ 2015 年，大量耕地、林地和草地转变为城乡建设用地及工矿用地等类型，居民点分散分布，景观趋向破碎化（谭博文等，2018）。由此可见，以蓟州区作为研究区域（图 7-1），村庄单元较多且属于山区与平原的交错带，不仅具有典型性，也能够为当地村庄的可持续发展提供建议。

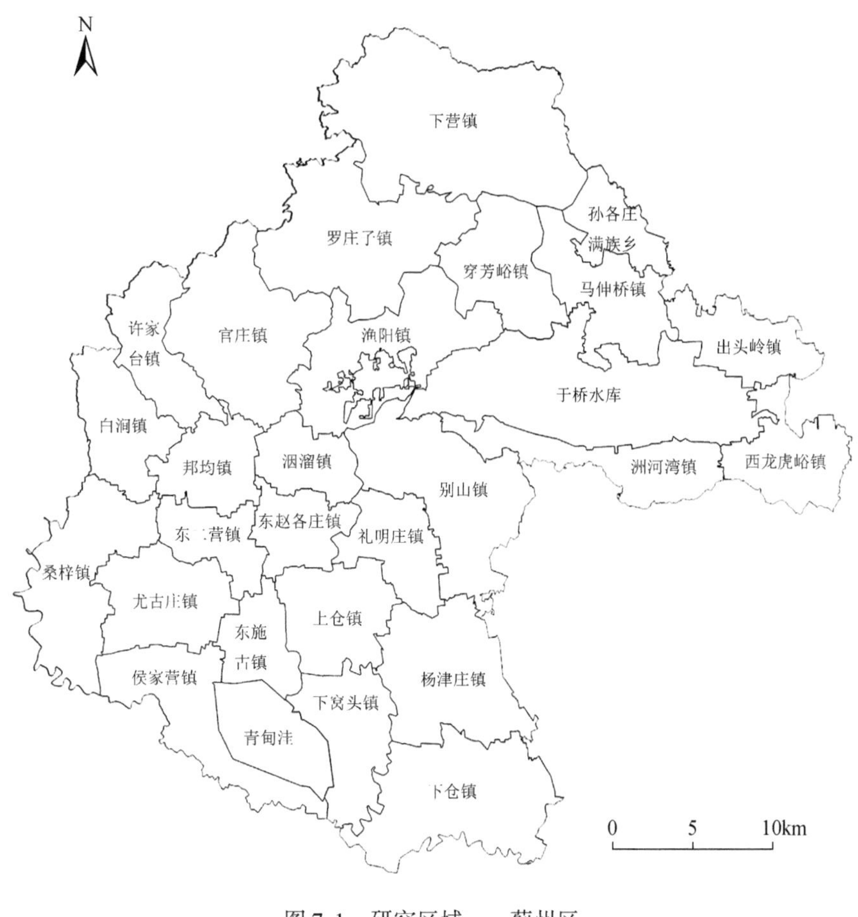


图 7-1　研究区域——蓟州区

# 7.3　乡村聚落土地利用效益评价指标体系构建

本书以前人研究为基础，遵循科学性、系统性、综合性、可比性和可操作性等原则，同时结合乡村聚落土地利用特征，从经济、社会和生态 3 个维度选取 18 个评价因子（表 7-2），构建村镇土地利用效益评价指标体系，反映村镇土地利用效益的可持续发展水平。

经济效益主要表征村镇经济发展过程中土地或人力等资源投入与产出效率，包括农民人均可支配收入、单位用地农业产值、单位用地工业产值、单位用地旅游业产值、单位用地社会就业人数和人均耕地面积 6 个指标。农民人均可支配收入反映村民收入（朱文娟和孙华，2019）；单位用地农业产值、单位用地工业产值和单位用地旅游业产值分别从第一、第二、第三产业反映村庄不同产业结构下土地利用效益的产出（赵浩楠等，2021；朱文娟和孙华，2019）；单位用地社会就业人数和人均耕地面积则分别从就业和土地分配反映村庄土地利用效益的投入（陈玉兰和苏武铮，2005；朱文娟和孙华，2019）。

**表 7-2　乡村聚落土地利用效益评价指标体系**

| 目标层 | 一级维度 | 权重 | 序号 | 评价因子 | 计算方法（数据获取） | 指标说明 | 权重 |
|---|---|---|---|---|---|---|---|
| 村镇土地利用效益 | 经济效益 | 0. 2790 | 1 | 农民人均可支配收入（元） | 农民实际收入/家庭总人口数 | + | 0. 0773 |
| | | | 2 | 单位用地农业产值（万元/$m^2$） | 村庄农业总产值/农用地总面积 | + | 0. 0764 |
| | | | 3 | 单位用地工业产值（万元/$m^2$） | 村庄工业总产值/村庄总面积 | + | 0. 0204 |
| | | | 4 | 单位用地旅游业产值（万元/$m^2$） | 村庄旅游总收入/村庄总面积 | + | 0. 0463 |
| | | | 5 | 单位用地社会就业人数（人/$m^2$） | 村庄劳动力总数/村庄总面积 | + | 0. 0324 |
| | | | 6 | 人均耕地面积（亩） | 村庄耕地总面积/村庄户籍总人口 | + | 0. 0262 |
| | 社会效益 | 0. 2800 | 7 | 村庄常住率（%） | 村庄常住人口/村庄户籍总人口 | + | 0. 0548 |
| | | | 8 | 人均道路用地面积（$m^2$） | 农村道路用地面积/村庄常住人口 | + | 0. 0298 |
| | | | 9 | 自来水普及率（%） | 数据通过问卷调查获取 | + | 0. 0411 |
| | | | 10 | 宽带网络入户普及率（%） | 数据通过问卷调查获取 | + | 0. 0284 |
| | | | 11 | 公共服务设施丰富度（%） | 数据通过问卷调查获取 | + | 0. 0673 |
| | | | 12 | 历史文化资源丰富度（%） | 数据通过问卷调查获取 | + | 0. 0320 |
| | | | 13 | 水厕普及率（公共+户内）（%） | 数据通过问卷调查获取 | + | 0. 0266 |
| | 生态效益 | 0. 4410 | 14 | 水网密度指数 | 河流总长度、水域面积和水资源量/村庄总面积 | + | 0. 0316 |
| | | | 15 | 植被覆盖指数 | 遥感数据解译获取 | + | 0. 1211 |
| | | | 16 | 人类干扰指数 | $\mathrm{HII}=\sum_{i=1}^{N}A_i P_i/\mathrm{TA}$ | − | 0. 0537 |
| | | | 17 | 生境质量指数 | $Q_{xj}=H_j\left[1-\left(\frac{D_{xj}^z}{D_{xj}^z+k^z}\right)\right]$ | + | 0. 1221 |
| | | | 18 | 单位建设用地承载常住人口（人/$m^2$） | 村庄常住人口/村庄建设用地面积 | + | 0. 1125 |

社会效益主要表征村镇基础服务设施水平，包括村庄常住率、人均道路用地面积、自来水普及率、宽带网络入户普及率、公共服务设施丰富度、历史文化资源丰富度和水厕普及率 7 个指标。村庄常住率反映村庄的空心化程度（朱文娟和孙华，2019）；人均道路用地面积、自来水普及率、宽带网络入户普及率、公共服务设施丰富度、历史文化资源丰富度和水厕普及率分别从不同角度反映村庄基础服务设施的水平（陈柔珊和王枫，2021；吉燕宁等，2016）。

生态效益主要表征村镇自然生态环境质量水平，包括水网密度指数、植被覆盖指数、人类干扰指数、生境质量指数及单位建设用地承载常住人口 5 个指标。其中，水网密度指数、植被覆盖指数分别反映村镇用地中水体丰富程度和林地、草地、农田等植被的覆盖程度（胡毅等，2020）；人类干扰指数反映开发建设等人类活动对村庄生态环境的负向干扰程度（梁发超和刘黎明，2011）；生境质量指数反映村庄生态系统支持生物生存繁衍的潜力（包玉斌等，2015）；单位建设用地承载常住人口反映村庄建设用地的集约程度。

# 7.4 乡村聚落土地利用效益评价模型

## 7.4.1 数据来源与预处理

研究数据类型主要包括问卷调查数据和遥感影像数据。首先，问卷调查数据通过于 2019 年对全区所有村庄的干部发放问卷获取，遥感影像数据通过人工解译天津市蓟州区 2019 年卫星影像图获取。其次，以天津市蓟州区村庄区划作为基础研究单位，对蓟州区 949 个村庄的统计数据、问卷数据及遥感数据添加标签，进行系统录入和整理。最后，由于数据类型多样且部分数据有少量缺失，采用众数填充的方式将数据补全，并采用极差标准化的方式对数值进行无量纲化处理，计算公式如下：

当 $X$ 为正指标时：

$$X'_{ij}=\frac{X_{ij}-\min(X_{1j},X_{2j},\cdots,X_{nj})}{\max(X_{1j},X_{2j},\cdots,X_{nj})-\min(X_{1j},X_{2j},\cdots,X_{nj})}\quad i=1,2,\cdots,n;j=1,2,\cdots,m \tag{7-1}$$

当 $X$ 为负指标时：

$$X'_{ij}=\frac{\max(X_{1j},X_{2j},\cdots,X_{nj})-X_{ij}}{\max(X_{1j},X_{2j},\cdots,X_{nj})-\min(X_{1j},X_{2j},\cdots,X_{nj})}\quad i=1,2,\cdots,n;j=1,2,\cdots,m \tag{7-2}$$

式中，$i$ 为村庄个数，$n=949$；$j$ 为评价因子，$m=18$；$X'_{ij}$为第 $i$ 个村庄的第 $j$ 个评价因子所对应的数据。

## 7.4.2 评价指标权重的确定

目前常用的权重确定方法主要有主观赋值法（德尔菲法、层次分析法等）和客观赋值法（因子分析、熵值法等）两类，客观赋值法主要基于原始数据运用统计方法计算得出，易受某些特殊数据的影响。因此，采用德尔菲法与层次分析法相结合的方式确定指标权重。

首先，构建3个维度18个指标的乡村聚落土地利用效益评价体系，通过邮件发送给从事土地利用效益相关研究的12位专家。其次，回收整理有效意见，根据专家的各指标打分确定权重，并满足一致性检验，根据专家在各指标打分的几何平均值，得到一级指标和二级指标的判断矩阵，并进行统计，最终得到指标权重。

### 7.4.3 土地利用综合效益函数

根据不同评价因子得分及相应权重进行加权总和，分别计算各个村镇土地利用的经济、社会、生态效益得分，计算公式如下：

$$F_i = \sum_{j=1}^{n} (F_{ij} \times W_{ij}) \tag{7-3}$$

式中，$F_i$为$i$维度的土地利用效益分值；$F_{ij}$为$i$维度中$j$评价因子的土地利用效益分值；$W_{ij}$为$i$维度中$j$评价因子相对$i$目标的权重值；$n$为评价因子个数。

土地利用综合效益分值计算公式如下：

$$F = \sum_{i=1}^{n} (F_i \times W_i) \tag{7-4}$$

式中，$F$为土地利用综合效益分值；$F_i$为$i$维度的效益分值；$W_i$为$i$维度权重值；$n$为一级维度个数。

### 7.4.4 耦合协调度模型

构建耦合度模型，用于评价乡村聚落土地利用不同效益相互作用、相互影响的水平。计算公式如下：

$$C=3\times\left\{\frac{A_i\times B_i\times C_i}{(A_i+B_i+C_i)}\right\}1/3 \tag{7-5}$$

式中，$C$为乡村聚落土地利用不同效益的耦合度，$C$值越大说明村镇土地利用各效益之间正向影响的相互作用越强烈；$A_i$、$B_i$、$C_i$分别为乡村聚落土地利用的经济效益、社会效益和生态效益，$i\in\{1, 2, 3, \cdots\cdots, 949\}$。

结合相关研究成果和本研究的实际情况，将乡村聚落土地利用效益耦合度划分为以下4个类型（表7-3）。

表7-3 乡村聚落土地利用效益耦合度类型

| 耦合度（$C$） | 耦合类型 | 特征 |
|---|---|---|
| 0～0.3 | 低水平耦合 | 各效益间处于相互博弈状态 |
| 0.3～0.5 | 拮抗 | 各效益间相互作用加强，并开始出现优势效益突出、其他效益减弱的现象 |
| 0.5～0.8 | 磨合 | 各效益间开始出现良性耦合特征 |
| 0.8～1.0 | 高水平耦合 | 各效益间的良性耦合特征逐渐增强并向有序方向发展 |

考虑到耦合度能够反映乡村聚落土地利用不同效益相互作用的程度，但不能表征各效

益之间是在高水平上相互促进还是低水平上相互制约，因此，引入协调度模型。计算公式如下：

$$D=\sqrt{C\times T}, T=aA_i+bB_i+cC_i \tag{7-6}$$

式中，$D$ 为乡村聚落土地利用效益协调度；$C$ 为乡村聚落土地利用效益耦合度；$A_i$、$B_i$、$C_i$ 分别为乡村聚落土地利用的经济、社会和生态效益；$a$、$b$、$c$ 分别为乡村聚落土地利用经济、社会和生态效益的待定系数，研究中沿用上述专家打分法得到的一级维度权重作为待定系数，即 $a=0.279$，$b=0.28$，$c=0.441$。

结合相关研究成果和本研究的实际情况，将乡村聚落土地利用效益协调度划分为以下 5 个类型（表 7-4）。

**表 7-4　乡村聚落土地利用效益协调度类型**

| 协调度（$D$） | 协调类型 | 特征 |
| --- | --- | --- |
| 0 ~ 0.2 | 严重失调 | 某一效益优势突出，导致其他效益发展受限 |
| 0.2 ~ 0.4 | 中度失调 | 某一效益仍然占据优势地位，但其他效益也开始逐渐提升 |
| 0.4 ~ 0.5 | 基本协调 | 各效益之间开始出现平衡发展的趋势 |
| 0.5 ~ 0.8 | 中度协调 | 各效益之间逐渐协调平衡发展 |
| 0.8 ~ 1.0 | 高度协调 | 各效益之间相互促进，实现有序发展状态 |

### 7.4.5　空间分布图绘制

运用 ArcGIS 平台，将测算值与村庄空间单元进行连接，形成 2019 年天津市蓟州区 949 个村庄土地利用效益及耦合协调度空间分布图。

## 7.5　乡村聚落土地利用效益评价结果及分析

### 7.5.1　乡村聚落土地利用效益

采用 ArcGIS 平台中自然间断点划分的方式，将天津市蓟州区村镇土地利用的经济、社会、生态和综合效益划分为 5 类（图 7-2）。

**（1）经济效益**

蓟州区乡村聚落土地利用经济效益以较低分值的面域空间为主（870 个村庄，占 91.68%），仅有少数高值村庄点状分布在出头岭镇、官庄镇、侯家营镇等（79 个村庄，占 8.32%）。经济效益偏低的主要原因是大部分村庄产业单一，以传统农业生产为主；由于近些年蓟州区产业转型升级、结构调整等原因，第二、第三产业相关收益还处于较低水平，由此也造成了村民收入来源的单一性和人均可支配收入较低。同时，部分村庄虽然户籍人口较多，但人均耕地面积较少、村庄严重的老龄化和空心化现状，也使得村庄面临严重的劳动力不足等问题。

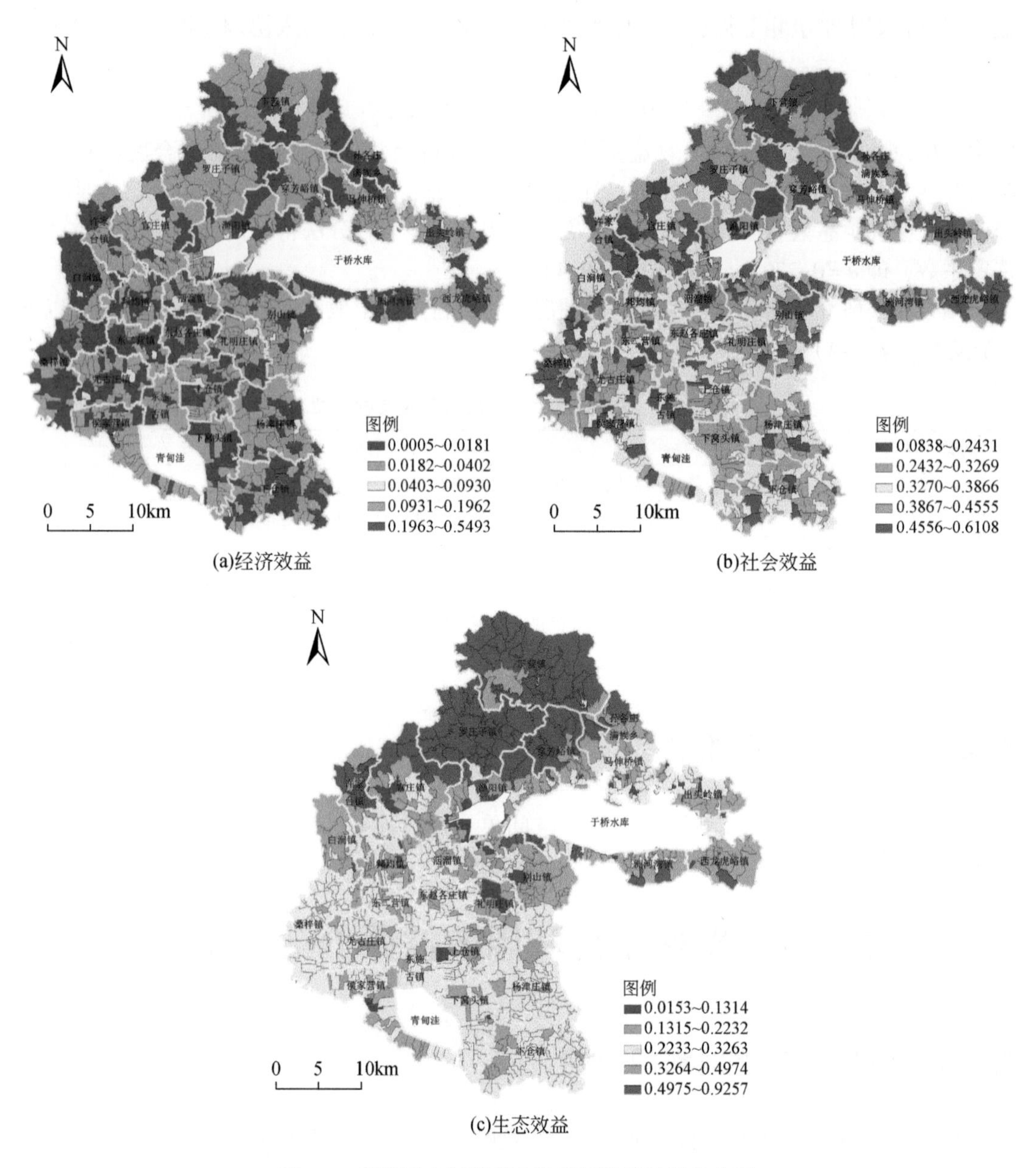


(a)经济效益

(b)社会效益

(c)生态效益

图 7-2　蓟州区乡村聚落土地利用效益结果分布图

**(2) 社会效益**

社会效益则以中等及中上分值的面状空间为主（772 个村庄，占 81.35%），高值村庄主要在洲河湾镇和西龙虎峪镇等分布（115 个村庄，占 12.12%），仅少部分低值村庄集中在下营镇和渔阳镇等（62 个村庄，占 6.53%）。这主要得益于大部分村镇在道路交通完善、自来水和水厕普及、宽带网络入户、公共服务设施及历史文化资源丰富等方面都得到了改善，村民对现状基础设施的满意度也都较高，仅有部分村庄的基础设施仍需提升完备。蓟州区总体社会效益中等也说明了基础设施建设作为我国乡村振兴战略实施的重要抓手，在改善村庄人居环境、提升村庄社会效益方面发挥了巨大作用。

**(3) 生态效益**

生态效益在空间上明显呈现出南低北高的分布特征。造成南北空间差异的主要原因在于北部的下营镇、罗庄子镇、穿芳峪镇及靠近于桥水库的洲河湾镇和西龙虎峪镇等以林地为主，自然资源基底条件良好，植被覆盖指数和生境质量指数相对较高，且人类干扰指数较低，总体生态效益较好。而南部的村镇由于地势平坦，大部分土地以耕地为主，同时村庄常住人口密度大，导致人类干扰指数和单位建设用地承载的常住人口较高，相对而言，南部的总体生态效益较差。

## 7.5.2 总体耦合协调度

蓟州区乡村聚落土地利用效益总体耦合协调度（图 7-3）在空间上与经济效益的分布特征相似，在类型上以处于磨合期（673 个村庄，占 70.92%）的村庄为主（表 7-5），总体上土地的经济、社会和生态效益开始呈现良性耦合的特征，22 个村庄土地利用间的良性耦合特征不断增强，但也有 254 个村庄的土地利用效益还处于无序发展状态。蓟州区早期的经济发展以农业、建材和包装印刷等第一、第二产业为主，严重削弱了土地的社会和生态效益。近年来，蓟州区立足于京津冀生态涵养区的定位，践行绿色发展理念和乡村振兴战略，加快传统产业转型优化，村庄的生态和社会环境有所改善，土地利用的经济、社会和生态效益的良性耦合特征也不断加强。

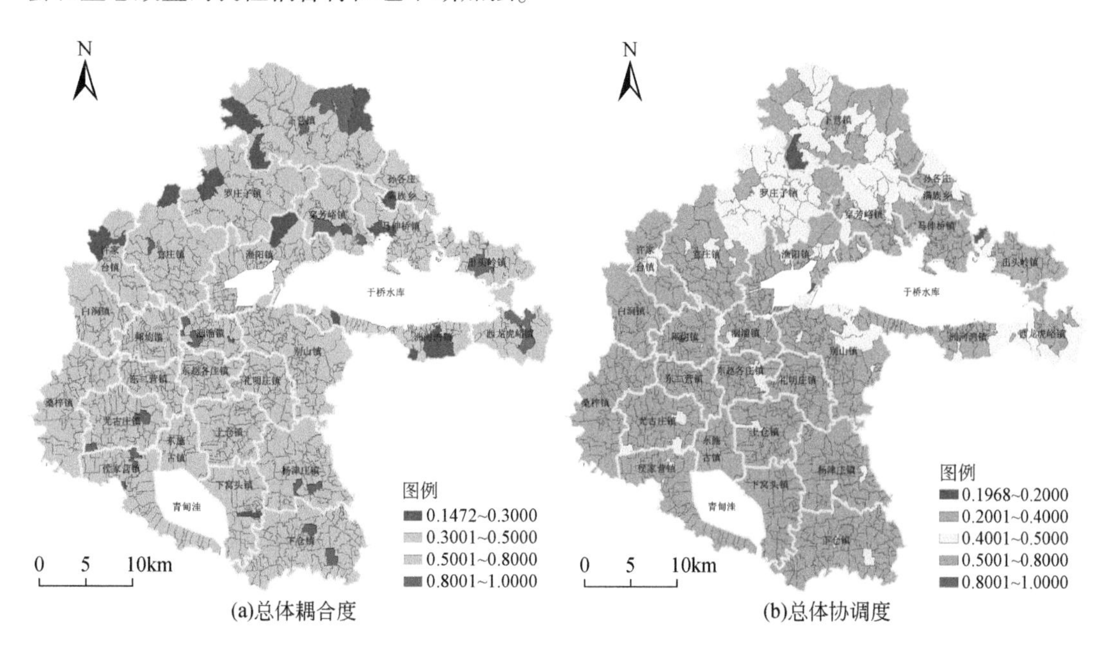


图 7-3 蓟州区乡村聚落土地利用效益总体耦合协调度

表 7-5　乡村聚落土地利用效益不同耦合度类型村庄数量

| 耦合度（$C$） | 耦合类型 | 村庄数量/个 | 比例/% |
| --- | --- | --- | --- |
| 0～0.3 | 低水平耦合 | 23 | 2.42 |
| 0.3～0.5 | 拮抗 | 231 | 24.34 |
| 0.5～0.8 | 磨合 | 673 | 70.92 |
| 0.8～1.0 | 高水平耦合 | 22 | 2.32 |
| 合计 | | 949 | 100 |

蓟州区乡村聚落土地利用总体协调度在空间上与生态效益的分布相似，呈现南低北高的特征（图 7-3），在类型上，蓟州区目前尚未有村庄处于高度协调状态，中度协调（1.16%）和基本协调（9.91%）的村庄主要位于北部，南部村庄大多处于中度失调状态（87.77%）（表 7-6）。北部村镇处于中高水平耦合且中高度协调的状态，这一方面得益于近年来蓟州区依托北部良好的生态基底，大力推动文旅融合，发展生态经济，乡村的生态效益和经济效益融合发展，另外，乡村振兴战略实施与基础设施建设成效显著，村庄的社会效益得到提升。而南部村镇主要处于基本耦合但中度失调的状态，主要原因在于虽然村庄的基础设施等社会环境改善，单一的社会效益得到提升，蓟州区也积极发展高效农业、绿色农业，但目前仍处于相互磨合的阶段。

表 7-6　乡村聚落土地利用效益不同协调度类型村庄数量

| 协调度（$D$） | 协调类型 | 村庄数量/个 | 比例/% |
| --- | --- | --- | --- |
| 0～0.2 | 严重失调 | 11 | 1.16 |
| 0.2～0.4 | 中度失调 | 833 | 87.77 |
| 0.4～0.5 | 基本协调 | 94 | 9.91 |
| 0.5～0.8 | 中度协调 | 11 | 1.16 |
| 0.8～1.0 | 高度协调 | 0 | 0 |
| 合计 | | 949 | 100 |

### 7.5.3　两两耦合度及协调度

测算乡村聚落土地利用效益的两两耦合协调度对于进一步揭示不同村镇土地利用经济、社会和生态效益之间的相互作用，促进村镇土地利用可持续发展均具有重要意义。结果表明（图 7-4），乡村聚落土地利用两两间的耦合协调度存在明显差异，社会—生态效益的耦合度及协调度明显高于经济—社会效益和经济—生态效益的耦合度及协调度，且整体处于较高水平。

**（1）经济—社会效益的耦合协调度**

蓟州区乡村聚落土地利用经济—社会效益的耦合度主要处于拮抗期（49.84%）和磨合期（33.72%），仅有少数村庄处于低水平耦合期（14.12%）和高水平耦合期

(2.32%)(表 7-7)。就协调度而言，90.52% 的村庄处于中度失调状态（表 7-8)。总体的耦合度和协调度与经济效益的空间分布特征相似，说明经济效益和社会效益在博弈过程中，经济效益处于相对优势地位，主要原因是新农村建设和乡村振兴战略中对村镇基础设施的建设使社会效益均处于较高水平，村庄道路等基础设施的完善，通过拓宽农副产品销路、吸引外流村民返乡等途径，也加强了与经济效益的相互作用，部分村庄的经济和社会效益开始出现良性耦合特征。

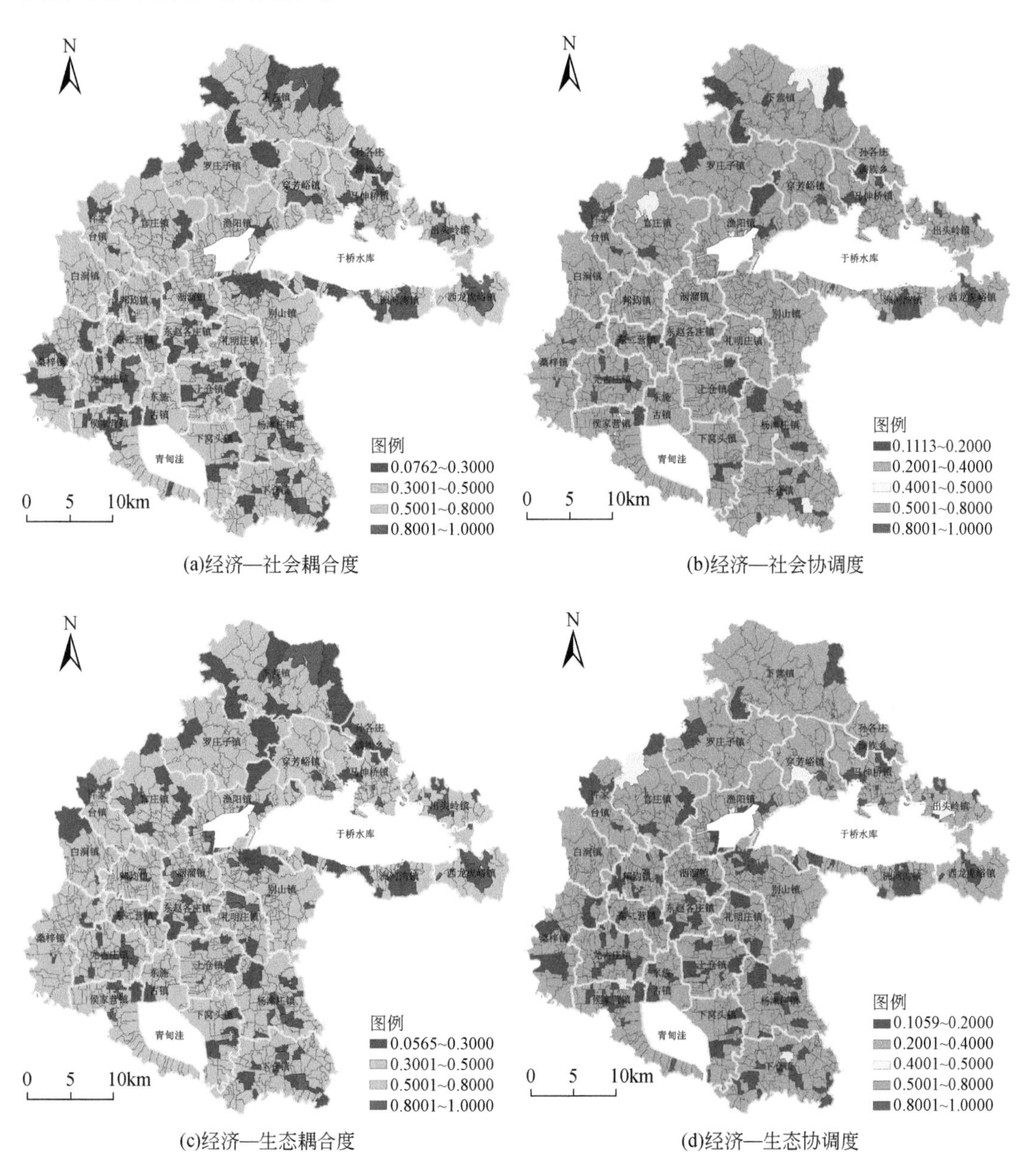


(a)经济—社会耦合度

(b)经济—社会协调度

(c)经济—生态耦合度

(d)经济—生态协调度

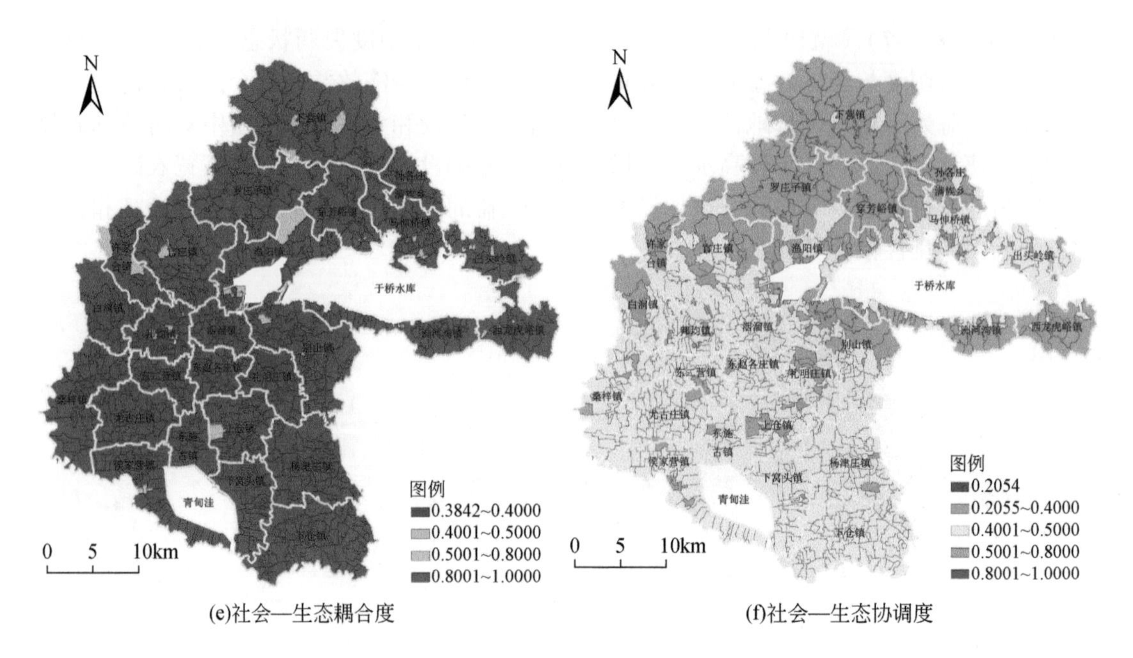

(e)社会—生态耦合度　(f)社会—生态协调度

图 7-4　蓟州区乡村聚落土地利用效益两两耦合度及协调度

**表 7-7　乡村聚落土地利用效益两两耦合度类型村庄数量**

| 耦合度（$C$） | 经济—社会耦合村庄数量/个 | 比例/% | 经济—生态耦合村庄数量/个 | 比例/% | 社会—生态耦合村庄数量/个 | 比例/% |
|---|---|---|---|---|---|---|
| 0 ~ 0. 3 | 134 | 14. 12 | 104 | 10. 96 | 0 | 0 |
| 0. 3 ~ 0. 5 | 473 | 49. 84 | 268 | 28. 24 | 29 | 3. 06 |
| 0. 5 ~ 0. 8 | 320 | 33. 72 | 479 | 50. 47 | 46 | 4. 85 |
| 0. 8 ~ 1. 0 | 22 | 2. 32 | 98 | 10. 33 | 874 | 92. 09 |
| 合计 | 949 | 100 | 949 | 100 | 949 | 100 |

### （2）经济—生态效益的耦合度及协调度

蓟州区乡村聚落土地利用经济—社会效益的耦合度在空间上明显呈现出南高北低的特征，北部村庄大多处于拮抗期（28. 24%），南部村庄主要为磨合期（50. 47%），仅有少数村庄处于低水平耦合期（10. 96%）和高水平耦合期（10. 33%）（表 7-7）。就协调度而言，79. 66% 的村庄处于中度失调状态（表 7-8）。结果表明，经济效益和生态效益在博弈过程中，仍存在相对优势效益。北部村镇由于生境质量较好，特色旅游产业的开发虽然带来经济收益，但尚未与生态环境形成协调平衡的发展模式。而南部村镇以耕地为主，耕地不仅具有调节气候、维持生物多样性等生态效益，居民也能通过传统农业生产获得经济收益，但由于耕地过程中人工或机械作业造成的人类干扰因素较大，导致南部村镇的经济和生态效益目前处于低水平协调状态。

表7-8 乡村聚落土地利用效益两两协调度类型村庄数量

| 协调度（$D$） | 经济—社会协调村庄数量/个 | 比例/% | 经济—生态协调村庄数量/个 | 比例/% | 社会—生态协调村庄数量/个 | 比例/% |
|---|---|---|---|---|---|---|
| 0～0.2 | 63 | 6.64 | 184 | 19.39 | 9 | 0.95 |
| 0.2～0.4 | 859 | 90.52 | 756 | 79.66 | 131 | 13.80 |
| 0.4～0.5 | 17 | 1.79 | 6 | 0.63 | 652 | 68.70 |
| 0.5～0.8 | 10 | 1.05 | 3 | 0.32 | 157 | 16.65 |
| 0.8～1.0 | 0 | 0 | 0 | 0 | 0 | 0 |
| 合计 | 949 | 100 | 949 | 100 | 949 | 100 |

**（3）社会—生态效益的耦合协调度**

蓟州区乡村聚落土地利用社会—生态效益的耦合度整体处于高水平耦合期（92.09%），仅有少数村庄处于拮抗期（3.06%）和磨合期（4.85%）（表7-7）。协调度则在空间上与生态效益的空间分布相似，呈现明显的北高南低特征。处于中度协调状态（16.65%）的村庄集中在北部，南部的村庄大多处于基本协调状态（68.70%）（表7-8）。结果表明，社会效益和生态效益在博弈过程中开始或逐渐向平衡协调的良性有序状态发展，蓟州区立足于京津冀生态涵养区的发展定位，以最小限度干扰生态环境为前提，完善村庄基础设施建设，南北村庄由于自身生态基底条件的差异，导致南部村庄的社会—生态效益协调度低于北部村庄。

## 7.6 结　论

基于对蓟州区乡村聚落土地利用效益及耦合协调度的测算结果，本书从经济、社会和生态三个方面提出蓟州区村镇土地利用的优化建议，以期促进村镇土地的合理高效利用，实现村镇土地的可持续发展，为乡村振兴战略和乡村建设行动的实施提供理论指导。

在生态效益方面，立足于京津冀生态涵养区的功能定位，注重对村镇内山、水、林、田、湖等自然资源的系统保护，构筑优化生态安全格局，为村镇土地的可持续利用提供生态基础。健康的生态环境是经济和社会发展的重要基础，为实现蓟州区村镇土地的可持续利用提供保障。首先要转变发展方式，推动村镇绿色发展，促进生态系统保护与经济社会发展协调平衡发展；其次要严格控制村镇开发边界和强度，降低人为因素干扰，加强对蓟州区北部山林地生态保护红线和南部耕地保护红线的管控。

在经济效益方面，挖掘整合不同村镇现状的自然资源条件或人文资源特色等多元价值，为第一、第二和第三产业的融合发展提供依据。与《天津市蓟州区国民经济和社会发展第十四个五年规划和二〇三五年远景目标纲要》中的三大特色功能区建设相衔接，北部村镇可依靠良好的生态环境为基底，结合不同村镇的历史文化、传统习俗等人文特征，适度发展特色生态旅游产业。南部村镇则依靠传统农业生产为基础，构建农业生产、农产品加工、农业休闲旅游等全链条产业，形成都市农业区。同时，鼓励当地村民参与到村镇的生产建设活动中，鼓励就地、就近实现经济增收。

在社会效益方面，进一步完善村镇基础设施的建设，保护传承当地历史文化资源，满足村民日常生活需求、保障村镇生产发展的同时突出人文历史特色：一是目前蓟州区大部分村庄的生活性基础设施和社会发展基础设施覆盖率较高，后续也需要加强对基础设施的长效管理和维护；二是通过改善生产手段、经营方式、产业布局等措施，提升村镇生产性基础设施水平，为构建高产低耗的农业生产体系，建设现代化农业基地奠定基础；三是系统梳理不同村镇的历史文化资源，打造多主题、多功能、多游线的历史文化片区或村镇。

本书以村镇为研究对象，从经济、社会和生态 3 个维度分析评价了天津市蓟州区乡村聚落土地利用的效益和协调耦合度，并基于村庄规划建设的视角，从经济、社会和生态 3 个方面提出了土地利用优化建议，但本次开展的研究也存在以下不足：第一，目前仅以天津市蓟州区为研究对象对评价指标体系进行了验证；第二，仅以 1 年的土地利用数据开展了横断面研究。因此，在今后的研究中，将尝试使用其他评价方法，纳入其他地区的村庄作为研究对象，并开展土地利用效益变化的相关研究，进一步完善乡村聚落土地利用效益的评价指标体系，便于将评价成果更好地运用于村庄规划编制等相关工作。

# 第 8 章 乡村聚落经济社会活动评价

## 8.1 乡村聚落经济社会活动评价的重点

村镇作为“城市之尾”“农村之首”，是城乡融合的重要载体，村镇经济社会活动的可持续性关乎乡村振兴以及新型城镇化等国家战略的顺利实施。伴随城镇化进程的不断加快，“镇弱村空”、劳动力负担加重、产业增收乏力、人口流失、公共服务设施建设无法满足发展需求、城乡差距扩大等村镇萎缩问题逐渐成为各地现代化建设过程中面临的治理困境问题，迫切需要通过开展村镇经济社会活动发展水平评价等科学研究工作，准确把握我国乡村聚落的发展状态，为进一步优化提升打下坚实的基础。

### 8.1.1 乡村聚落经济社会活动主要问题

当前，我国乡村聚落经济社会活动的现状问题主要集中在经济与社会、人口与就业、设施与服务三个方面。

**(1) 城乡经济社会发展水平差距大，村镇经济社会发展水平相对低下**

党的十九大提出乡村振兴战略以来，中共中央、国务院连续多年颁布中央一号文件，为新时代农业农村优先发展、推进乡村振兴提供了全面指导。中国的脱贫攻坚战取得了全面胜利，现行标准下农村贫困人口全部脱贫，消除了绝对贫困和区域整体性贫困，为全球减贫事业和人类发展作出了重大贡献。但城乡发展不平衡格局尚未根本改变，农村经济社会发展水平相比于以往有了明显提高，但对比之下，其现代化进程比城市显得滞后，农业农村发展步伐跟不上工业化、城镇化推进速度，城乡发展“一条腿长、一条腿短”的问题仍旧比较突出。与城市地区相比，农村地区依然显得相对贫困，是社会主义现代化建设的最主要短板之一（郑琼洁和潘文轩，2021）。

从现有的文献来看，诸多因素影响了城乡收入的不平等，而缺少基础性资金来源是导致农村人口陷入贫困的关键因素（斯丽娟和曹昊煜，2022）。其中，资源投入较少、基础设施落后、建设资金不足、地理条件限制等问题是长期以来阻碍我国农村经济发展的主要原因。农村地区的建设具有风险高、投入高、规模大和建设时间长等特点，所以愿意向农村投资的企业很少，这对农村经济的进一步发展造成了消极影响。在这样的情况下农村往往存在配套基础设施不健全的问题，不利于农村经济的聚集性发展和辐射性发展。此外，越来越多的农村劳动力涌入城市，导致农村劳动人口和人才储备力量急速减少，留在农村的劳动力多为老年人，他们对于现代化农业机械的学习和应用能力普遍较弱，不利于现代化农业生产活动的开展。由于农村的农业生产技术普遍落后，导致了农产品质量不佳，随着近年来人们对于农产品的质量和食品安全越来越关注，提高我国农产品在国内和国际的竞争力、加快农业生产的供给侧结构性改革成为必然。

另外，我国的农民普遍存在文化水平较低、文化素质较差的问题，很多农民未掌握现代农业生产技术，且学习能力较弱，传统生产模式产出的农作物产量小，质量低，已无法满足当今市场的需求，因此对农村经济的发展造成了一定阻碍（郝茂喜，2022）。

**（2）我国乡村人口众多，但乡村地区居民相对缺少高质量的就业机会，人口流失严重，劳动力的结构恶化**

根据第七次全国人口普查主要数据公布，截至2021年，居住在乡村的人口为50979万人，占36.11%。与此同时，乡村空心化现象普遍存在，乡村内的人口构成包括大量留守儿童和孤寡老人，反映了乡村地区对人才和优质劳动力的吸引力不足。根据中国社会科学院农村发展研究所发布的《中国乡村振兴综合调查研究报告2021》显示，农村全体人口中60岁及以上人口的比重达到了20.04%，65岁及以上人口的比重达到了13.82%，农业劳动力的素质和结构对农业农村现代化和乡村振兴提出了挑战。同时，城镇化的发展战略，以及农村经济发展程度相对较低，促使大量的农民前往城市发展，农村的教育资源、公共资源的匮乏也加重了农村年轻人口流失的问题。农村劳动力外流到城市的现象分为两种形式：一是个体流动，也即家庭中的主要劳动力外出到城市务工；二是以家庭为单位的迁出（包学会，2022）。

实际上，农村的“城市化”和“逆城市化”特征与农村人口结构老龄化、少子化、农村空心化、年轻劳动力外流息息相关，同时也具有相互关联、互相叠加作用的特点（李晓荣，2016）。“城市化”的实质在于人口结构的少子化、老龄化；而“逆城市化”则在于诸如教育、医疗资源短缺等社会因素所导致的人口素质降低、人才匮乏状态。同时，农村基层组织也存在诸如“行政失序”等问题，进一步加重了“逆城市化”的程度。解决村镇居民人口和就业问题与乡村居民的生产生活需求息息相关，关乎5亿多人的福祉（杜海峰和顾东东，2017）。

**（3）乡村地区的基础设施建设相对城市地区明显落后，尤其是公共服务设施缺乏，无法形成健全丰富的公共服务网络**

在乡村整体落后于城市的背景下，村镇的教育、医疗、文化、社会福利等公共服务设施的发展又明显滞后于村镇的公路、用水、用电、通信等工程性基础设施的发展，成为农村转型发展的重要掣肘（张京祥等，2012）。由于村镇单元的经济体量过小，且人口在不断流失，因此不可能建立起完整的公共服务体系（万成伟和杨贵庆，2020）。

村镇单元内普遍存在服务类型缺失或服务质量过低的现象；在相应的公共设施建立后，又会因为没有足够的被服务人口而出现服务冗余的现象；此外，也存在借用相邻村镇的设施以及越级使用市县两级设施的现象，尤其是对于教育类的设施，村镇两级中小学生源大量流失，很多学校已经荒置。这些现象不仅是因为公共服务的投入不足，更是因为资源配置不合理。村镇公共服务设施缺乏是村镇经济增长的瓶颈，而村镇公共服务设施建设则是提高村镇经济发展的有效途径（张晨阳和史北祥，2022）。不同于城市有多方参与开发的丰富基础设施，在乡村地区由市场提供的服务设施少，乡村服务水平的提高依赖于政府主导提供的公共服务设施。

建立健全村镇公共服务设施是实现乡村振兴的必要条件，建立健全村镇公共服务设施体系不仅是我国实现全面小康社会和新型城镇化的重要内容，更是接下来乡村全面振兴的必要前提条件。同时，村镇公共服务设施条件的改善有利于缓解村镇劳动力流失，激活村镇内生动力；有助于实现资源的集约高效利用，有利于村镇经济收益。

## 8.1.2 当前乡村聚落经济社会活动评价的问题与重点

**(1) 乡村聚落经济社会活动评价的问题与难点**

我国城乡经济差距大，导致城市经济社会活动的评价方法在乡村地区并不适用。此外，在我国广大乡村地区，各乡村聚落分布相对分散，使得经济社会活动数据的快速、高效监测及评估存在较多的问题与困难，主要表现为以下方面。

我国既有乡村聚落发展评价与监测方法主要依赖现场勘测，获取指标数据的成本高、周期长，又存在时空尺度单一、精确度差等问题。

村镇研究尺度相对较小，数字化建设程度不高，数据收集与统计的基础设施建设不完善，基站覆盖的范围相对稀疏，数据精度难以保障。

由于不同乡村聚落示范点在地域和人文方面的差别，难以在不同类型的村镇间进行较准确的对比研究。

村镇的人流呈现出“跨地域高频流动”的显著特征，传统的公共服务设施配套计算方式及乡村聚落经济社会活动监测方法无法对这种高频变化的数据进行有效应对。

**(2) 乡村聚落经济社会活动评价的重点**

基于上述问题，构建乡村聚落经济社会活动监测评价体系需要侧重城乡一体化、数字化技术和人地互动机制 3 个方面。

特别关注城乡一体化问题，需要在县域尺度整体评价乡村聚落的经济社会活动。我国的乡村地区形成了“县-乡镇-村”的三级行政体系，在城乡融合发展的指导下，大量公共服务设施与基本保障是以县为单位进行配置与供给的。乡村聚落作为最基本的单元，并不能完全依靠自身形成完整的体系，因此应以县域经济社会活动的监测评价为基础，通过城乡一体化的评价，实现对乡村聚落经济社会活动发展的准确把握。

特别重视大数据的采集手段和数字化的分析方法，构建乡村聚落的定量评价体系。针对当前我国数字乡村建设存在的资源分散、采集方式落后、采集标准不统一、数据利用不足等问题，从顶层架构角度，建立覆盖村镇数字资源体系的框架，搭建数字化乡村大数据平台，利用大数据、人工智能等技术进行数据资源的整合、挖掘和利用，真正发挥数字技术对乡村聚落经济社会活动监测评价作用（郭美荣和李瑾，2021）。

深入挖掘人地互动机制，根据村镇居民的实际需求和生产生活现状，分析资源与土地空间匹配情况。不同地理条件的村镇，存在空间区位、承载容量、服务质量等特征差异。沿海发达地区与中西部内陆地区，近城市地区与偏远郊区，交通便捷地区与交通落后地区等，对乡村聚落经济社会活动发展的要求是不一致的。各乡村聚落经济社会活动实际建设效果良莠不齐，资源过剩或极度缺乏的两极失衡问题突出。因此，应当注重分析职住分布、人口流动、资源布局、服务范围等与地理信息紧密结合的指标数据。

# 8.2 乡村聚落经济社会活动评价指标与技术框架

## 8.2.1 评价基本思路与方法

以可持续发展的视角对乡村聚落经济社会活动进行评价，建立基于经济社会、公共服务、人群活动的多维度全面评价体系，为乡村振兴各类政策、规划、管理提供支撑。基于此，乡村聚落的经济社会活动评价将分别从3个方面展开，其基本思路与方法如下。

**（1）评价指标体系构建基本思路**

着眼于人与自然和谐共生。气候变化、环境污染、生态破坏已对人类的健康和经济社会发展提出了严峻的挑战。尤其在中国广大乡村地区，由于摆脱贫困、缩小城乡居民收入和区域发展差距的任务繁重，农业面源污染、工业“三废”污染、人居环境污染等已成为乡村治理的重要问题。为此，评价指标体系需将体现生态文明的经济高质量发展关键性指标纳入其中，更加重视绿色经济增长。

着眼于持续稳定的产业增长空间。评价指标体系构建中，“稳定的经济增长”是乡村聚落经济活动的核心主题。为此，研究中将确保村镇粮食安全的“可持续性生计”的农业产业，以及促进农民增收、培育县域富民产业增长点的农村新业态培育等方面的产业发展指标纳入指标体系评价当中。

体现“包容性增长”理念。经济和社会、生态协调可持续发展是乡村聚落经济得以维持与发展的关键评估标准。让更多的人享有现代化成果，让村民得到更多的公共服务，实现广大农民群众公平合理地分享经济增长，是乡村聚落社会和谐发展的关键。为此，本书将民生保障中的居住质量、基础设施等指标纳入评价指标体系当中。

**（2）基于“供给-使用-需求”的评价方法**

乡村聚落的发展可以概括为资源与服务供给，空间与设施使用以及发展与生活需求等3个维度，3个维度之间相互影响与相互作用，亟待建立需求、使用与供给一体化的三元互馈的评级机制与模型，将乡村聚落的动态发展结果反馈至需求层面，进而作用于供给层面，提出更为准确、合理的发展策略。

就“供给-使用-需求”三元关系而言（图8-1），需求是建设发展的根本动力，由服

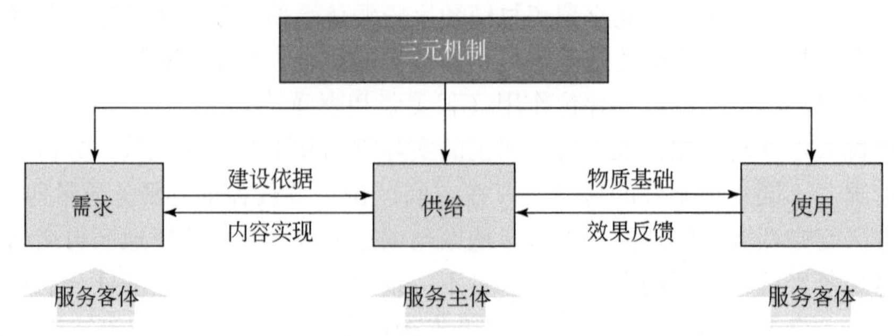


图8-1 “供给-使用-需求”的三元互馈机制

务客体即村镇总体意愿与诉求产生，包括居民生活需求、村镇发展需求及人口增长需求等。供给则是由政策背景、国家及地方标准共同作用后产生，通过政府及市场进行配置与建设，为村镇的实际使用提供物质基础，而空间与设施的真实使用情况则会对供给实际效果进行动态反馈，在供给不断调整完善下才能最终实现乡村聚落发展。

## 8.2.2 关键指标遴选

**(1) 经济活动维度关键指标**

乡村聚落经济活动发展水平评价指标体系是一个评价中国乡村聚落经济活动水平的综合型指标。该指标既可用于历史比较，反映某一乡村聚落经济活动发展进程和变化特征；也可用于各乡村聚落之间的横向比较，反映各村镇经济活动发展特征与差异，考评不同县域乡村聚落可持续发展的“区位商”，为分类推进乡村聚落经济高质量发展提供参考依据。总之，乡村聚落经济活动水平指标体系可以较客观地评价与比较不同地区乡村聚落经济发展水平与发展速度，有利于相关部门科学合理调整方向以推动乡村聚落经济高质量发展。基于此，提出乡村聚落经济活动关键指标如下。

前提与基础——产业发展水平。产业发展是实现乡村聚落经济高质量发展的前提和基础。可持续的产业发展包含 3 个方面：结构优化、产出水平、产业需求。其中结构优化升级不但是经济高质量发展的需要，也是拓宽农民增收渠道，激活乡村发展活力的应对，主要采用休闲农业和乡村旅游收入与农业产值比、农产品加工业与农业产值比衡量等新产业、新业态培育衡量；产出水平是衡量地区经济稳定增长的重要因素，也是推动乡村聚落繁荣发展的重要前提与基础，采用农业劳动生产率衡量；产业需求是衡量乡村聚落行政部门对于转变思想观念、促进产业发展认识的理解，是谋划产业高质量发展的关键，采用新产业、新业态建设需求强度衡量。

经济持续性——人口就业水平。人口就业是实现乡村聚落经济繁荣发展的结果指标。可持续的人口就业包含 3 个方面：就业结构、劳动负担和就业转移。其中，就业结构是衡量村镇劳动力在国民经济各部门、各行业的分布形式，是衡量乡村聚落劳动力要素和产业要素配置是否合理的关键性指标，主要采用非农就业人员占比衡量；劳动负担是衡量村镇劳动力红利情况，是反映村镇社会劳动力人口在经济和社会两方面负担程度大小的一个相对数指标，采用劳动力负担系数衡量；就业转移主要衡量村镇劳动力外出就业转移情况，是提升乡村聚落就业创收的关键指标，采用村镇劳动力外出就业人员占比衡量。

包容性增长——居民收入水平。居民收入是提升居民民生福祉、实现乡村聚落经济活动可持续发展的落脚点与出发点。可持续的居民收入包含 3 个方面：居民收入、生活质量和社会保障。其中，居民收入是衡量村镇居民经济高质量发展的最直接的指标之一，采用村民可支配收入衡量；生活质量是建设宜居宜业村镇的关键性指标，是衡量村镇居民安居乐业的体现，采用居民人居环境、基础设施环境等指标综合衡量。

### (2) 公共服务维度关键指标

基于“供给-需求-使用”三元机制建立的评价标准，从服务的主客体两方面进行分析，对乡村聚落公共服务现状进行准确深入的评估，并为其后续的建设和调整提出更有针对性的策略建议。供给侧评价是对服务主体的评价，具体包括对设施类型、设施规模、设施布局的评估，从内容、范围、空间上对实际供给情况进行分析，以获取真实的供给水平；使用侧评价是对服务客体的评价，具体包括服务人口、服务尺度、服务效率，对设施的服务能力进行分析；需求侧的评价面向村镇未来发展，主要包括空间发展、人口发展、产业发展。具体评价指标与内容如下表 8-1 所示。

**表 8-1　乡村聚落公共服务维度评价指标与内容**

| 评价维度 | 评价对象 | 评价内容 |
| --- | --- | --- |
| 供给侧——布局合理性 | 设施类型 | 评价当前已设项目的适用性，是否符合上位标准并满足村镇、村民的客观要求 |
| | 设施规模 | 对已设项目建设尺度有效性的评估，即现状设施规模能否与实际使用范围相匹配 |
| | 设施布局 | 对已设项目有效覆盖度、集约度的检测，即能否在地区、人口差异下实现村镇公共服务设施供给的全覆盖，确保使用公平 |
| 使用侧——使用强度 | 服务人口 | 通过问卷调研、平台监测、村镇普查等方式获取真实的服务人口数据，对设施服务容量进行评估 |
| | 服务尺度 | 作为设施真实使用效果的重要依据，具体是指由实际服务半径生成的公共服务设施辐射范围，尺度大即是辐射范围广 |
| | 服务效率 | 基于使用满意度、使用频率等数据对不同服务设施实际使用效能的评估 |
| 需求侧——使用满意度 | 空间发展 | 通过对村镇建设的深入分析总结其对设施需求的变化，并对已建项目的空间发展潜力进行评估 |
| | 人口发展 | 人口规模预测影响村镇公共服务设施的建设走向，依托人口预测对已设项目的服务容量未来潜力进行评估 |
| | 产业发展 | 通过对已有设施产业发展匹配度的评价，直观反映各地设施的建设针对性，促进村镇的特色建设 |

### (3) 人群活动维度关键指标

手机信令数据是目前常用的研究人群活动的主要大数据。根据案例分析验证，通过数据的优化和扩样算法，可以支撑县域村镇的人群活动分析工作，误差率在 5% 以内。

本书利用联通手机信令数据及其他多源数据，选取 2016、2018、2021 共 3 个年份的典型时段，按照县域为单位，以 250 ~ 500m 分辨率与人口统计数据进行校核，并开展乡村聚落人口行为变迁监测。监测内容包括人口居住地、工作地识别、人口出行起讫点识别、外来流动人口识别等（表 8-2），并针对不同类型县域和乡村聚落，如旅游型、城市化型、农业型、制造业主导型等，开展特定人群行为方式评价。

表 8-2　各类人群活动特征识别方法

| 评价维度 | 评价对象 | 评价内容 |
|---|---|---|
| 职住平衡水平 | 居住人口 | 调查时月内 21：00 至次日 07：00 驻留时间最长且月驻留天数超过 10 天的人 |
| | 工作人口 | 调查时月内 9：00 ~ 17：00 驻留时间最长且月驻留天数超过 10 天，且年龄在 18 ~ 59 岁的人 |
| | 通勤起讫点 | 工作日职住人口通勤起讫点月累计 |
| 人口吸引力 | 外来人口省内来源地 | 统计居住地不在本县的人员，从全省居住地里面，找到这些人的居住地所在区县，则这些区县作为来源地 |
| | 外来人口省外来源地 | 统计居住地不在本县的人员，从省外居住地里面，找到这些人的居住地所在区县，则这些区县作为来源地 |
| | 常住人口 | 最近 12 个月中，在月居住地 6 个月及以上的人口 |
| 人口保有率 | 外出人员省内去向地 | 身份证前 6 位为本地的人口，从全省工作地里面，找到这些人的工作地所在区县，则这些区县作为去向地 |
| | 外出人员省外去向地 | 身份证前 6 位为本地的人口，从省外工作地里面，找到这些人的工作地所在省份，则这些省份作为去向地 |
| | 常住人口 | 最近 12 个月中，在月居住地 6 个月及以上的人口 |

## 8.2.3　乡村聚落经济社会活动评价技术框架

基于上述原则与方法，对乡村聚落经济社会活动进行评价，重点从人群活动、经济水平和公服质量 3 个方面构建县域整体尺度和典型镇域尺度的监测评价体系，综合手机信令、空间遥感、功能业态、线上问卷等大数据采集技术，和实地监测小数据挖掘技术，深入评价经济社会活动与村镇居民及地理空间的互动情况（图 8-2）。

3 个方面 9 个指标共同构成了乡村聚落经济社会活动的评价框架。而多个方面、多个指标的综合评价方式多采用加权算法，最终获得 1 个数值来进行某种程度的评价。由于我国乡村聚落的复杂性，很难形成统一的评价标准，因此采用雷达模型的方式对其进行评价。在数据标准化后，以不同维度的各类指标所形成的连线图作为评价结果，能够真实、客观且直观地反映出不同乡村聚落的特征与问题（图 8-3）。

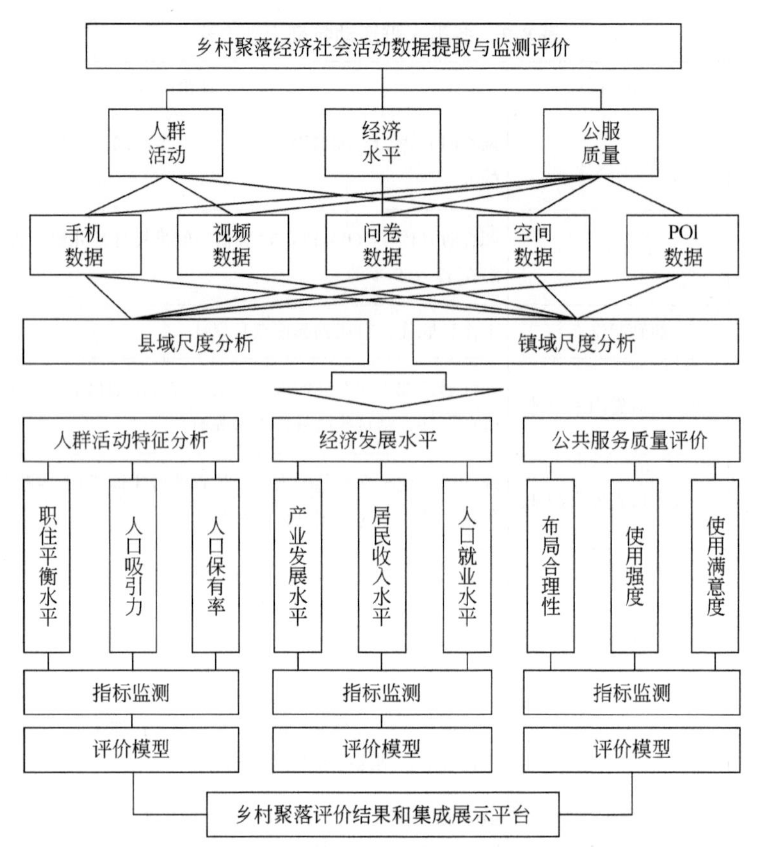


图 8-2　基于多源数据的乡村聚落经济社会活动监测评价体系

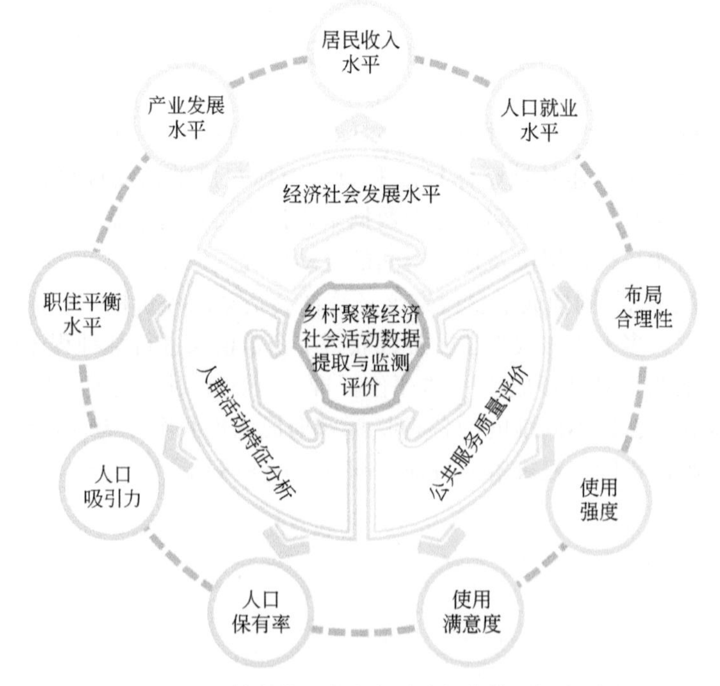


图 8-3　乡村聚落经济社会活动评价模型概念图

# 8.3 乡村聚落经济社会活动评价方法与实证

## 8.3.1 关键指标评价方法

**(1) 乡村聚落经济活动关键指标**

基于经济活动评价指标体系的界定，结合我国乡村聚落发展规律与调研实际，乡村聚落经济活动评价指标体系以产业发展水平、人口就业水平、居民收入水平为评价的主目标。由于经济社会涵盖内容较多，因此每个大类指标又进一步细分为3个小类指标，并结合专家打分法赋权后形成3个大类指标的评价结果（表8-3）。

**表8-3 乡村聚落经济活动评价指标体系**

| 大类指标 | 小类指标 | 指标解释与目标值确定 |
|---|---|---|
| 产业发展水平 | 非农产业与农业产业比 | 采用行政村休闲农业与乡村旅游收入、工业增加值与农业总产值比衡量，两者取最大值。根据样本统计描述结果，选择2.5作为休闲农业和乡村旅游与农业总产值比标准值；选择2.0作为工业增加值与农业总产值比标准值 |
| | 农业劳动生产率 | 采用行政村农业总产值除以农业从业人员衡量。根据中国社会科学院“农业农村现代化进程评价指标体系”、中国农业科学院“全国农业现代化监测评价指标体系”，选取40000元作为标准值 |
| | 产业开发需求强度 | 采用行政村对于本村发展农业之外其他产业需求的迫切程度，8种以上产业=10，6~7种产业=7，3~5种产业=5，1~2种产业=3，不需要=1 |
| 人口就业水平 | 农业劳动力占比 | 采用行政村从事农业的劳动力数量与劳动力总数之比衡量。结合我国农村全面小康指标体系，选取目标值为35% |
| | 人口抚养比 | 采用行政村非劳动力数量与劳动力数量之比衡量。根据国际经验，“人口负担系数”小于50%的时期称为人口红利期，由此选取目标值为50% |
| | 外出就业人员占比 | 采用行政村外出打工人员与劳动力总数之比衡量。结合我国农村全面小康指标体系，选取目标值为35% |
| 居民收入水平 | 村民可支配收入 | 采用行政村村民上年人均可支配收入实际数值衡量。对标基本实现农业农村现代化，选取目标值为25000元/人 |
| | 居民生活质量 | 采用行政村自来水普及率、宽带入户率、卫生厕所普及率、标准化人均用电量等4个指标均值衡量，其中人均生活用电量标准值为500kW·h。结合调研数据选取目标值为100% |
| | 社会保险参保率 | 采用行政村基本医疗、基本养老参保率平均值衡量。结合我国城乡社会保险统筹进展，选取标准值为100% |

针对各指标的权重，主要对标中国社会科学院“农业农村现代化进程评价指标体系”、中国农业科学院“全国农业现代化监测评价指标体系”、国家统计局“全面小康社会评价

指标体系”等相关指标体系，并结合专家打分法进行指标赋权。

权重确定后，采用综合指数合成法对乡村聚落产业发展水平、人口就业水平、居民收入水平进行评价，并按照10分满分进行折算。通过对以上3类指标的数据定期收集分析，完成对乡村聚落经济发展水平的定期监测。对于每个维度指标的标准化得分 $F_i$，计算公式如下：

$$F_i = \frac{\sum_n X_{in}}{N} \tag{8-1}$$

式中，$X_{in}$为第 $i$ 个维度指标的 $n$ 个具体指标按照10分为满分的标准化得分；$N$ 为具体指标数量。对于综合得分，采用每个维度指标的得分平均所得。

**(2) 乡村聚落公共服务关键指标**

乡村聚落公共服务重点聚焦在基本公共服务，而基本公共服务通常由政府提供，并以公共服务设施为载体，即以公共服务设施供给与使用为评价对象，主要指标包括以下方面。

布局合理性：是在满足人均公共设施供给标准的基础上，通过开源平台获取POI的方式，提取不同的公共服务设施的空间布点进行等时圈覆盖率分析确定。根据不同公共服务设施类型，设评分等级为1，3，5，7，10。距离国道50m范围内为最优布局，评分10分，在省道50m范围内评分7分，在县道50m范围内评分5分，在乡道50m范围内评分3分，距离每增加50m，布局评级降低一级，不在任何距离范围内的评分1分，以此类推。加权计算得到乡村聚落公共设施布局合理性评分 $L$，加权计算公式如下：

$$L = \frac{\sum_j k_j \times l_j}{\sum_j k_j} \tag{8-2}$$

式中，$k_j$为 $j$ 评分等级的设施点数量；$l_j$为 $j$ 评分等级的评分。

使用强度：是通过乡村聚落公共服务设施的实际服务人群规模与规划服务人口规模对比的指标，反映公共服务设施使用的饱和程度。通过测算常住人口基础上的人口流入流出情况，获得户籍人口数量 $p_1$和实际人口数量 $p_2$，得到公共服务供给数量 $s$ 与户籍人口数量 $p_1$的比值 $a_1$，$a_1$所对应的使用强度是按规划最为合理的状态，评分10分。在此基础上不管是使用人数不足还是使用人数过多都会导致使用效果变差。因此计算出公共服务设施数量 $s$ 与实际服务人口数量 $p_2$比值 $a_2$，并计算出 $a_1$与 $a_2$之间的差值比例，将这部分比例从10分中扣除，因此最终县域的使用强度评分 $P$ 计算公式为：

$$P = 10 - \frac{10 \times p_1 \times |s/p_1 - s/p_2|}{s} \tag{8-3}$$

使用满意度：是通过问卷调研向各村村民发放公共服务设施满意度评价的问卷进行分析确定。分别对不同类型公共服务设施使用满意度的主观判断进行衡量，非常满意=10，比较满意=7，一般=5，不满意=3，非常不满意=1。在此基础上，通过计算每级使用满意度的人数占比，加权计算得到乡村聚落公共设施使用满意度评分，加权计算公式及平均值计算公式同上。

**(3) 乡村聚落人群活动关键指标**

职住平衡水平：指在村镇聚落范围内，居民中劳动者的数量和就业岗位的数量大致相等，即职工的数量与住户的数量大体保持平衡状态，大部分居民可以就近工作，以一定地域范围内居住人群的通勤时间作为衡量标准，0 ~ 15min 为 10 分，15 ~ 30min 为 7 分，30 ~45min 为 5 分，45 ~60min 为 3 分，60min 以上为 1 分。

人口吸引力：指由于具有相较其他区域更优越的条件吸引大量外来人口的能力，如优质的公共设施、大量的就业岗位以及丰富的旅游资源等，在镇级行政区以外来人口（流入人口）与范围内的常住人口比值作为衡量标准，将比值结果用自然断点法分为 5 级，每级分别赋值 10、7、5、3、1 分，所有镇级依据各镇区人口数量和镇级评分进行加权平均，计算结果为县级评分（若县级之间的比较，以外来人口与常住人口比值为对比标准，不采用评分对比)。

人口保有率：指村镇维持原有人口生活、工作、娱乐的基本需求的能力，以常住人口减去流失人口的数量作为衡量标准，在镇级行政区以流出人口与范围内的常住人口比值作为衡量标准，将比值结果用自然断点法分为 5 级，每级分别赋值 10、7、5、3、1 分，所有镇级依据各镇区人口数量和镇级评分进行加权平均，计算结果为县级评分（若县级之间的比较，以外来人口与常住人口比值为对比标准，不采用评分对比)。

## 8.3.2 天津市蓟州区示范案例实证研究

**(1) 蓟州区经济活动维度评价**

蓟州区乡村聚落经济活动水平指数为 6.251，表明蓟州区乡村聚落的经济发展水平总体上处于中等水平。从区域发展差异看，基尼系数为 0.1053，变异系数为 0.1854，这表明总体上存在一定的区域发展不平衡。

从经济活动发展指数评估结果看，产业发展水平和人口就业水平为短板，各分维度均存在一定程度的区域与个体差异（图 8-4)。其中，产业发展水平指数评估结果显示，蓟

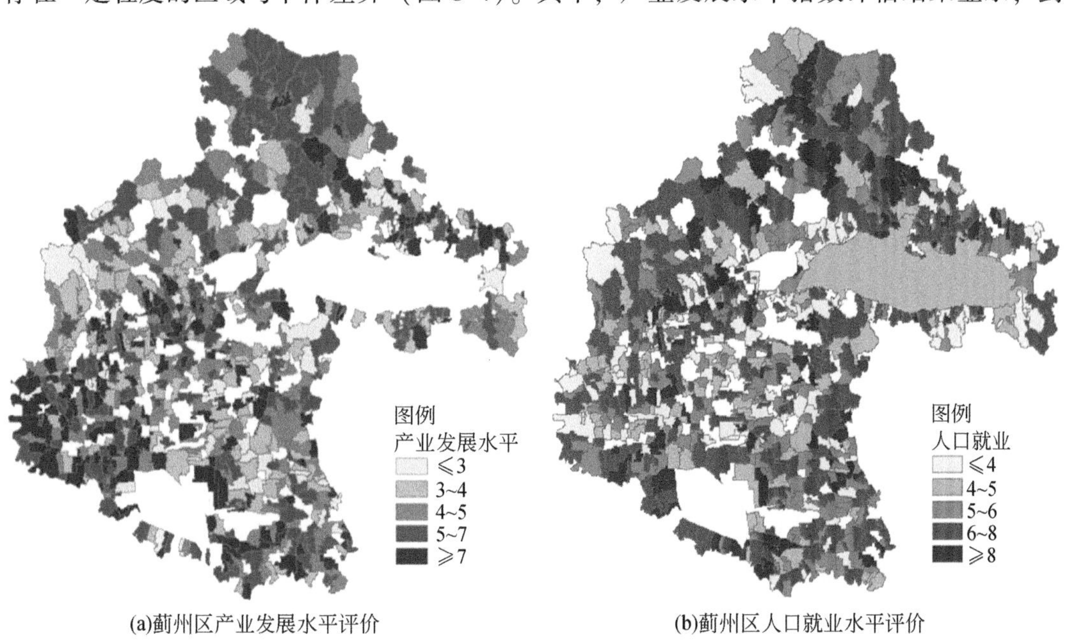


(a)蓟州区产业发展水平评价　　(b)蓟州区人口就业水平评价

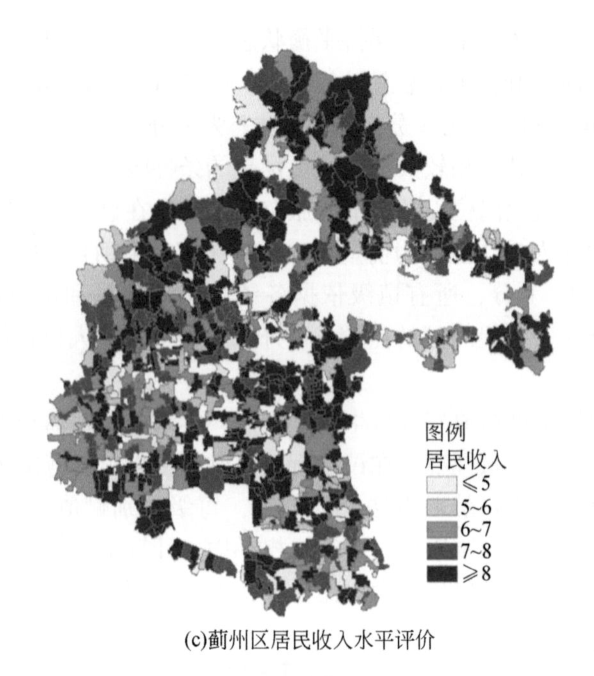


(c)蓟州区居民收入水平评价

图 8-4　蓟州区经济活动维度指标评价结果

州区各村落产业发展水平指数为 5.321，最大值为 10.000，最小值为 0.511，基尼系数与变异系数分别为 0.198、0.356。这表明，产业发展水平总体处于中低水平，且区域间差异明显；人口就业水平结果显示，蓟州区各村落人口就业水平指数为 6.005，最大值为 10.000，最小值为 0.702，基尼系数与变异系数分别为 0.167、0.294；居民收入水平平均为 7.428，表明总体处于中等偏上水平，接近基本实现程度，基尼系数与变异系数分别为 0.123、0.217。

**（2）蓟州区公共服务维度评价**

从各分维度指标分析来看，天津蓟州区公共服务整体质量较高（图 8-5）。通过调查问卷反映，蓟州区居民对公共服务设施的整体满意度较高，使用强度基本都在较为合理的范围内，部分公共服务设施存在使用率偏低的情况，特别是教育与医疗设施，主要是由于蓟州区距离主城区较近，部分人员前往天津市区就医与就读，使得部分设施使用强度不足。另外，从设施布局的合理性来看，存在较大不足。主要是因为蓟州区受山体地形与河湖水系影响，省道与县道体系不够完善，导致一些公共服务设施可达性较差，造成使用不便，应结合未来的规划发展与建设，进一步优化道路交通系统和公共服务设施布局。

**（3）蓟州区人群活动维度评价**

整体来看，蓟州区人群活动的整体活力较弱，人口流失较为严重（图 8-6）。蓟州区职住平衡水平呈现出明显的圈层式特征，蓟州区中心位置职住平衡水平最高，并向周边呈递进式分布。而由于蓟州区地处北京与天津之间，又受到天津主城区辐射，使得其人口吸引力与保有率均较弱，大量劳动力人口外出，并有部分老年人口随子女外迁。

**（4）蓟州区经济社会活动整体评价**

通过上述维度与指标的综合评价可以看出，蓟州区整体经济社会活动水平偏低，仅有

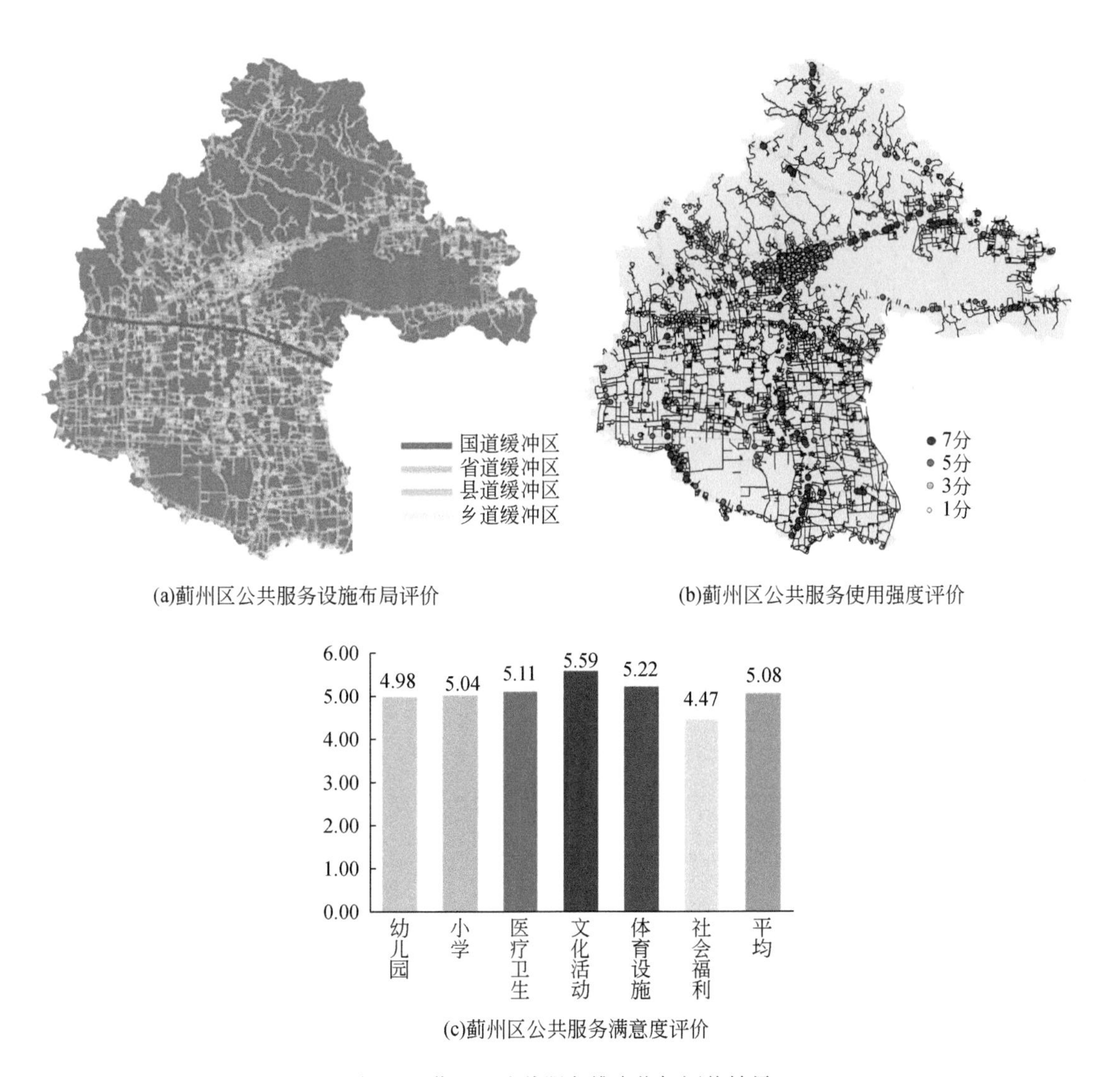


(a)蓟州区公共服务设施布局评价

(b)蓟州区公共服务使用强度评价

(c)蓟州区公共服务满意度评价

图 8-5　蓟州区公共服务维度指标评价结果

个别维度指标较为突出（图 8-7）：经济方面有较大发展空间，产业发展水平、人口就业水平与居民收入水平分别为：5. 321、6. 005、7. 428，平均分为 6. 21，其中，居民收入水平较高，主要得益于距离天津主城区较近，又位于北京与天津相接处，带来了一些旅游度假收益；人群活动方面，主要是缺乏对外来人口的吸引力以及保持人口不流失的能力，蓟州区职住平衡水平、人口吸引力、人口保有率指数分别为 5. 78、2. 28、2. 46，平均分为 3. 51，主要是受周边城市吸引力过强的影响；公共服务方面，尤其是公共服务设施的布局方面有待提高，公共服务设施布局合理性、使用强度、使用满意度分别为：3. 64、9. 42、5. 08，平均分为 6. 05，其中使用强度分值最高，而布局合理性缺不足，表明公共服务设施的配置存在问题，需要进一步优化布局与供给数量。

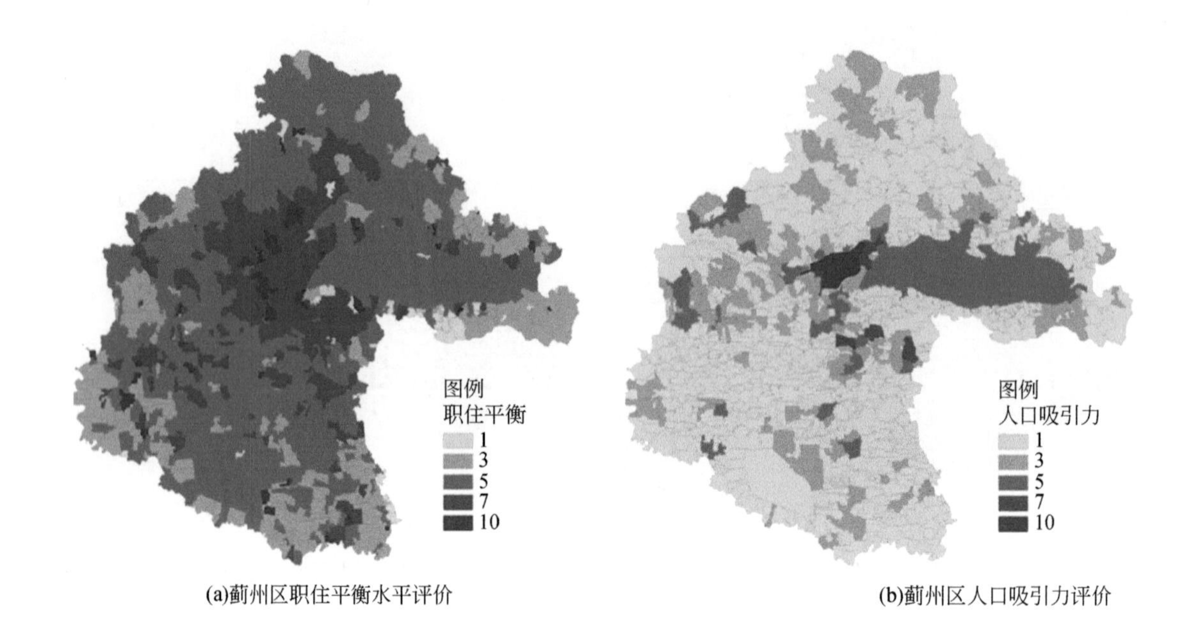


(a)蓟州区职住平衡水平评价　　(b)蓟州区人口吸引力评价

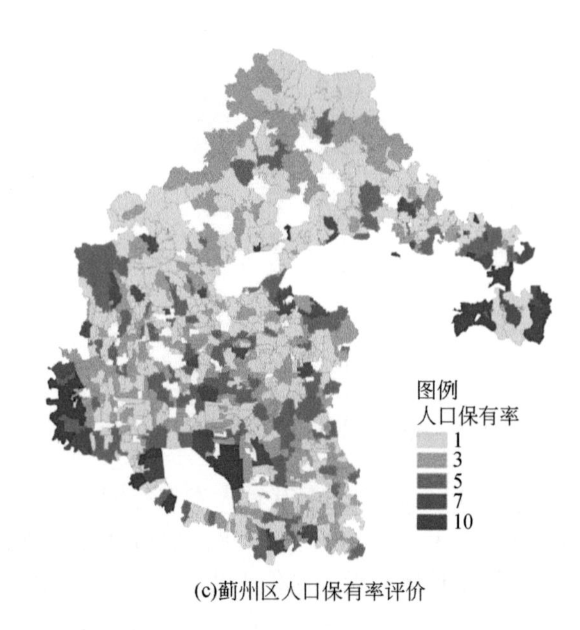


(c)蓟州区人口保有率评价

图 8-6　蓟州区人群活动维度指标评价结果

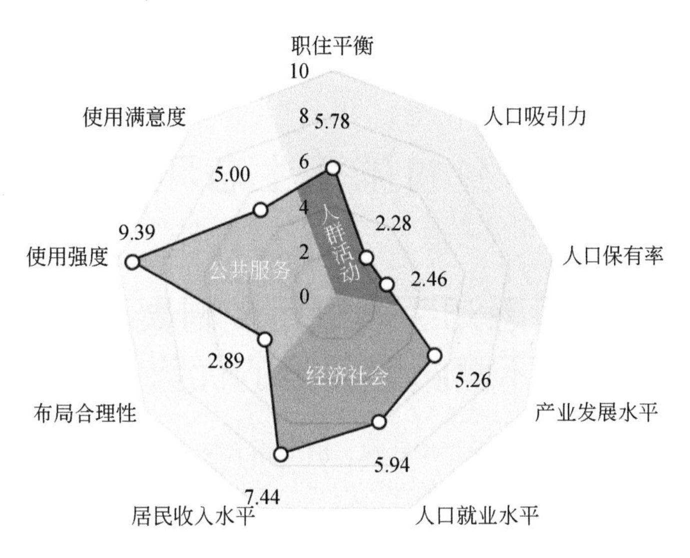


图 8-7　蓟州区经济社会活动水平评价

# 第9章　乡村聚落生态环境质量评价

## 9.1　多感知手段进行乡村聚落生态环境质量评价的优势

我国的乡村生态环境评价工作起步较晚，前期相关学者开展了相关研究。但是最初的研究大多套用城市、省域等较大尺度的评价模式，另外部分研究则针对全国、全省或全市等较大尺度整体农村环境质量进行评价。尽管有学者提出了农村生态环境质量综合评价的指标体系并开展了针对单个村镇或村庄生态环境质量综合评价的研究，但也存在评价周期长、评价指标繁多、数据获取难度大、缺乏居民参与、难以大面积推广等问题。同时，不同学科所采用的手段与方法也存在较大差异，地理学者侧重于应用遥感和地理信息系统等手段进行大范围的空间分析；生态环境学者则侧重于在一定数量的点位进行采样并实验分析或布设传感器采集典型乡村的生态环境要素数据；社会学者则侧重于对典型村镇进行抽样调查或田野访谈，以此获取对乡村生态环境的主观评价。基于遥感的方法尽管可以对大范围生态状况进行分析，但是缺乏对典型环境要素和居民环境感知的深入研究；而环境学和社会学的方法尽管可以对环境要素和居民环境感知进行深入调查，但是其样本量小、覆盖范围小，又难以进行大范围的推广。因此，乡村聚落生态环境状况的评价与管理需要融合多学科的多种感知手段，充分利用各个学科的优势与现代互联网等新兴信息技术，才能实现对乡村聚落生态环境质量及其较大范围内空间分布特征的分析。本书试图通过多种感知手段构建融合多源数据的乡村聚落生态环境质量评价体系，对村镇生态环境状况进行全面的评价与分析，为乡村振兴中生态宜居要求的实现提供更为精准和系统的信息支撑和决策依据。

当前利用传感、遥感和人感三种手段分别进行乡村聚落生态环境质量监测与评价，这也是目前生态环境评价的主要思路，即确定一种评价方法，围绕此方法获取用于评价的监测数据，进而进行生态环境质量评价。单一手段的生态环境质量评价有着流程清晰、方法简洁、目标明确的优点，但也有相应缺点（表9-1）。

**表9-1　单一感知手段进行乡村聚落生态环境质量评价的优缺点**

| 感知手段 | 主要方式 | 优点 | 缺点 |
|---|---|---|---|
| 传感 | 传感器监测 | 布点自由，可以深入到村镇内部进行采样和监测 | 没有考虑当地居民对环境的主观感知 |
| 遥感 | 遥感影像分析 | 数据获取方便，评价快速、便捷 | 指标较少，受影像时间和质量限制 |

续表

| 感知手段 | 主要方式 | 优点 | 缺点 |
| --- | --- | --- | --- |
| 人感 | 问卷调查 | 获取居民对周边环境的感知，健全环境评价流程的设计思路 | 耗时耗力，主观性强 |

基于以上研究背景与意义，结合国内外相关研究，以乡村振兴战略为基本理念，提出基于“三感六度”的“天—地—人”一体化评价模式，着力于用多种感知手段进行村镇生态环境质量评价，将遥感、传感和人感三种手段同时囊括在一个生态环境质量评价体系里，实现三种手段的时空互补和属性互补，同时根据各种感知手段的需要进行指标筛选，实现快速、全面、科学的乡村聚落生态环境质量评价。该模式模型概念图如图 9-1 所示。

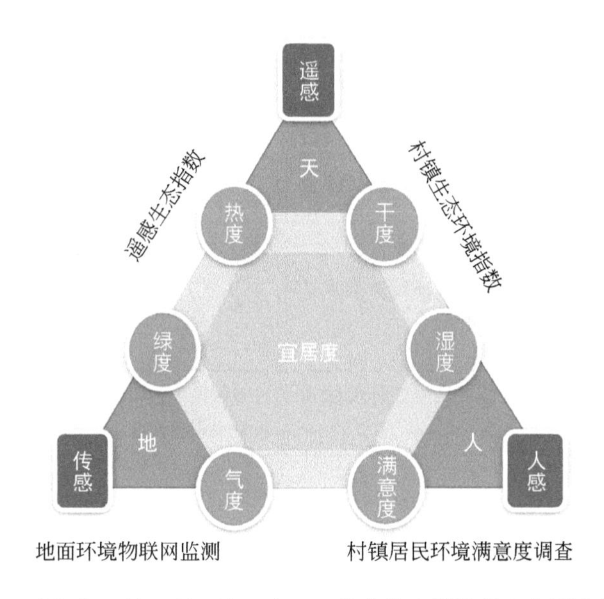


图 9-1　基于“三感六度”的“天—地—人”一体化的乡村聚落生态环境宜居性评价模型

基于“三感六度”的“天—地—人”一体化评价模式融合多种感知手段进行乡村聚落生态环境质量评价，并构建一种融合多感知手段的乡村聚落生态环境质量评价体系。在这种评价模式中，“三感”即：遥感手段——遥感生态指数和基于土地利用的村镇生态环境指数评价；传感手段——布设传感器，获取环境要素监测数据；人感手段——问卷调查，获取居民生态环境满意度与感知度水平数据。“六度”即遥感手段中的干度、湿度、绿度、热度，传感手段中的气度和人感手段中的满意度。其中“气度”指物联网传感器的空气质量监测结果，为了与遥感中的干度、湿度、绿度、热度和人感中的满意度、感知度对应，故简称为“气度”。

先通过 3 种手段独立进行乡村聚落生态环境质量评价，再将遥感、传感和人感 3 种手段纳入一个生态环境质量评价体系里，实现 3 种手段的时空互补和属性互补，从而快速、全面、科学地进行乡村聚落生态环境质量评价，为村镇生态环境的保护和生态格局的优化与完善提供科学依据和政策参考。其有别于传统的专注于城市的生态环境质量评价，聚焦于小尺度的村镇，尝试发挥小尺度村镇在数据收集、资料获取、环境监测等方面的优势，通过多感知数据结合，实现小尺度生态环境质量快速评价，满足乡村聚落生态环境监测评价的国家需求。

## 9.2 多感知融合的乡村聚落生态环境质量评价体系

通过筛选传感、遥感、人感3种感知手段中若干个具有代表性的指标，综合表征村镇生态环境质量。根据指标的可获得性和可用性，以目标层、要素层、指标层、因子层为框架，构建乡村聚落生态环境质量评价体系（表9-2）。

表9-2 乡村聚落生态环境质量评价体系

| 目标层 | 要素层 | 指标层 | 因子层 |
|---|---|---|---|
| 乡村聚落生态环境质量指数 | 村镇传感生态指数 | 村镇环境传感器监测空气质量指数 | 村镇环境空气质量达标率（$PM_{2.5}$，$PM_{10}$，臭氧） |
| | 村镇遥感生态指数 | 村镇遥感生态环境综合指数 | 遥感生态指数（RSEI），村镇生态环境指数（VTEI） |
| | 村镇人感生态指数 | 村镇生态环境质量水平人感指数 | 村镇生态环境质量水平（水体，土壤，空气，生态）、村镇生态环境污染水平（农业，污水，生活垃圾，畜禽，工业） |
| | | 村镇居民生态环境感知指数 | 村镇居民生态环境感知指数（生态状况满意度、空气质量主观感知度、生态变化感知度、环境恶化感知度） |

### 9.2.1 单项指数计算方法

由于不同指标的量纲和数值范围有差异，为消除指标量纲影响，并便于比较，对各指标值进行归一化处理，使每一个指数值都处于［0，100］。

1. 村镇遥感生态环境综合指数

以遥感生态指数（RSEI）和村镇生态环境指数（VTEI）构建的村镇遥感生态环境综合指数为基础，权重均设为0.5，归一化到［0，100］。

$$Q_1 = 0.5\text{VTEI} + 0.5\text{RSEI} \tag{9-1}$$

式中，$Q_1$为村镇遥感生态环境综合指数；VTEI为村镇生态环境指数；RSEI为遥感生态环境指数。

2. 村镇环境传感器监测空气质量指数

因为传感器布设情况和数据获取限制，以村镇空气质量达标率衡量蓟州区村镇环境空气质量指数。根据《环境空气质量标准》（GB 3095—2012）中二类区（包括农村地区）

的二级污染物浓度标准，按其中对 $PM_{2.5}$、$PM_{10}$、臭氧的相应浓度限值，以监测达标天数占总监测天数的比例为空气质量达标率数值，计算公式为：

$$Q_2 = F \times \frac{n}{N} \tag{9-2}$$

式中，$Q_2$为村镇环境传感器监测空气质量指数；$n$ 为达标天数；$N$ 为总监测天数；$F$ 为归一化系数，取 100。村镇环境空气质量指数计算结果为各分项指数计算结果的均值。

3. 村镇人感生态指数

由于调查难度、样本回收等条件限制，大部分生态环境评价工作中存在居民参与不足的问题。在乡镇生态环境评价中，可以通过与当地政府合作，开展问卷调查和回收工作，获取居民满意度和感知度数据。根据李克特量表设计满意度和感知度等级以及相应的分值（表 9-3），所有选项分值相加后除以总调查样本数，得到单项分值。每一大项的分值为所有下属单项问题分值的平均值。村镇人感生态环境感知指数为感知度和满意度指数的平均值。为了突出“人感”在乡镇生态环境评价中的重要性和作用，本书通过互联网问卷调查平台在天津市蓟州区全区范围内的行政村投放问卷，获取样本共 847 份，以此收集生态环境评价人感数据。

**表 9-3　村镇生态环境满意度和感知度调查结果计分标准**

| 项目 | 100 分 | 80 分 | 60 分 | 30 分 | 0 分 | 45 分 |
|---|---|---|---|---|---|---|
| 生态环境满意度 | 非常满意 | 比较满意 | 基本满意 | 不太满意 | 很不满意 | 不清楚 |
| 环境质量感知度 | 没有污染 | 污染很小 | 轻度污染 | 中度污染 | 重度污染 | 不清楚 |
| 污染排放感知度 | 没有污染 | 污染很小 | 轻度污染 | 中度污染 | 重度污染 | 不清楚 |

村镇人感生态指数最终指数值为村镇生态环境质量水平人感指数和村镇居民生态环境感知指数的均值。计算公式如下：

$$Q_3 = \frac{(Q_{31} + Q_{32} + Q_{33})}{3} \tag{9-3}$$

式中，$Q_3$为村镇人感生态指数；$Q_{31}$为村镇居民生态环境满意度指数；$Q_{32}$为村镇居民环境质量感知度指数；$Q_{33}$为村镇居民污染排放感知度指数。

**（1）村镇生态环境质量水平人感指数**

以蓟州区村镇问卷调查中对村周边生态环境质量相关部分计算生态环境质量评价指数，包括生态环境质量水平（水体环境、土壤环境、空气环境、生态状况、空气质量主观感知）和生态环境污染水平（农业面源、生活污水、生活垃圾、畜禽养殖、乡村工业）两项感知度，污染水平每一项计分标准为：“没有污染”计 100 分，“污染很小”计 80 分，“轻度污染”计 60 分，“中度污染”计 30 分，“重度污染”计 0 分，“不清楚”计平均值 45 分。所有选项分值相加后除以总调查样本数，得到单项分值。每一大项的分值为所有下属单项问题分值的平均值。

**（2）村镇居民生态环境感知指数**

参考国家统计局关于开展公众对城市环境保护满意率调查的评分标准，应用到村镇居民调查问卷的结果中，对于满意度调查结果，每一项计分标准为："非常满意"计100分，"比较满意"计80分，"基本满意"计60分，"不太满意"计30分，"很不满意"计0分，"不清楚"计平均值45分；对于感知度调查结果，"好很多"、"无恶化"和"无"计100分，"好一些"计80分，"没变化"计60分，"差一些"计30分，"差很多"、"有恶化"和"有"计0分，"不清楚"计平均值45分；所有选项分值相加后除以总调查样本数，得到单项分值。每一大项的分值为所有下属单项问题分值的平均值。

### 9.2.2 乡村聚落生态环境质量指数计算方法

根据各指标在村镇生态环境质量评价中的重要程度，设置指标权重。通过文献计量法和专家咨询法，确定各指标权重为：村镇遥感生态指数0.4，村镇传感生态指数0.4，村镇人感生态指数0.2，并以各指标数值及其权重加权得到乡村聚落生态环境质量指数。

由于各分指数经标准化后数值都在0~100，且数值越大，该指数所代表的生态环境要素质量越好。为了方便不同时期分级比较的统一，将村镇生态环境质量指数根据指数值大小在0~100内分为五级，表示乡村聚落生态环境质量的优良程度：大于等于90为优秀，75~90为良好，60~75为中等，40~60为较差，小于40为极差。

## 9.3 典型乡村聚落生态环境质量的多感知融合评价

基于上述评价体系，本节分别在典型县域和典型村庄两个尺度上对乡村聚落生态质量进行示范性的多感知融合评价。

### 9.3.1 典型县域乡村聚落生态环境质量评价

1. 村镇遥感生态指数

以计算得到的2020年的遥感生态指数（RSEI）和村镇生态环境指数（VTEI）计算蓟州区2020年村镇遥感生态环境综合指数。2020年的遥感生态指数（RSEI）为0.6965，2020年村镇生态环境指数（VTEI）为77.4199，归一化到［0，100］后取均值，即村镇遥感生态指数为74。

2. 村镇传感生态指数

因为本节的研究数据获取质量以及时间限制，以蓟州区的小穿芳峪、蒋家胡同村和八营村3个地区（3个地区相距较远，分别位于蓟州区的三片区域）2020年12月4~31日共28天的大气监测数据的平均值作为蓟州区2020年的空气质量数据。其中$PM_{2.5}$和$PM_{10}$采取24小时平均值，臭氧采取日最大8小时平均值。计算结果如表9-4所示。

**表 9-4　2020 年蓟州区环境空气质量达标率**

| 指标 | 浓度限值/（μg/m³） | 达标天数/天 | 达标率/% | 分指数值 |
|---|---|---|---|---|
| $PM_{2.5}$ | 75 | 14 | 50 | 50 |
| $PM_{10}$ | 150 | 18 | 64 | 64 |
| 臭氧 | 160 | 28 | 100 | 100 |

村镇环境传感器监测空气质量指数计算结果为分指数计算结果的均值，即村镇传感生态指数为 71。

3. 村镇人感生态指数

以 2020 年蓟州区村镇问卷调查中对村周边生态环境质量相关部分计算村镇生态环境质量评价指数，共包括两大项和九小项分指标，各项指标评分如表 9-5 所示。

**表 9-5　2020 年蓟州区生态环境质量评价**

| 指标层 | 因子层 | 单项计分样本数 | | | | | | 总分 | |
|---|---|---|---|---|---|---|---|---|---|
| | | 100 分 | 80 分 | 60 分 | 30 分 | 0 分 | 45 分 | | |
| 村镇生态环境质量水平 | 水体环境质量 | 234 | 302 | 172 | 53 | 27 | 59 | 73 | 75 |
| | 土壤环境质量 | 261 | 310 | 156 | 39 | 11 | 70 | 76 | |
| | 空气环境质量 | 227 | 322 | 185 | 46 | 13 | 54 | 75 | |
| | 生态环境状况 | 242 | 324 | 173 | 33 | 9 | 66 | 76 | |
| 村镇生态环境污染水平 | 农业面源污染 | 219 | 403 | 137 | 33 | 6 | 49 | 77 | 73 |
| | 生活污水污染 | 179 | 383 | 167 | 61 | 26 | 31 | 73 | |
| | 生活垃圾污染 | 157 | 357 | 206 | 72 | 28 | 27 | 71 | |
| | 畜禽养殖污染 | 157 | 334 | 184 | 98 | 44 | 30 | 68 | |
| | 乡村工业污染 | 289 | 264 | 127 | 50 | 44 | 73 | 74 | |

村镇生态环境质量水平人感指数值为村镇生态环境质量水平和村镇生态环境污染水平的均值，即村镇生态环境质量水平人感指数值为 74。

以 2020 年蓟州区村镇问卷调查中对村里周边生态环境质量满意度和感知度相关部分计算村镇居民生态环境感知指数，共包括四小项分指标，各项指标评分如表 9-6 所示。

**表 9-6　2020 年蓟州区生态环境感知评价**

| 指标层 | 因子层 | 单项计分样本数 | | | | | | 总分 | |
|---|---|---|---|---|---|---|---|---|---|
| | | 100 分 | 80 分 | 60 分 | 30 分 | 0 分 | 45 分 | | |
| 村镇居民生态环境感知指数 | 生态状况满意度 | 173 | 339 | 279 | 50 | 5 | 1 | 74 | 79 |
| | 空气质量主观感知度 | 732 | 0 | 0 | 0 | 0 | 115 | 86 | |
| | 生态变化感知度 | 449 | 343 | 45 | 4 | 0 | 6 | 89 | |
| | 环境恶化感知度 | 574 | 0 | 0 | 0 | 0 | 273 | 68 | |

村镇居民生态环境感知指数计算结果为感知度和满意度指数的平均值，即村镇居民生态环境感知指数为79。

村镇人感生态指数最终指数值为村镇生态环境质量水平人感指数和村镇居民生态环境感知指数的均值，即村镇人感生态指数为76.5。

4. 多感知融合评价

根据确定的各项指标权重，计算蓟州区2020年村镇生态环境质量指数=0.4×71+0.4×74+0.2×76.5=73.3，按村镇生态环境质量综合指数分级，处于60~75，即蓟州区2020年生态环境质量为中等水平。

## 9.3.2 典型村庄乡村聚落生态环境质量评价

通过对蓟州区各行政村传感、遥感、人感三种感知数据的数据完整度和数据质量进行筛选，最终以蒋家胡同村为例，进行2020年乡村聚落生态环境质量评价。

1. 村镇遥感生态指数

以计算得到的2020年的遥感生态指数（RSEI）和村镇生态环境指数（VTEI）计算蒋家胡同村2020年村镇遥感生态环境综合指数。2020年的遥感生态指数（RSEI）为0.5573，2020年村镇生态环境指数（VTEI）为80.6238，归一化到［0，100］后取均值，即蒋家胡同村的村镇遥感生态指数为68。

2. 村镇传感生态指数

因为本书数据获取质量以及时间限制，以蓟州区的蒋家胡同村2020年12月4日至2021年1月9日的大气监测数据计算村镇环境空气质量指数。其中$PM_{2.5}$和$PM_{10}$采取24小时平均值，臭氧采取日最大8小时平均值。环境空气质量指数计算结果如表9-7所示。

表9-7 2020年蒋家胡同村环境空气质量达标率

| 指标 | 浓度限值/（$\mu g/m^3$） | 达标天数/天 | 达标率/% | 分指数值 |
|---|---|---|---|---|
| $PM_{2.5}$ | 75 | 20 | 54 | 54 |
| $PM_{10}$ | 150 | 27 | 73 | 73 |
| 臭氧 | 160 | 37 | 100 | 100 |

村镇环境空气质量指数计算结果为分指数计算结果的均值，即蒋家胡同村的村镇传感生态指数为76。

3. 村镇人感生态指数

以2020年蓟州区村镇问卷调查中蒋家胡同村部分计算村镇生态环境质量水平人感指数。共包括两大项和九小项分指标，各项指标评分如表9-8所示。

村镇生态环境质量水平人感指数计算结果为村镇生态环境质量水平和村镇生态环境污染水平的均值，即蒋家胡同村的村镇生态环境质量水平人感指数为 57。

**表 9-8　2020 年蒋家胡同村生态环境质量评价**

| 指标层 | 因子层 | 单项计分样本数 | | | | | | 总分 | |
|---|---|---|---|---|---|---|---|---|---|
| | | 100 分 | 80 分 | 60 分 | 30 分 | 0 分 | 45 分 | | |
| 村镇生态环境质量 | 水体环境质量 | 0 | 0 | 1 | 0 | 0 | 0 | 60 | 52.5 |
| | 土壤环境质量 | 0 | 0 | 1 | 0 | 0 | 0 | 60 | |
| | 空气环境质量 | 0 | 0 | 0 | 1 | 0 | 0 | 30 | |
| | 生态环境状况 | 0 | 0 | 1 | 0 | 0 | 0 | 60 | |
| 村镇生态环境污染 | 农业面源污染 | 0 | 0 | 0 | 0 | 0 | 1 | 45 | 62 |
| | 生活污水污染 | 0 | 1 | 0 | 0 | 0 | 0 | 80 | |
| | 生活垃圾污染 | 0 | 0 | 1 | 0 | 0 | 0 | 60 | |
| | 畜禽养殖污染 | 0 | 1 | 0 | 0 | 0 | 0 | 80 | |
| | 乡村工业污染 | 0 | 0 | 0 | 0 | 0 | 1 | 45 | |

以 2020 年蓟州区村镇问卷调查中对村周边生态环境质量满意度和感知度相关部分计算村镇居民生态环境感知指数，共包括 4 小项分指标，各项指标评分如表 9-9 所示。

**表 9-9　2020 年蒋家胡同村生态环境感知评价**

| 指标层 | 因子层 | 单项计分样本数 | | | | | | 总分 | |
|---|---|---|---|---|---|---|---|---|---|
| | | 100 分 | 80 分 | 60 分 | 30 分 | 0 分 | 45 分 | | |
| 村镇居民生态环境感知指数 | 生态状况满意度 | 0 | 1 | 0 | 0 | 0 | 0 | 80 | 89 |
| | 空气质量主观感知度 | 1 | 0 | 0 | 0 | 0 | 0 | 100 | |
| | 生态变化感知度 | 1 | 0 | 0 | 0 | 0 | 0 | 100 | |
| | 环境恶化感知度 | 3 | 0 | 0 | 0 | 1 | 0 | 75 | |

蒋家胡同村的村镇人感生态指数为村镇生态环境质量水平人感指数和村镇居民生态环境感知指数的平均值，即村镇人感生态指数为 73。

4. 多感知融合评价

根据已确定的各项指标权重，计算蒋家胡同村 2020 年村镇生态环境质量指数 $=0.4\times76+0.4\times68+0.2\times73=72.2$，按村镇生态环境质量综合指数分级，处于 60 ~ 75，即蒋家胡同村 2020 年生态环境质量为中等水平。

根据蓟州区和蒋家胡同村生态环境质量评价结果（表 9-10），蓟州区村镇生态环境质量指数为 73.3，蒋家胡同村的村镇生态环境质量指数为 72.2，故根据构建的村镇生态环境质量指数，蒋家胡同村 2020 年生态环境质量略低于蓟州区整体水平。

表 9-10　2020 年蓟州区、蒋家胡同村生态环境质量评价结果

| 村庄 | 村镇传感生态指数 | 村镇遥感生态指数 | 村镇人感生态指数 | 村镇生态环境质量指数 |
|---|---|---|---|---|
| 蓟州区 | 71 | 74 | 76.5 | 73.3 |
| 蒋家胡同村 | 76 | 68 | 73 | 72.2 |

### 9.3.3　典型乡村聚落多感知融合评价小结

由于每一种手段独自进行村镇生态环境质量评价均有各自的局限性，本节尝试将传感、遥感、人感三种感知手段融入一个评价体系中，使之兼具各指标的优点同时弥补缺点，实现三种手段的时空互补和属性互补，从而快速、全面、科学地进行村镇生态环境质量评价。以蓟州区 2020 年为例，通过筛选若干个具有代表性的指标，构建村镇生态环境质量评价体系，计算其指数，综合表征村镇生态环境质量。为了方便对比和计算，对各指标进行标准化，以百分计，各项指标得分分别为：村镇传感生态指数为 71，村镇遥感生态指数为 74，村镇人感生态指数为 76.5。将各指数按村镇传感生态指数 0.4、村镇遥感生态指数 0.4、村镇人感生态指数 0.2 的权重计算，得到村镇生态环境质量指数为 73.3，根据分级处于 60 ~ 75，即蓟州区 2020 年生态环境质量为中等水平。又以蓟州区蒋家胡同村为典型村进行评价，各项指标得分分别为：村镇传感生态指数为 76，村镇遥感生态指数为 68，村镇人感生态指数为 73，村镇生态环境质量指数为 72.2，根据分级处于 60 ~ 75，即蒋家胡同村 2020 年生态环境质量为中等水平。蓟州区村镇生态环境质量指数为 73.3，蒋家胡同村的村镇生态环境质量指数为 72.2，且略低于蓟州区总体水平。

## 9.4　融合多感知的村镇生态环境质量空间格局研究

在进行了典型评价的基础上，本节以蓟州区为例，对蓟州区全域乡镇的生态环境质量情况及其空间分布进行全面的综合评价，以期为县域生态环境的精准管理提供依据。

### 9.4.1　村镇遥感生态指数

遥感技术由于其快速、便捷、准确和数据获取相对容易的特性，可以大大缩短工作周期，近年来开始频繁地与传统评价手段相结合，被应用在生态环境评价工作中。遥感生态指数用 4 个指标来表示生态环境质量变化，即绿度、湿度、热度、干度，这 4 个指标的信息都可以通过遥感影像获取，再通过主成分分析得到综合指数（图 9-2）。由于计算过程避免了人为主观因素的影响，最终得到的结果可以比较客观地反映研究区生态环境质量。

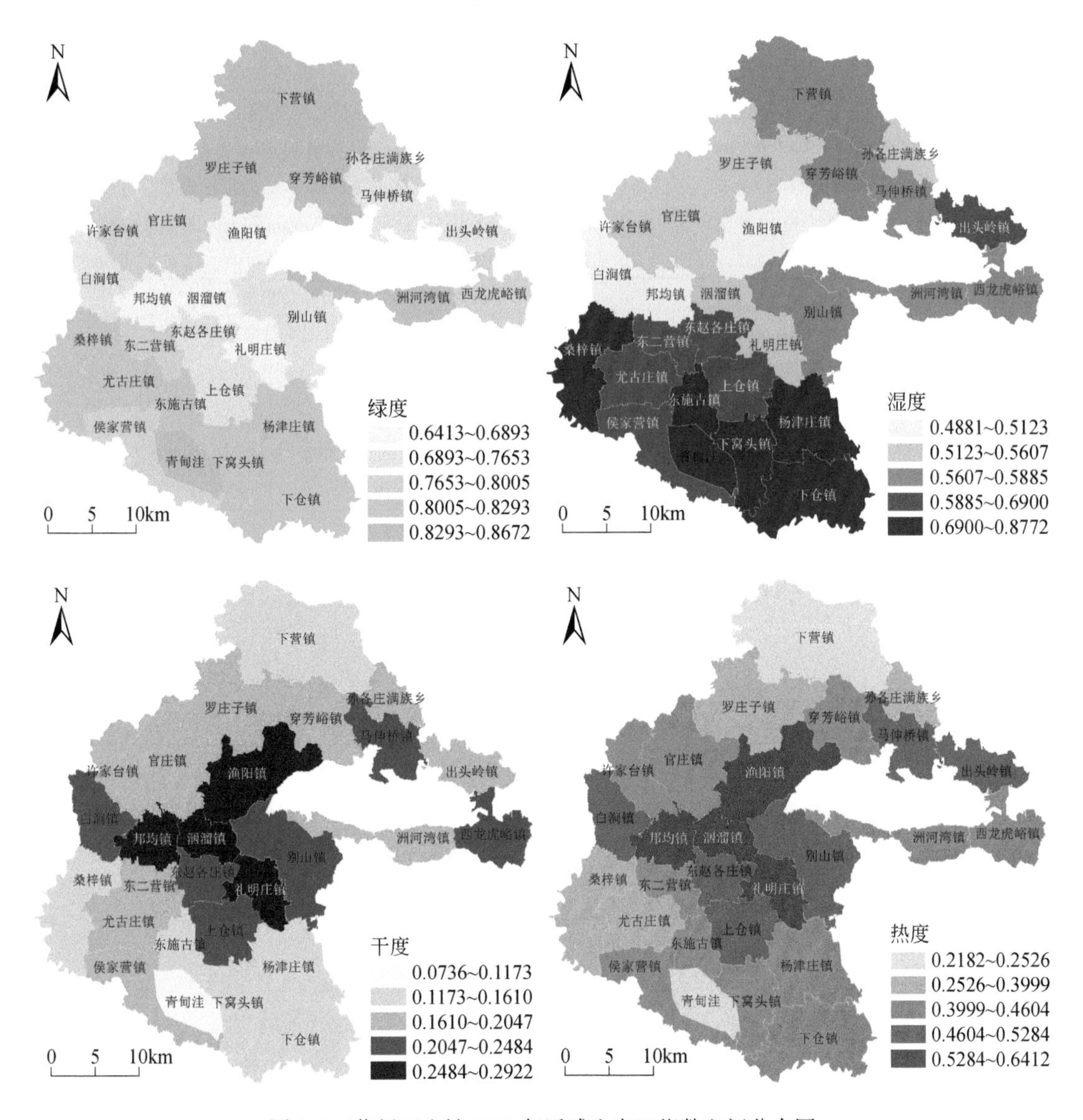


图 9-2　蓟州区乡镇 2020 年遥感生态四指数空间分布图

本书所用遥感数据为从美国地质勘探局官网（https://earthexplorer.usgs.gov/）上获取的研究区 2020 年的 Landsat 8 遥感影像数据，其遥感生态分指数计算公式及说明如表 9-11 所示。

**表 9-11　Landsat 遥感生态分指数计算公式**

| 指标 | 计算公式 | 参数含义 |
|---|---|---|
| 绿度（NDVI） | $NDVI=\frac{b_{NIR}-b_{red}}{b_{NIR}+b_{red}}$ | $b_{red}$ 为红波段反射率；<br>$b_{NIR}$ 为近红外波段反射率 |

续表

| 指标 | 计算公式 | 参数含义 |
| --- | --- | --- |
| 热度（LST） | $LST=T/[1+(\lambda T/\rho)\ln\varepsilon]$<br>$T=K_2/\ln(K_1/L_6+1)$<br>$L_6=gain\times DN+bias$ | $T$ 为传感器处温度值；$L_6$ 为热红外波段在传感器处的辐射值；$\lambda$ 为热红外波段中心波长；$\rho=1.438\times10^{-2}$ mK；$\varepsilon$ 为比辐射率；$K_1$ 和 $K_2$ 为定标参数，可从用户手册获得；DN 为灰度值；gain 和 bias 为热红外波段的增益与偏置值 |
| 干度（NDSI） | $NDSI=(SI+IBI)/2$<br>$SI=\frac{b_{SWIR1}+b_{red}-b_{NIR}-b_{blue}}{b_{SWIR1}+b_{red}+b_{NIR}+b_{blue}}$<br>$IBI=\frac{\frac{2b_{SWIR1}}{b_{SWIR1}+b_{NIR}}-\frac{b_{NIR}}{b_{NIR}+b_{red}}-\frac{b_{green}}{b_{green}+b_{SWIR1}}}{\frac{2b_{SWIR1}}{b_{SWIR1}+b_{NIR}}+\frac{b_{NIR}}{b_{NIR}+b_{red}}+\frac{b_{green}}{b_{green}+b_{SWIR1}}}$ | SI 为裸土指数，IBI 为建筑指数合成；<br>$b_{SWIR1}$ 为短波红外波段 1 反射率；<br>$b_{red}$ 为红波段反射率；<br>$b_{blue}$ 为蓝波段反射率；<br>$b_{NIR}$ 为近红外波段反射率；<br>$b_{green}$ 为绿波段反射率 |
| 湿度（Wet） | $Wet=c_{blue}\times b_{blue}$<br>$+c_{green}\times b_{green}$<br>$+c_{red}\times b_{red}$<br>$+c_{NIR}\times b_{NIR}$<br>$-c_{SWIR1}\times b_{SWIR1}$<br>$-c_{SWIR2}\times b_{SWIR2}$ | $b_{blue}$ 为蓝波段反射率，系数 $c_{blue}=0.1509$；<br>$b_{green}$ 为绿波段反射率，系数 $c_{green}=0.1973$；<br>$b_{red}$ 为红波段反射率，系数 $c_{red}=0.3279$；<br>$b_{NIR}$ 为近红外波段反射率，系数 $c_{NIR}=0.3406$；<br>$b_{SWIR1}$ 为短波红外 1 波段反射率，系数 $c_{SWIR1}=0.7112$；<br>$b_{SWIR2}$ 为短波红外 2 波段反射率，系数 $c_{SWIR2}=0.4572$ |

如图 9-3 所示，2020 年蓟州区遥感生态指数介于 55～87，生态环境质量好的区域集中

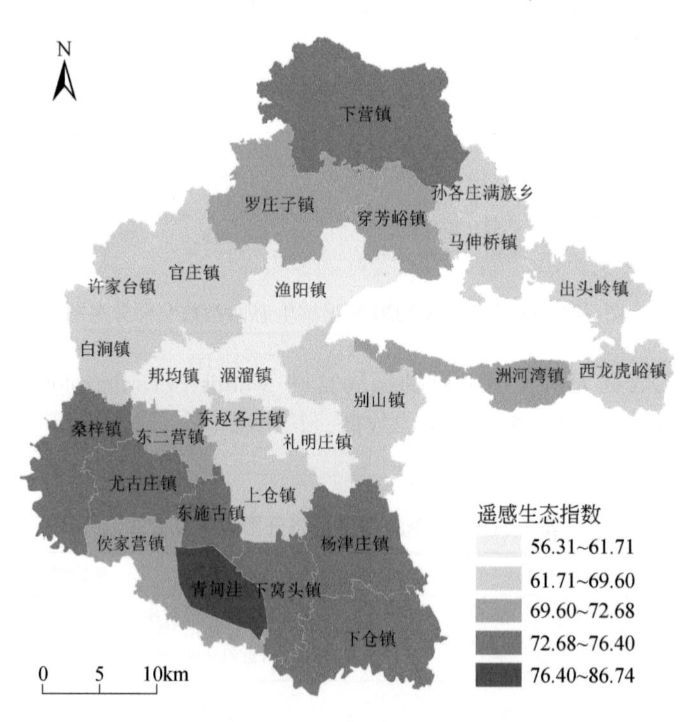


图 9-3　蓟州区 2020 年遥感生态指数空间分布图

在北部山区、泄洪区、水库等水域区域以及南部的农业用地；而生态环境质量相对较差的区域集中在中部和水库周边的人口密集区域，尤其是人口最多且分布较为集中的渔阳镇附近。总体上来看，蓟州区遥感生态指数呈现为以中部渔阳镇、洇溜镇、邦均镇为中心向南北两部降低的趋势。

## 9.4.2 村镇传感生态指数

基于研究区及周边区域 2020 年现有传感器监测站点的空气质量数据，运用数据易获取、模拟精度较高的土地利用回归模型模拟研究区空气质量空间分布数据（图 9-4）。北京、天津、唐山、承德和廊坊五市 2020 年的省控空气质量监测站点的 $NO_2$ 年均浓度数据来源于真气网（https://www.zq12369.com/），从该网站上获得 2020 年该五市 84 个省控空气质量监测站点的空气质量年均值浓度数据，经过筛选获得蓟州区周边 33 个站点的空气质量监测数据用于本书的土地利用回归模型模拟（图 9-5）。模型中自变量土地利用数据来源于中国科学院资源环境科学数据中心（http://www.resdc.cn/），电子地图兴趣点数据和路网数据来源于高德地图，高程数据、夜晚灯光等遥感数据均来源于美国地质勘探局（https://earthexplorer.usgs.gov/）。

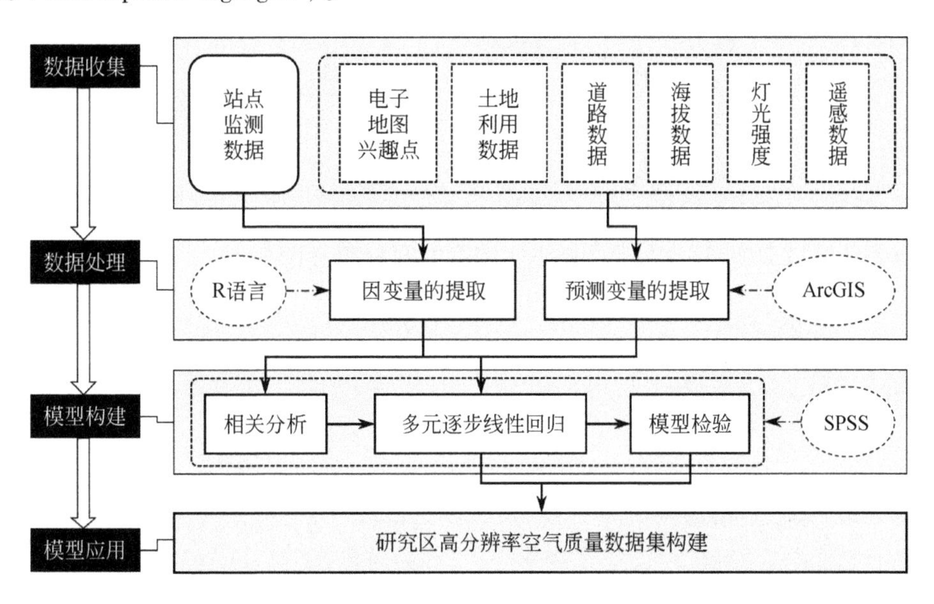


图 9-4　基于土地利用回归模型的空气质量空间分布模拟技术路线图

经过前期对各项空气质量监测站点的相关分析、共线性诊断以及模型验证，在各项颗粒物、臭氧、一氧化碳、二氧化硫、二氧化氮空气质量指标中仅有二氧化氮（$NO_2$）模拟效果较好（最终模型 $R^2=0.607$，回归方程为 $NO_2=11.287+0.271\times LIGHT+0.00001857\times NYD+2.212\times POIE1$，其中 LIGHT 是指去除了月光、云、光火和油气燃烧等偶然噪声的影像，NYD 指站点所在网格内的水田和旱地所占的面积，POIE1 类电子地图兴趣点指以站点所在的网格内的小学和幼儿园的数量）。根据上述模型模拟了蓟州区及周边 2020 年 $NO_2$ 浓

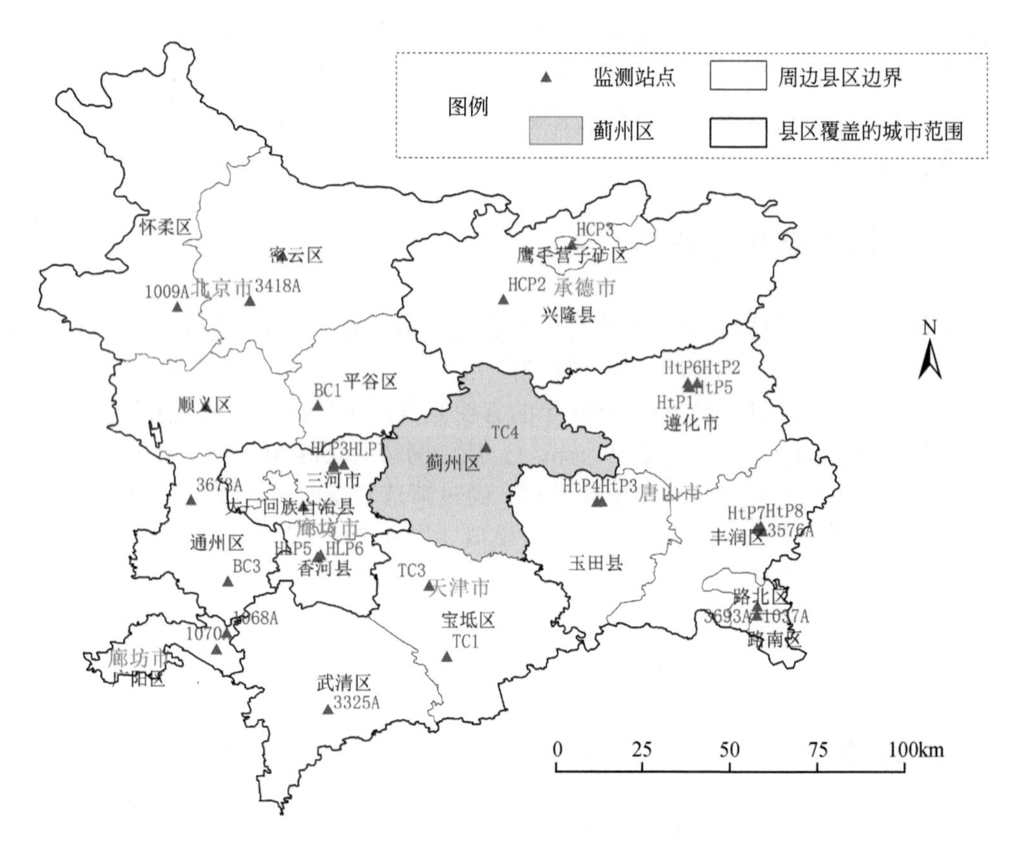


图 9-5　蓟州区周边传感监测站点分布图

度数据集和该区域 2020 年高分辨率的 $NO_2$ 浓度空间分布（图 9-6）。

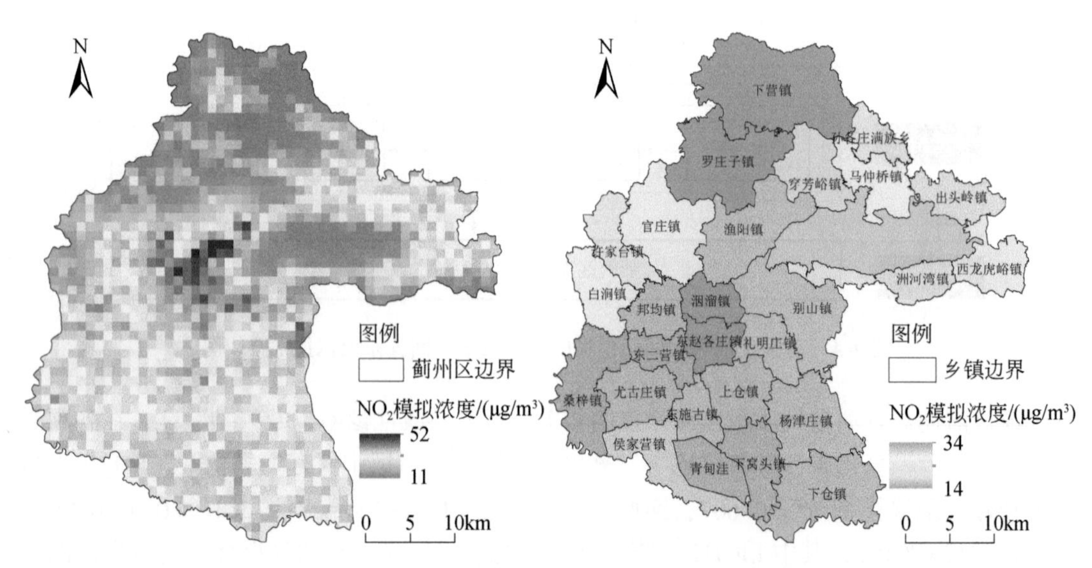


图 9-6　蓟州区 2020 年 $NO_2$ 模拟浓度空间分布图

从 $NO_2$浓度均值来看，2020 年蓟州区 26 个乡镇 $NO_2$污染状况整体上较为轻微，各乡镇 $NO_2$年均浓度未见超标现象；26 个乡镇中，洇溜镇 $NO_2$平均浓度最高，为 34μg/m³；浓度最低的为下营镇，$NO_2$平均浓度为 14μg/m³，国家级重点保护区于桥水库 $NO_2$平均浓度为 17μg/m³，为蓟州区除下营镇外浓度最低的区域；其次，从各乡镇的 $NO_2$浓度最值来看，渔阳镇内存在本次模拟的浓度最大值，为 52μg/m³；$NO_2$浓度最低值出现在州河湾镇，为 13μg/m³。蓟州区内对 $NO_2$浓度分布影响最大的是城镇人类活动和农用地的使用。总体上来看，北部山区乡镇的空气环境质量优于南部平原地区的乡镇，同时渔阳镇和洇溜镇的空气质量为较低水平的中心。

## 9.4.3 村镇人感生态指数

从村镇人感生态指数上来看，总体上蓟州区各项人感生态指数基本在 65 分以上（图 9-7），生态环境主观感知水平和满意度水平均较高。渔阳镇以北的山区以及于桥水库周边的生态环境质量感知度、污染排放感知度和生态环境满意度总体上均高于蓟州区南部各乡镇较高。与另外两类指数的空间分布对比可以发现，通过客观手段感知的乡镇生态环境质量水平不尽一致，总体上来看北部山区的 3 种感知手段的评价结果基本一致，但是中部的渔阳镇、官庄镇、许家台镇等遥感生态指数相对较低的乡镇其主观感知的生态环境质量和满意度反而较高；而南部杨津庄镇、下仓镇和桑梓镇等遥感生态指数相对较高的乡镇其人感生态指数反而较低。

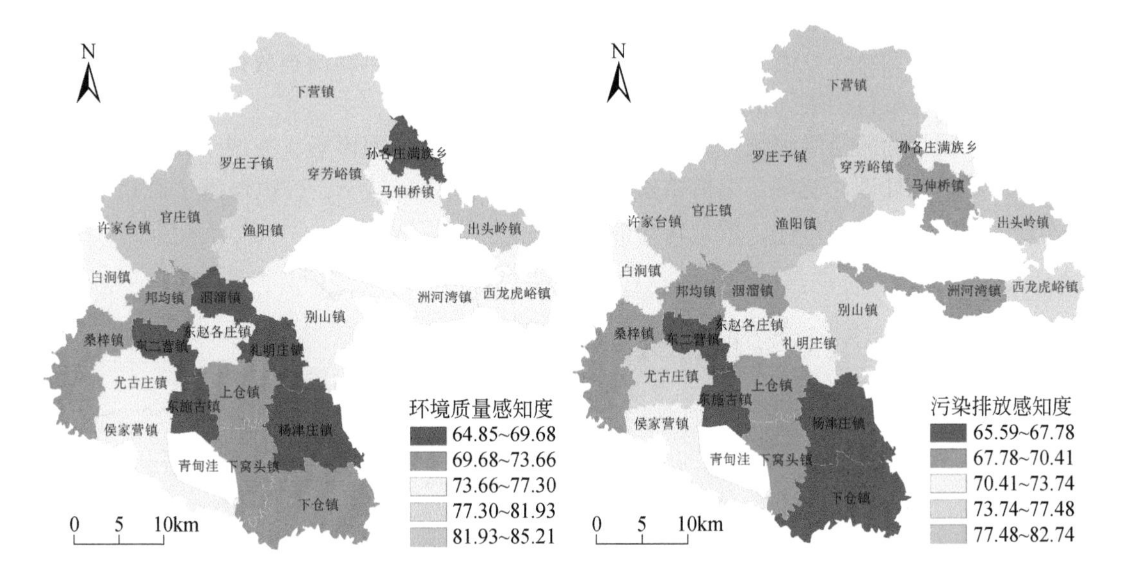

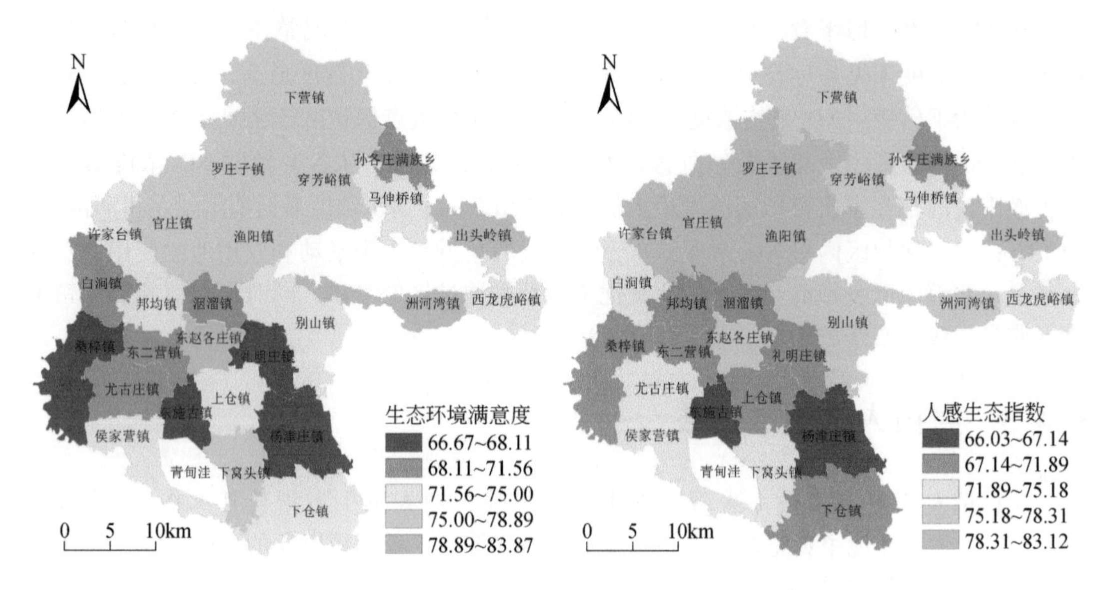


图 9-7　蓟州区 2020 年村镇人感生态指数空间分布图

### 9.4.4　融合多感知的蓟州区 2020 年村镇生态环境质量评价

由于本书研究的基本单元为蓟州区 26 个乡镇，对上述 3 种感知指数进一步统一空间尺度，其中遥感和传感手段获取的两类指数为栅格数据，在 ArcGIS 空间分析模块中使用分区统计工具计算每个乡镇的平均值；对于人感手段获取的问卷调查数据，则计算每个乡镇内所有调查行政村的平均值。

由于不同指标的量纲和数值范围有差异，为消除指标量纲影响，并便于比较，对各指标值进行归一化处理，使每一个指数值都处于［0，100］。其中，村镇遥感生态指数和村镇人感生态指数为正向指标，按公式标准化：

$$\mathrm{NX}=\frac{X-X_{\min}}{X_{\max}-X_{\min}}\times 100 \tag{9-4}$$

村镇传感生态指数为负向指标，按公式标准化：

$$\mathrm{NX}=\frac{X_{\max}-X}{X_{\max}-X_{\min}}\times 100 \tag{9-5}$$

式中，NX 为各指数归一化值；$X$ 为各指数原始值；$X_{\max}$ 为各指数所有原始值的最大值；$X_{\min}$ 指数所有原始值的最小值。

根据各指标在村镇生态环境评价中的重要程度，设置指标权重。通过文献计量法和专家咨询法，确定各指标权重为：村镇遥感生态指数 0.4，村镇传感生态指数 0.4，村镇人感生态指数 0.2，并以各指标值数值及其权重按照公式进行加权计算得到乡村聚落生态环境质量指数：

$$Q=\sum_{i=1}^{3} w_i \times Q_i \tag{9-6}$$

式中，$Q$ 为村镇生态环境质量指数；$w_i$为基于传感、遥感、人感的村镇生态指数分别对应的权重；$Q_i$为基于传感、遥感、人感的村镇生态分指数。

由于各分指数经标准化后数值都在［0，100］，且数值越大，该生态环境质量指数所代表的生态环境要素质量越好。

融合上述三类指数计算得到蓟州区 2020 年各乡镇生态环境综合指数（图 9-8）。从图 9-8 可以看出，洇溜镇、渔阳镇、邦均镇和礼明庄镇的多感知指数均低于 27，与这 4 个镇以南与之接壤的乡镇多感知指数稍高但均低于 50，蓟州区南部的乡镇基本在 50～60，多感知指数 60～75 的乡镇有穿芳峪镇、官庄镇、许家台镇和洲河湾镇，高于 75 的仅有下营镇和罗庄子镇。各乡镇的多感知指数总体上呈现出以洇溜镇为中心向外围逐步增高的趋势。

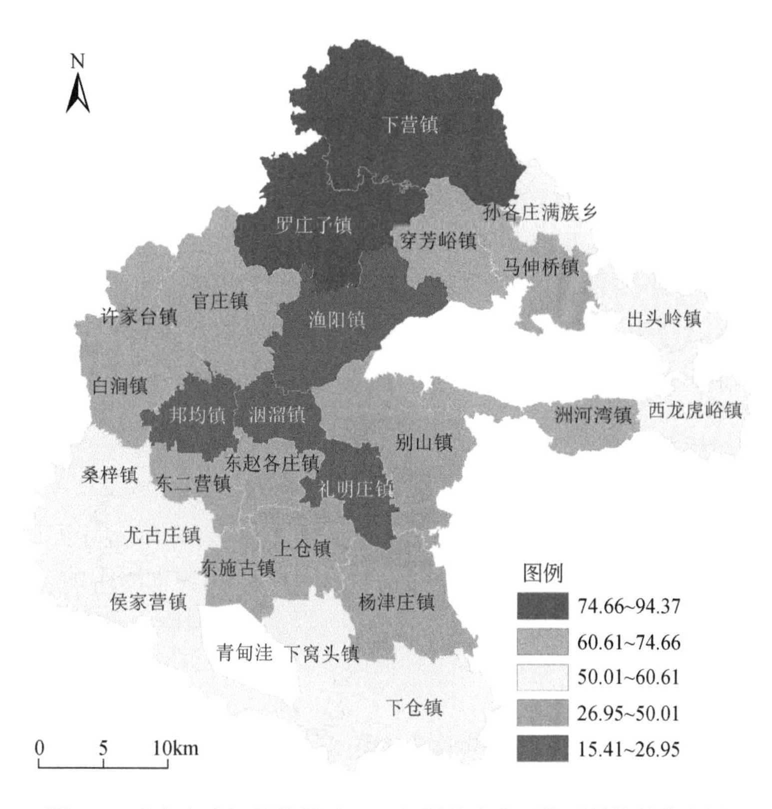


图 9-8　融合多感知的蓟州区 2020 年村镇生态环境质量指数分布图

总体上来看，这种分布趋势与蓟州区各乡镇的人口活动与产业分布有关。渔阳镇等中部地区，该区域为蓟州区新城地区，是人口集中和产业活动较为频繁的地区，经济相对发达，尽管客观的遥感生态指数和传感生态指数相对较低，但是可能由于生态环境基础设施较为完善，因此环境满意度较高；而南部地区尽管客观感知的生态环境较好，但是经济发展水平相对较低，基础设施环境可能难与中部地区相比拟，导致其满意度较低。

### 9.4.5 小结

本节以天津市蓟州区乡镇为研究对象，融合多感知手段进行乡镇生态环境质量综合评价。结果表明，融合多种感知手段特点，将遥感、传感和人感三种感知手段融合构建生态环境质量综合评价体系，可以很好地实现三种手段的时空互补和属性互补，构建适合乡镇特点的简便、快捷的乡镇生态环境监测与体系，实现快速、全面、科学的乡镇生态环境质量评价。同时，通过上述结合客观与主观感知的评价我们可以发现，主观感知和客观感知存在不一致的现象，在生态环境管理与乡镇人居环境整治中需要进一步分析其原因，在提高生态环境质量的同时提高居民对生态环境的满意度；同时，也不能因为乡镇居民的满意度较高而忽视了客观存在的乡镇生态退化的现象。

## 9.5 乡村聚落生态环境质量影响因素及驱动力分析

村镇生态环境质量评价的结果只是简单地描述了生态环境质量的客观趋势，缺乏对驱动因素和机制的深入探索（chen et al.，2020）。进行乡村聚落生态环境质量评价和其空间分异性的影响因子分析，探讨其自身发展及对环境影响的机理，有助于相关部门有针对性地进行政策调整，对实现乡村生产生活与生态环境协调发展、实现乡村振兴的生态文明建设目标有重要意义。

### 9.5.1 研究方法

地理探测器由中国科学院地理科学与资源研究所的王劲峰研究员及其研究团队提出（王劲峰和徐成东，2017），是探测变量空间分异性及其背后驱动因子的一种统计学方法。与传统的统计方法相比，地理探测器可以分析影响因素的解释能力和多个影响因素之间的交互作用，因此越来越多地被应用到生态环境评价中（Shen et al.，2020）。

**（1）分异及因子探测**

主要探测因变量的空间分异性及自变量对因变量空间分异性的解释能力，用 $q$ 统计值的大小进行衡量。$q$ 统计值的计算公式如下：

$$q = 1 - \frac{1}{N\sigma^2}\sum_{h=1}^{L} N_n \sigma_h^2 \tag{9-7}$$

式中，$h$ 是自变量的层数，$h \in [1, L]$；$N$ 是研究区域的样本数；$\sigma^2$ 是因变量的方差。$q \in [0, 1]$，表示自变量可以对 $100\% \times q$ 的因变量进行解释，$q$ 统计值越大，自变量的解释力越强，表示自变量对因变量的空间分布影响力越强，反之则越弱。

**（2）交互作用探测**

识别不同自变量之间交互作用，评估其共同作用与独立作用对因变量空间分异性解释力的大小差异。通过计算各个自变量单独对因变量的 $q$ 统计值，再计算其两两交互作用对因变量的 $q$ 统计值，二者进行比较，通过大小关系判断交互作用，分为以下几类：交互 $q$

统计值小于任一单独因子的 $q$ 统计值，称为非线性减弱交互关系；交互 $q$ 统计值大于单独因子 $q$ 统计值中较小的值，而小于其中较大的值，称为单因子非线性减弱交互关系；交互 $q$ 统计值大于任一单独因子的 $q$ 统计值，称为双因子增强交互关系；交互 $q$ 统计值等于两个因子单独作用 $q$ 统计值之和，称为独立交互关系；交互 $q$ 统计值大于两个因子单独作用 $q$ 统计值之和，称为非线性增强交互关系。

**（3）风险区探测**

探测不同因子对生态环境质量的影响是否有显著差别，用 $t$ 统计值表示。$t$ 统计值的计算公式如下：

$$t=\frac{\overline{Y}_{h=1}-\overline{Y}_{h=2}}{\left[\frac{\mathrm{Var}(Y_{h=1})}{n_h=1}+\frac{\mathrm{Var}(Y_{h=2})}{n_h=2}\right]^{\frac{1}{2}}} \tag{9-8}$$

式中，$\overline{Y}_h$为子区域 $h$ 内的遥感生态指数均值；$n_h$为子区域 $h$ 内样本数量；Var 为方差。

**（4）生态探测**

探测因变量的空间分布受不同自变量的影响的差异水平，用 $F$ 统计值表示。$F$ 统计值的计算公式如下：

$$F=\frac{N_{x1}(N_{x2}-1)\sum_{h=1}^{L1}N_n\sigma_h^2}{N_{x2}(N_{x1}-1)\sum_{h=1}^{L2}N_n\sigma_h^2} \tag{9-9}$$

式中，$N_{x1}$和 $N_{x2}$分别表示两个自变量的样本量；$h$ 是自变量的层数，$h\in[1, \mathrm{L}]$；$N$ 是研究区域的样本数；$\sigma^2$是因变量的方差。

然而，大多数应用到地理探测器方法的研究还集中在空气污染、传染病分布等城市尺度的研究和分析（Zhao et al.，2020），鲜少有村镇尺度的生态环境质量空间分异性的驱动力和影响因子分析。本书综合考虑蓟州区乡镇面积和空间特征等因素，将蓟州区按 1km×1km 大小格网划分为共计 1597 个网格。利用 ArcGIS 的空间分析与统计工具和地理探测器进行因子探测分析，探究蓟州区生态环境质量空间分布的影响因素（张思源等，2020）。

## 9.5.2 数据来源与预处理

**（1）统计数据来源与预处理**

包括蓟州区社会经济数据、行政边界数据、土地利用数据、高程数据等。蓟州区社会经济数据来自蓟州区统计年鉴和环境公报；蓟州区行政边界和区划数据为第二次全国土地调查数据；土地利用数据来自遥感解译；30m 高程数据来自中国科学院计算机网络信息中心地理空间数据云平台（http://www.gscloud.cn）。

对蓟州区行政边界数据进行空间校正与行政区划核对；社会经济数据来自蓟州区统计年鉴和调查问卷，整理原始统计数据，根据研究需要进行处理（表 9-12）。

表 9-12　蓟州区统计数据预处理

| 原始统计数据 | 单位 | 处理后统计数据 | 单位 |
|---|---|---|---|
| 面积 | $km^2$ | 面积 | $km^2$ |
| 常住人口 | 人 | 人口密度 | 人/$km^2$ |
| 总户数 | 户 | 总户数 | 户 |
| 农业总产值 | 元 | 人均农业产值 | 元/人 |
| 每户用电量 | kW · h | 年人均用电量 | kW · h |
| | | 年地均用电量 | kW · h/$km^2$ |
| 总收入 | 元 | 人均收入 | 元/人 |

**(2) 蓟州区乡镇生态环境质量影响因子数据预处理**

以从美国地质勘探局官网（https://earthexplorer. usgs. gov/）上获取的天津市蓟州区 2000 年、2005 年、2010 年、2015 年、2020 年的 Landsat 系列遥感影像为源数据，通过遥感影像数据预处理，计算遥感生态指数；通过 ArcGIS 将遥感生态指数、社会经济数据和 DEM 数据格网化并分级赋值，进行地理探测器分析，以蓟州区乡镇为基本单元进行空间可视化分析和时空演变及影响因子分析。

统计数据和社会调查数据以可直接或间接获取的数据为基础，考虑指标的定量性、时效性和可信性（唐宁和王成，2018），选取蓟州区 2020 年社会因子、经济因子、地形因子、模型因子 4 个类型（陶婷婷等，2017）共 9 个变量作为自变量，各因子空间分布如图 9-9 所示。其中，人口密度、人均收入、人均农业产值和用电密度的空间分布情况大体一致，均呈现为中心和水库、水洼边缘数值较高、北部山林地区数值较低；海拔表现为由北部山林地区到南部耕地逐渐放缓的空间形态；干度与绿度空间分布相似，呈现为中心城镇聚集区较高、山林地区和耕地较低的分布形态；湿度在南部耕地和水库周边数值较高；绿度在北部山林地区和南部耕地较高，中心城镇地区较低，整体各因子分布与实际情况相符。综合考虑研究区面积和空间特征等因素，将蓟州区按 1km×1km 划分为共计 1597 个网格（孙道亮等，2020），利用 ArcGIS 的空间分析和统计工具，将上述自变量数据转化成格网数据并分级赋值，通过等分法进行离散处理，以 2020 年遥感生态指数为因变量运用地

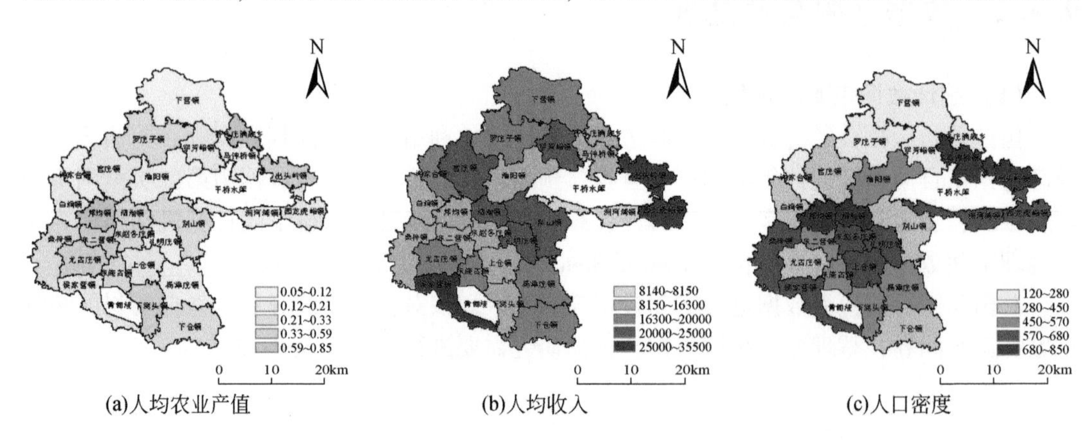

(a)人均农业产值　(b)人均收入　(c)人口密度

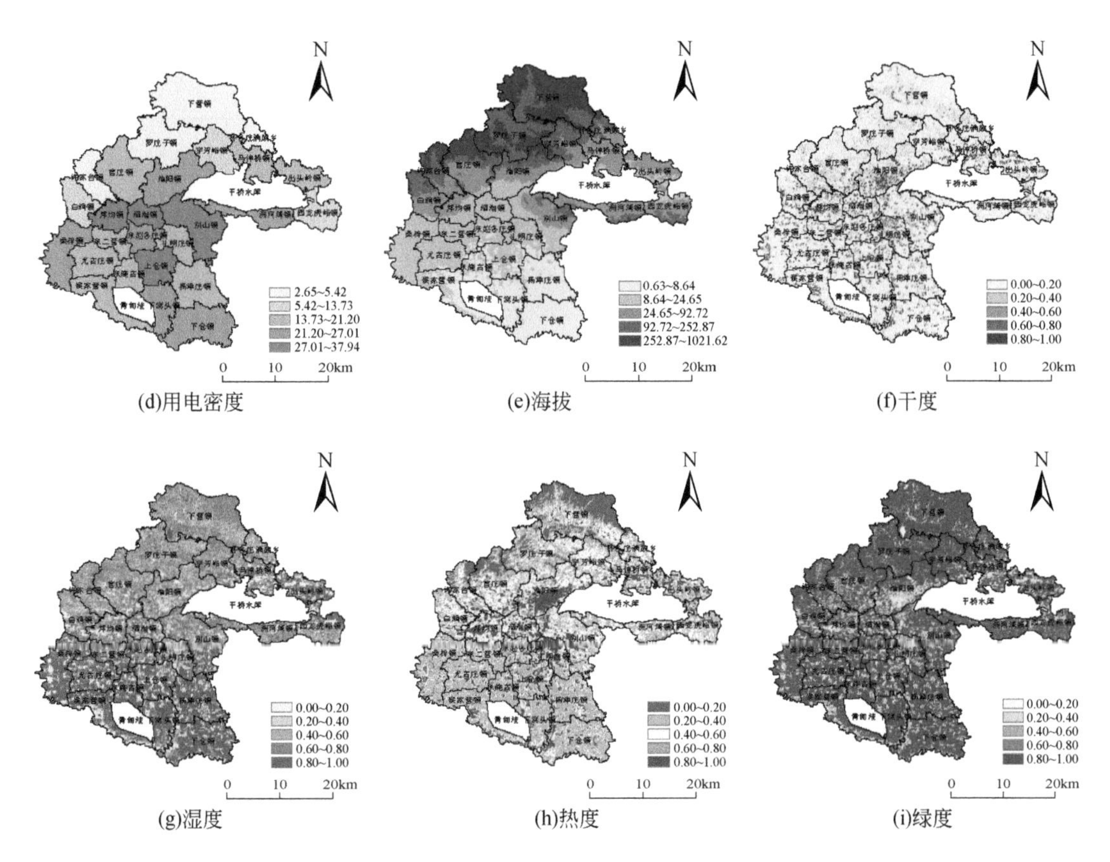


图 9-9　地理探测器影响因子空间分布

理探测器模型得到各指标对生态环境质量的影响力水平和交互作用（张思源等，2020）。

### 9.5.3　主导因子探测分析

根据地理探测器模型的因子探测结果（表 9-13），所有影响因子的 $P$ 值均小于 0.001，表明所选因子均对蓟州区乡镇生态环境质量的空间分布有显著影响。由于在地理探测器中需要同时纳入模型因子后才能得到高度显著的结果，从而全面反映自然地理因子和社会经济因子的影响，但模型因子本身就与遥感生态指数有较大的关联性，具体表现为模型因子的 $q$ 统计值远高于其他因子。故在进行结果分析时，重点分析模型因子以外的其他因子的影响力（图 9-10）。从影响因子类型来看，地形因子的影响力>社会因子的影响力>经济因子的影响力。在经济因子中，用电密度的解释力大于人均农业产值；在社会因子中，人均收入的解释力大于人口密度，但以上 4 个因子的 $q$ 统计值均小于 0.1，因此经济因子和社会因子中的 4 个影响因子对蓟州区乡镇的生态环境质量空间分异性影响力较小，人均收入的影响力略大于人口密度和用电密度，人均农业产值的影响力最小。地形因子海拔的 $q$ 统计值为 0.1720，影响力仅次于 4 个模型因子，但远不如模型因子的影响力大。故在除模型因子外的其他 3 类因子中，地形因子中的海拔对蓟州区生态环境质量的空间分异性影响最大，社会因子和经济因子的影响力相对较小。

表 9-13　因子探测结果

| 影响因子 | 用电密度 | 人均农业产值 | 人均收入 | 人口密度 | 海拔 | 湿度 | 干度 | 热度 | 绿度 |
|---|---|---|---|---|---|---|---|---|---|
| $q$ 统计值 | 0. 0284 | 0. 0280 | 0. 0835 | 0. 0810 | 0. 1720 | 0. 3668 | 0. 6754 | 0. 5879 | 0. 5879 |
| $P$ 值 | 0. 000 | 0. 000 | 0. 000 | 0. 000 | 0. 000 | 0. 000 | 0. 000 | 0. 000 | 0. 000 |

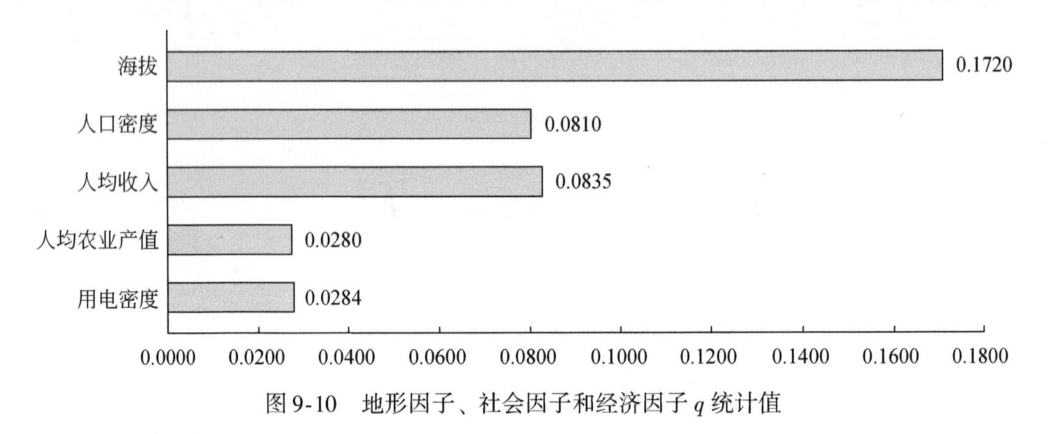


图 9-10　地形因子、社会因子和经济因子 $q$ 统计值

## 9. 5. 4　交互作用分析

影响因子的交互作用分析结果见表 9-14。交互探测结果表明，任意两个影响因子交互的作用强度都要大于单一影响因子。其中人均收入与干度、人均收入与热度、人口密度与海拔、人口密度与用电密度、人口密度与干度、人口密度与热度、海拔与绿度、海拔与干度、海拔与热度、人均农业产值与干度、用电密度与干度、用电密度与热度以及四个模型因子两两交互呈现为双因子增强交互作用，其余呈现非线性增强交互作用。干度与绿度的交互作用力最大，$q$ 值为 0. 8115，即对蓟州区乡村聚落生态环境质量空间分布的解释水平为 81. 15%。人均收入和人口密度、人均农业产值和人均收入、人均农业产值和人口密度、用电密度和人均收入、用电密度和人口密度、用电密度和人均农业产值为“N”，说明这些因子的组合对蓟州区乡村聚落生态环境质量的空间分异性的影响不具有显著性的差异。总体看来，地表裸露程度和建筑面积对生态环境质量的影响最大，即人类活动导致的地表覆盖变化可能是蓟州区乡镇生态环境质量分布的主要影响因素。

综合地理探测器的分析结果，蓟州区乡村聚落的生态环境质量空间分异性不是单一影响因子直接、独立作用的结果，而是社会因子、经济因子、地形因子和模型因子等影响因素交互后互相增强的综合作用导致的（韩静等，2020）。在单因子探测中干度指数解释力为最高（$q$=0. 6754），绿度因子解释力较小（$q$=0. 4164）。但在交互探测中，干度与绿度的交互作用解释力最高（$q$=0. 8115），且大于单独因子的解释力。单因子探测和交互探测结果的差异反映出，对于蓟州区乡村聚落生态环境质量的空间分异性，绿度通过多因子交互作用的影响力比单独作用更大，且大部分影响因子对生态环境质量的影响通过与其他因子的协同作用可以比单独作用更好地体现出来。

**表 9-14　影响因子交互探测结果**

| 项目 | 人均收入 | 人口密度 | 海拔 | 人均农业产值 | 用电密度 | 湿度 | 绿度 | 干度 | 热度 |
|---|---|---|---|---|---|---|---|---|---|
| 人均收入 | 0.0835 | N | Y | N | N | Y | Y | Y | Y |
| 人口密度 | 0.1741 | 0.0810 | Y | N | N | Y | Y | Y | Y |
| 海拔 | 0.2651 | 0.2461 | 0.1720 | Y | Y | Y | Y | Y | Y |
| 人均农业产值 | 0.1334 | 0.2018 | 0.2600 | 0.0280 | N | Y | Y | Y | Y |
| 用电密度 | 0.1800 | 0.1090 | 0.2112 | 0.1929 | 0.0284 | Y | Y | Y | Y |
| 湿度 | 0.4755 | 0.4753 | 0.5610 | 0.4022 | 0.4796 | 0.3668 | Y | Y | Y |
| 绿度 | 0.5263 | 0.5062 | 0.5582 | 0.4475 | 0.4935 | 0.5081 | 0.4164 | Y | Y |
| 干度 | 0.6901 | 0.7021 | 0.7160 | 0.6933 | 0.6888 | 0.7866 | 0.8115 | 0.6754 | Y |
| 热度 | 0.6105 | 0.6489 | 0.6642 | 0.6235 | 0.6160 | 0.7614 | 0.7661 | 0.7213 | 0.5879 |

注：表中“N”为“否”，表示影响因子间无交互作用；“Y”为“是”，表示影响因子间有交互作用。

### 9.5.5　小结

本节采用遥感、统计和社会调查相结合的方法进行研究区生态环境质量时空分异性及其影响因子探测分析。其中影响因子选取人口、社会经济、地形地貌、遥感生态模型四大类型，人口密度、人均收入、人均农业产值、用电密度、海拔和遥感生态指数的 4 个分指数共 9 个因子，通过地理探测器分别得到单因子探测的 $q$ 统计值和交互因子探测的 $q$ 统计值。

地理探测器结果表明，在单因子探测中，地形因子的影响力大于社会因子和经济因子，即蓟州区乡镇生态环境质量的空间分布受海拔影响要大于其他社会经济因素的影响；在交互作用探测中，任意两个影响因子交互之后的作用强度都要大于单一影响因子，其中干度与绿度的交互作用解释力最高。根据地理探测器分析结果，地表干度情况、热度情况和绿度情况对蓟州区生态环境质量的影响最大，说明土地利用变化和城市建设是乡村聚落生态环境质量的主要影响因素和关键影响因子。因此，蓟州区各在未来的生态环境保护与规划中应更注意城镇化过程中农业及其他生态用地与建设用地的平衡，科学地进行乡镇发展格局规划，在不破坏生态环境的前提下，实现乡镇生产与生态协同发展。未来相关研究可以进一步纳入对乡镇自然资源占用、生态环境污染等方面的评价，并开展相关因素对生态环境影响机制机理的实证调查与研究，为乡村生态文明建设和乡村振兴提供支撑。

## 9.6　展　望

在未来的研究中，通过丰富传感器监测数据的种类和数量，逐步完善多感知评价体系，在蓟州区其他村镇进行试验验证，并尝试将此模式逐步推广到其他地区村镇的生态环境质量评价工作中，以期丰富景感生态学理论在实际问题中的应用，为我国乡村聚落生态环境质量监测与评价工作提供新的视角和科学支撑。同时，本章也可为其他地区和尺度的分析提供借鉴，未来相关研究可以进一步纳入对村镇自然资源占用、生态环境污染等方面的评价，并开展相关环境要素对乡村聚落生态环境影响机制机理的实证调查与研究，为乡村生态文明建设和乡村振兴提供科学支撑。融合多感知的乡村聚落生态环境质量评价经过不断补充和完善，在未来会有广阔的应用前景。

# 第四篇　集成平台篇

# 第10章　乡村聚落变化监测集成平台

## 10.1 引　言

### 10.1.1 研究背景

乡村聚落是农村居民与其相关的自然环境、社会生活和经济文化相互作用的产物，是人口聚居的主要形式。随着我国城市化发展进程的不断推进，城镇开始向周边乡村聚落扩张，造成乡村聚落人口规模不断缩小甚至趋于空心化，乡村聚落的发展和转型迫在眉睫（陆大道，2013；韩非和蔡建明，2011）。为此，在党的十九大报告中明确提出了乡村振兴战略，意味着在今后一段时期内，乡村的建设和发展将成为国家现代化进程中重点关注的问题。

在此背景条件下，“村镇聚落空间重构数字化模拟及评价模型”国家重点研发计划项目中设立了“村镇聚落发展评价模型与变化监测”课题，旨在通过GIS、遥感和大数据技术对村镇聚落的环境、经济和社会状况进行监测与评估，为村镇聚落的规划、建设和管理提供支撑。乡村聚落变化监测集成平台是在已有研究成果的基础上，建立乡村聚落物质空间、社会空间、经济空间以及生态环境等不同主题的多源时空数据库，并研发面向村镇环境、社会、经济等方面的分析评价模型系统。

### 10.1.2 相关研究及问题

对于集成平台建设，国内外已开展了很多相关的研究，如程朋根等（2015）利用ArcGIS Engine与ENVI/IDL构建了城市生态环境监测与评价系统，王莉（2013）采用SuperMap为WebGIS二次开发平台构建了农业的土壤、农田灌溉水、大气三类环境数据实时监测管理，樊海强等（2019）引入地理设计方法论，建构了传统村落空间地理设计模型，并以邵武市和平村为例，探讨了传统村落空间的地理设计过程。金宝石和查良松（2005）针对村镇这一聚落地域的信息和管理特点，构建了村镇管理信息系统，提高村镇管理和规划决策水平。于明洋等（2011）针对目前中国在经济村落保护方面的薄弱环节，采用GoogleAPI技术与SuperMap开发了中国传统村镇WebGIS管理平台。范文瑜等（2011）利用GIS构建了村镇建设用地节地效果评价系统，并对太仓市陆渡镇村镇建设用地集约节约利用效果评价进行了评价。

这些应用系统根据各自的研究目标采用适宜的系统开发路线，取得了一定的应用效果，但对于集成平台的建设来说，却存在以下三方面的问题。

第一，从系统功能来看，主要以空间数据的管理、空间数据的查询为主，数据分析功能不足，缺乏对数据深层分析的地理分析模型，对最终决策的支持有限。

第二，从数据方面看，数据多为静态 GIS 数据和遥感数据，缺乏能反映环境现状的时空大数据的支持，导致系统的可用性偏低。

第三，从系统建设方法来看，目前的系统均采用一种传统的 GIS 应用系统建设方法，这种系统的自适应能力差，系统的更新、维护比较困难。

近年来，清华大学周文生团队针对 GIS 应用中所存在的技术门槛高、复杂地理分析效率低下、分析成果难以有效验证等问题提出了文档即系统（document as system，DAS）这一新型地理计算模式，并在国土空间规划“双评价”、时空大数据分析、遥感数据分析等方面得到了应用，取得了很好的应用效果。有鉴于此，将该技术用于乡村聚落变化监测集成平台的建设，是一种积极和有益的探索。

## 10.2 新型地理计算模式

### 10.2.1 基本原理

目前将 GIS 用于地理分析有 4 种应用模式，即工具箱模式、可视化建模模式、脚本开发模式和独立系统开发模式，其中工具箱模式就是通过 GIS 平台所提供的分析工具来完成特定的地理分析任务，其特点是不需编程，但计算效率低下；可视化建模模式就是采用可视化建模的方法（如 ArcGIS 中 Model Builder）来构建地理分析模型，以便实现地理分析过程的自动化，其特点是不需要编程基础，但这种模式仅适合简单的地理分析模型，当分析模型规模较大时，无论是对模型的调试，还是对模型的理解和维护都很困难；脚本开发模式是指采用专有脚本语言（如 MapInfo 的 MapBasic 语言）或通用的脚本语言（如 VBA，Python）调用 GIS 平台中封装好的算法来完成地理分析模型的构建，这种模式的特点是可使地理分析过程自动化，但需要有一定的编程基础和 GIS 系统开发经验；独立系统开发模式就是采用系统语言（如 C++和 . NET）利用 GIS 库开发独立的 GIS 分析系统，这种模式需要有专业的软件开发人员进行开发，开发成本和维护成本较高，且由于用户无法修改程序代码，致使所开发的系统很难满足地理分析工作对灵活性的要求。除此之外，上述 4 种模式都没有提供一种有效的检验地理分析结果质量的方法。

DAS 就是作者针对上述 GIS 应用模式所存在的问题，借鉴最终用户编程（郁天宇，2013）和低代码编程思想（韦青等，2021）所提出一种全新的 GIS 应用模式，其核心思想是在 MS Word 或金山 WPS 文档处理环境下（后文统称为 MS Word）由业务人员利用地理计算语言（GeoComputation Language，G 语言）对地理计算过程进行规范化描述，形成计算机可以理解的 DAS 智能文档，之后由 DAS 智能文档驱动后台 G 语言解释器完成地理计算（图 10-1）（周文生，2019；Zhou，2020）。

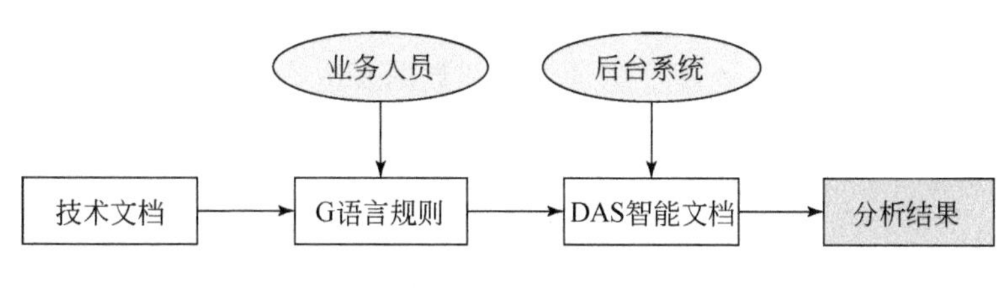


图 10-1　DAS 基本原理

## 10.2.2　关键技术

DAS 包含如图 10-2 所示的四大关键技术。

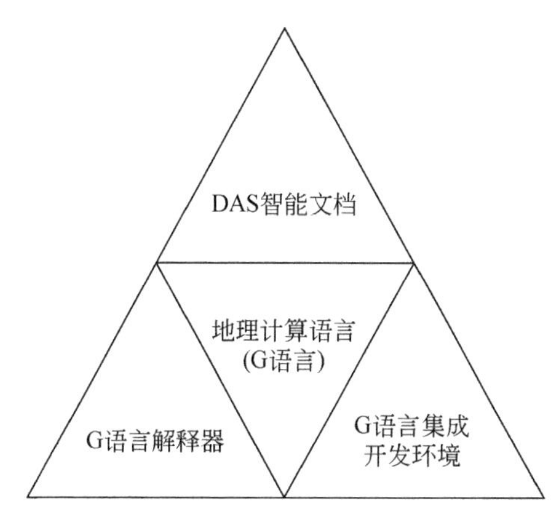


图 10-2　DAS 关键技术

1. G 语言

G 语言是 DAS 的核心，是一种在 MS Word 文档中描述地理分析过程的表格化编程语言，该语言借鉴了最终用户编程的核心思想：强调“做什么”，而隐藏“怎么做”。与传统编程语言不同，G 语言易于理解和掌握，其语法规则就是若干 MS Word 表格的填写规定，具体语法规则用巴科斯范式（BNF）表达如下：

G 语言语法规则：：=　<基本参数表><地理计算任务注册表><地理计算任务>

其中：

基本参数表：：=<序号><对象逻辑名><对象物理名>［内容说明］

地理计算任务注册表：：=<序号><任务标识><是否计算><工作空间><输入与控制表>［说明］

地理计算任务：：=［相关说明］<输入与控制><计算过程><结果输出>

输入与控制：：=<序号><对象逻辑名><对象物理名>［说明］

计算过程：：=<步骤><操作说明><输入><操作><输出>［说明］

结果输出：：=［专题图地图］［统计表］［统计图］

G语言中的关键词是G语言的主要内容，它是操作数据的具体指令，目前G语言共包含数据获取、空间分析、数据处理、统计分析和数据表达等五大类40多个关键词（图10-3）。此外，为了满足用户自行扩展关键词库的需要，也提供了利用Python语言和R语言扩展关键词的MyKeyWord关键词。

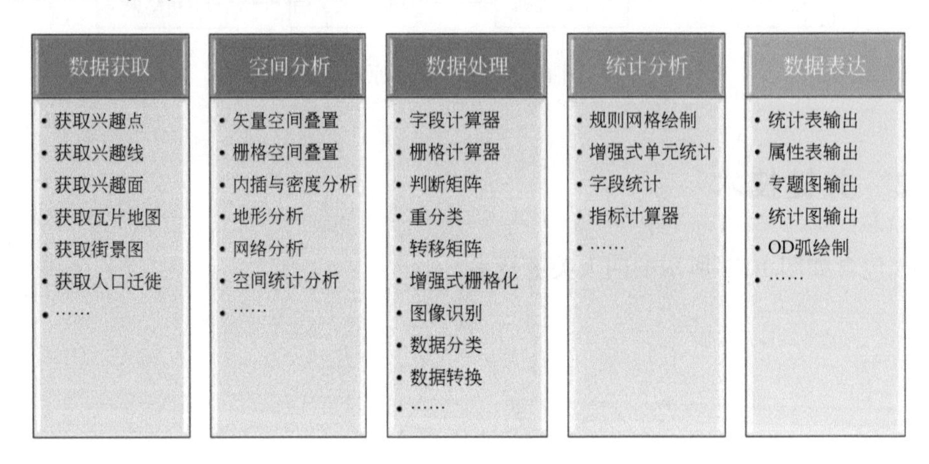


图10-3　G语言关键词的构成

2. G语言解释器

G语言解释器是根据G语言的语法规则对DAS智能文档进行解析，提取地理计算的关键词和控制参数，并调用底层GIS开发库和第三方开发库执行地理计算，其工作原理如图10-4所示。

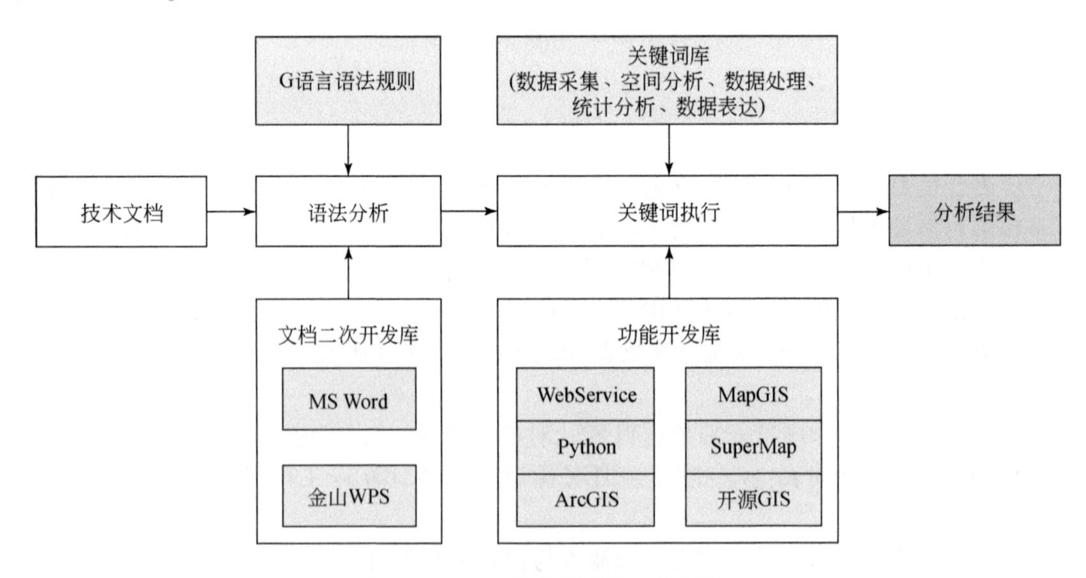


图10-4　G语言解释器的工作原理

G语言解释器主要由语法分析模块和关键词执行模块构成，其中，语法分析模块是在文档二次开发库以及 G 语言语法规则的支持下，对智能文档进行解析。关键词执行模块则根据语法分析模块的结果在功能开发库和关键词执行库的支持下完成地理计算操作。其中，文档二次开发库是指 MS Word 或金山 WPS 的开发库，功能开发库是指 WebService、Python 库、ArcGIS 开发库、SuperMap 开发库、MapGIS 开发库和开源 GIS 开发库。关键词执行库则实现了 G 语言内置的关键词功能。

3. G 语言集成开发环境

G 语言集成开发环境（integrated development environment，IDE）是用于 DAS 智能文档开发的应用系统，该系统集成了 G 语言代码编写、分析、解释、调试和运行等一系列功能。与其他编程语言集成开发环境不同，G 语言集成开发环境是在 MS Word 基础上开发的，充分利用了 MS Word 的图表编辑功能，实现了地理分析模型从模型理论、模型实现到分析成果表达的一体化（图 10-5）。

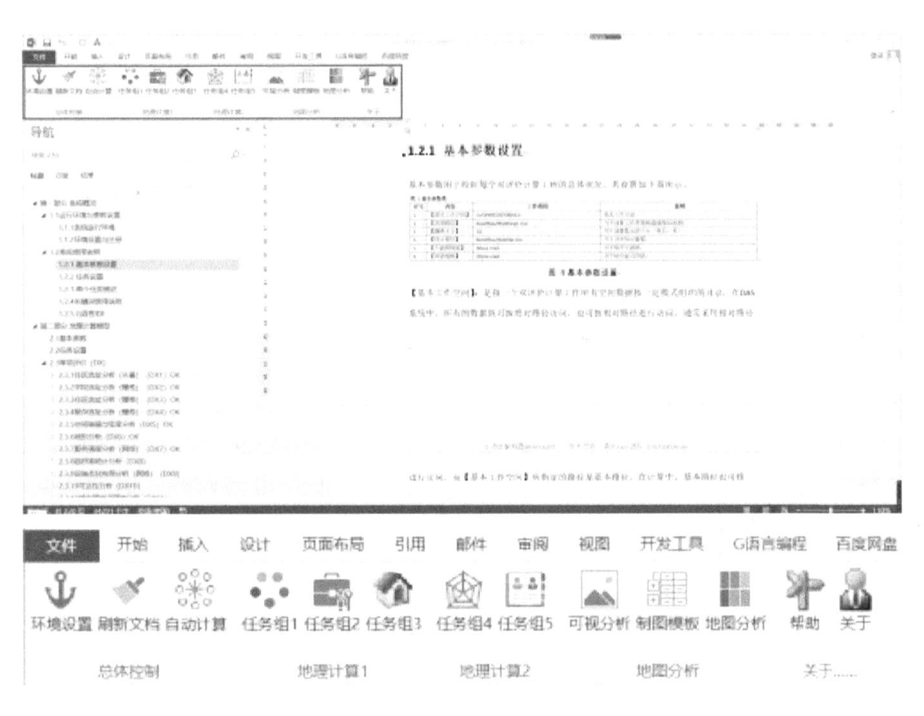


图 10-5　G 语言集成开发环境

4. DAS 智能文档

DAS 智能文档是指业务人员利用 G 语言编写的描述地理分析过程的 Word 文档。从编程的角度来说，DAS 智能文档也可以理解为由 G 语言编写的程序代码，这些程序代码通过 G 语言解释器可以自动完成一系列地理计算。从应用的角度来看，DAS 智能文档就是为解决某一地理问题开发的地理分析模型。通常，地理分析模型是以计算机程序或系统的形式存在，而 DAS 智能文档所表达的地理分析模型则是以可读的 MS Word 文档形式存在。

### 10.2.3 技术特点与研究现状

1. 技术特点

DAS 作为一种新型地理计算模式，与传统地理分析模型相比，具有以下 3 个显著的技术特点。

为复杂地理计算提供了便利的计算环境和描述语言。DAS 模式采用人们熟悉的 MS Word 或金山 WPS 作为地理分析构建和分析的环境，极大地方便了地理计算的实施。而 G 语言采用独特的关键词技术和表格化编程技术，降低了地理分析模型或分析系统构建的技术门槛，对 GIS 技术的广泛应用具有重要作用。

为系统化、规范化地进行空间分析提供了可行的计算范式。DAS 技术通过人们易于理解的 G 语言详细记录了每一个地理计算处理步骤所使用方法、参数和中间结果，为回溯和检查地理计算成果提供了可靠的技术保证，同时也为杜绝研究成果造假提供了可行的解决方案。

实现了地理处理知识的完整表达。在传统 GIS 应用模式中，地理计算过程和地理分析模型、计算成果是分离的，这给后续地理分析模型的复用和计算成果的验证造成了极大的困难。DAS 模式首次将三者在 MS Word 或金山 WPS 中进行了整合，形成了完整的知识表达体系，从而可以实现地理分析知识的高效传播和复用。

2. 研究现状

DAS 技术自 2019 年提出以来，在理论、平台和应用方面均进行了有益的探索，开发了以 MS Word 和金山 WPS 为载体的 G 语言集成开发平台 DAS2019①，利用该平台构建了一系列 DAS 应用系统，涉及国土空间规划“双评价”、地理市情监测、时空大数据分析、遥感监测、GIS 教学以及论文过程复现等多个方面（周文生，2023）。目前，这些系统已在全国 200 多家单位得到应用，如中国国土勘测规划院、中国地质调查局、国家海洋信息中心、中国城市规划设计研究院、中国测绘科学研究院等。同时，该成果也获得 2 项美国发明专利和 7 项中国发明专利。此外，2021 年，该成果获第 48 届日内瓦国际发明展金奖，同年，该成果作为国家重点研发计划课题的中期标志性成果，经工业和信息化部、科学技术部推荐与“北斗全球卫星导航系统建设与应用”和“HarmonyOS 鸿蒙操作系统”共同入册 2021 年世界互联网大会“世界互联网领先科技成果”。此外，该研究成果也在 GIS 教学中得到应用，并获得第十届高校 GIS 论坛优秀教学成果奖。

① G 语言集成开发平台 DAS2019 可通过微信公众号“双评价 DAS”下载。

# 10.3 集成平台设计与实现

## 10.3.1 集成平台定位

根据前述的分析以及课题研究目标的定位，乡村聚落变化监测集成平台的研发应考虑以下 3 个方面内容（周文生等，2022）。

1. 集成平台是一个研究、分析类平台

通常，监测类 GIS 应用系统是一个业务应用系统，考虑到该类平台在国家、省级、市级均有相关业务应用系统的布局，且面向全国的这类业务平台的建设需要投入大量的人力和物力，本书的研究重点并不是业务化系统的建设，而是探索新理论、新技术、新方法的应用，为此，平台的定位是一种研究、分析类空间决策系统，重点是将较为成熟的研究成果进行系统梳理和整合，形成一整套从理论、技术到系统的村镇规划辅助决策工具。

2. 集成平台应服务于国家乡村振兴战略

乡村振兴战略是国家战略，旨在实现农业农村现代化的伟大目标。乡村规划是实现这一目标的重要组成部分，本平台建设应为乡村规划提供技术手段，在村镇国土空间规划、村庄布局规划、村镇公共服务设施配置、村镇生态环境治理等方面发挥作用。

3. 集成平台应充分利用网络空间数据资源

一个可持续运行的系统平台离不开数据的支持，数据是 GIS 应用系统的“血液”，各种分析模型的运行都离不开数据的支持。由此可见数据库建设和维护的重要性，但数据库的建设和维护需要大量人力、财力的投入，且有些数据也难以有效收集。然而，大数据时代互联网上丰富多样数据源（如遥感数据、土地覆盖数据、DEM 数据、POI 数据、交通数据、人口数据等等）为这一问题的解决提供了新的思路，本系统平台的建设应充分考虑利用网络空间数据资源，以便系统平台可以持续地服务乡村规划的实践活动。

## 10.3.2 集成平台设计

针对上面的系统平台定位，本书形成了如图 10-6 所示的系统架构。平台采用 C/S 三层结构体系，主要包括数据库层、地理分析模型层和应用层。

数据库层：该层分 6 个主题管理数据资源，分别形成基础地理数据库、土地利用数据库、环境质量数据库、物质空间数据库、人口流动数据库和社会经济数据库。这些数据库包括了矢量数据、栅格数据、遥感数据、表格数据以及网络时空数据等。

地理分析模型层：该层为平台的核心，用于提供面向不同主题的地理分析模型，目前该层主要包括土地利用变化分析模型、生态环境质量评价模型、人口迁徙分析模型、公服

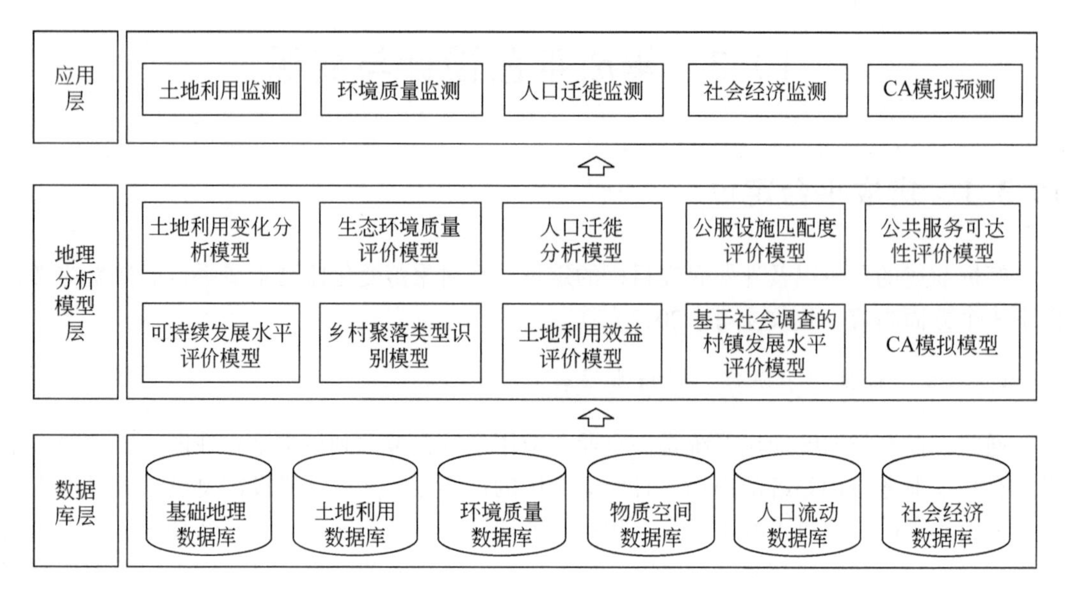


图 10-6 乡村聚落变化监测分析研究平台总体架构

设施匹配度评价模型、公共服务可达性评价模型、可持续发展水平评价模型、乡村聚落类型识别模型、土地利用效益评价模型、基于社会调查的村镇发展水平评价模型以及 CA（元胞自动机）模拟模型等 10 个模型。

应用层：该层面向最终业务用户，支持基层村镇规划与管理的分析业务，目前该层提供土地利用监测、环境质量监测、人口迁徙监测、社会经济监测以及 CA 模拟预测等 5 个业务子系统。

## 10.3.3 集成平台开发

乡村聚落变化监测集成平台采用 DAS 技术中的 G 语言开发，整个开发过程是在 MS Word 环境中用 G 语言将各地理分析模型（在 DAS 中称为地理计算任务）由概念模型转译为 DAS 智能文档并加载数据进行调试。DAS 智能文档包括应用系统框架和地理计算任务两部分内容。

1. 应用系统框架

应用系统框架是整个应用系统的总体控制部分，主要包括【基本参数表】和【任务设置表】。

【基本参数表】的内容相当于一般编程语言中的全局控制变量，用于控制各地理计算模型计算时的基本信息，如基本工作空间、范围图层、栅格大小、统计图层以及专题图模板等（表 10-1）。

**表 10-1　基本参数表**

| 序号 | 基本参数项 | 基本参数内容 | 说明 |
|---|---|---|---|
| 1 | 【基本工作空间】 | BOOK_ GIS06 | |
| 2 | 【范围图层】 | BaseMap/MapRangeJX. shp | 用于设置工作范围、坐标系统和裁减输出地图 |
| 3 | 【栅格大小】 | 30 | 用于设置像元的大小（单位：m） |
| 4 | 【统计图层】 | BaseMap/MapStatJX9. shp | 用于分区统计数据<br>DX \ DX7 \ 蓟州区村庄行政边界 P3. shp |
| 5 | 【专题图模板】 | 专题图模板 M. mxd | 用于制作专题图 |
| 6 | 【图谱模板】 | ZPoint. mxd | 用于制作疑点图谱 |
| 7 | 【评价地区】 | | 在统计报表中输出 |
| 8 | 【导出空间】 | NewSpace | |

【任务设置表】用于管理 DAS 应用系统中各地理计算任务的注册信息，主要包括任务名称（该名称在系统调试或运行时与启动命令菜单项关联），工作空间和表位置，其中工作空间是指计算任务所对应的数据库所在目录，表位置是指描述各地理计算任务的“输入与控制表”的题注编号（表 10-2）。

**表 10-2　任务设置表**

| 序号 | 指标计算 | 是否计算 | 工作空间 | 表位置（输入与控制表） | 说明 |
|---|---|---|---|---|---|
| 1 | 公服设施匹配度评价 | 是 | DX/DX5 | 表 5 | |
| 2 | 公共服务可达性评价 | 是 | DX/DX6 | 表 16 | |
| 3 | 可持续发展水平评价 | 是 | DX/DX7 | 表 17 | |
| 4 | 乡村聚落类型识别 | 是 | DX/DX8 | 表 18 | |
| 5 | 土地利用效益评价 | 是 | DX/DX9 | 表 20 | |
| 6 | 基于社会调查的村镇发展水平评价 | 是 | DX/DX10 | 表 21 | |

### 2. 地理计算任务

对地理计算任务的规范化描述是 DAS 智能文档的核心内容，一个地理计算任务实质上包括模型描述、输入与控制、计算过程和计算输出 4 个部分内容。

**（1）模型描述**

模型描述就是对地理计算任务或地理分析模型通过图文方式进行描述，以便业务人员能够对后续地理计算过程能够从宏观上理解。通常这部分内容包括分析流程、计算公式、分级标准等内容。对于 G 语言解释器来说，这部分内容属于注释内容，G 语言解译器对这部分内容不做任何处理。

**（2）输入与控制**

该部分包括【输入对象】与【计算控制】两部分内容，输入对象是指参加地理模型计算的矢量图层、栅格图层或表格，而【计算控制】用于控制进行地理模型计算执行步骤，如表 10-3 中“1–5”是指执行该地理模型时只计算第 1 至第 5 步骤。

**表 10-3　公服设施可达性评价输入与控制表**

| 序号 | 图层名称 | 物理图层 | 值及说明 |
|---|---|---|---|
| 1 | 【行政管理】 | DX \ DX5 \ POI_XZGL. shp | 行政管理 POI 点图层 |
| 2 | 【教育文化】 | DX \ DX5 \ POI_JYWH. shp | 教育文化 POI 点图层 |
| 3 | 【体育休闲】 | DX \ DX5 \ POI_TYXX. shp | 体育休闲 POI 点图层 |
| 4 | 【医疗卫生】 | DX \ DX5 \ POI_YLWS. shp | 医疗卫生 POI 点图层 |
| 5 | 【社会福利】 | DX \ DX5 \ POI_SHFL. shp | 社会福利 POI 点图层 |
| 6 | 【国道】 | 国道 P. shp | 国道线图层 |
| 7 | 【省道】 | 省道 P. shp | 省道线图层 |
| 8 | 【县道】 | 县道 P. shp | 县道线图层 |
| 9 | 【乡镇道路】 | 乡镇道路 P. shp | 乡镇道路线图层 |
| 10 | 【专题图模板】 | /专题图模板 M. mxd | 制图模板 |
| 【计算控制】 | | | |
| 1–5 | | | |

### （3）计算过程

该部分为地理计算任务的主体，一个地理计算任务由若干地理计算项组成，而一个地理计算项主要由输入、操作和输出 3 部分进行描述（表 10-4）。输入部分描述的是操作的处理对象，包括矢量图层、栅格图层或数据表，而输出部分描述的是操作的计算结果，而操作部分则是 G 语言中的关键词，用于对数据对象进行处理。

**表 10-4　公共服务设施可达性评价计算过程表示例**

<table>
<tr><th>步骤</th><th>操作说明</th><th>输入</th><th>操作</th><th>输出</th><th>说明</th></tr>
<tr><td>1</td><td>生成【国道 R】</td><td>【国道】</td><td>【说明】筛选+栅格化/欧式距离+重分类［M］ * * KX_ SelRasDisReclass（10：<50 | 7：50–100 | 5：100–200 | 3：200–250 | 1：>=250）</td><td>【国道 R】<br>GD. tif</td><td></td></tr>
<tr><td>2</td><td>生成【省道 R】</td><td>【省道】</td><td>【说明】筛选+栅格化/欧式距离+重分类［M］ * * KX_ SelRasDisReclass（7：<50 | 5：50–100 | 3：100–200 | 2：200–250 | 1：>=250）</td><td>【省道 R】<br>SD. tif</td><td></td></tr>
<tr><td>3</td><td>生成【县道 R】</td><td>【县道】</td><td>【说明】筛选+栅格化/欧式距离+重分类［M］ * * KX_ SelRasDisReclass（5：<50 | 3：50–100 | 1：>=100）</td><td>【县道 R】<br>XD. tif</td><td></td></tr>
<tr><td>……</td><td>生成【乡镇道路 R】</td><td>【乡镇道路】</td><td>【说明】筛选+栅格化/欧式距离+重分类［M］ * * KX_ SelRasDisReclass（3：<50 | 1：>=50）</td><td>【乡镇道路 R】<br>XZDL. tif</td><td></td></tr>
</table>

### （4）结果输出

该部分为地理计算任务的成果表现或成果可视化部分，可将计算过程中产生的专题图、统计表和统计图在指定的表格中输出，以便用户及时观察和分析计算结果，或在后续的报告编写中直接使用该部分的图表成果（图 10-7）。

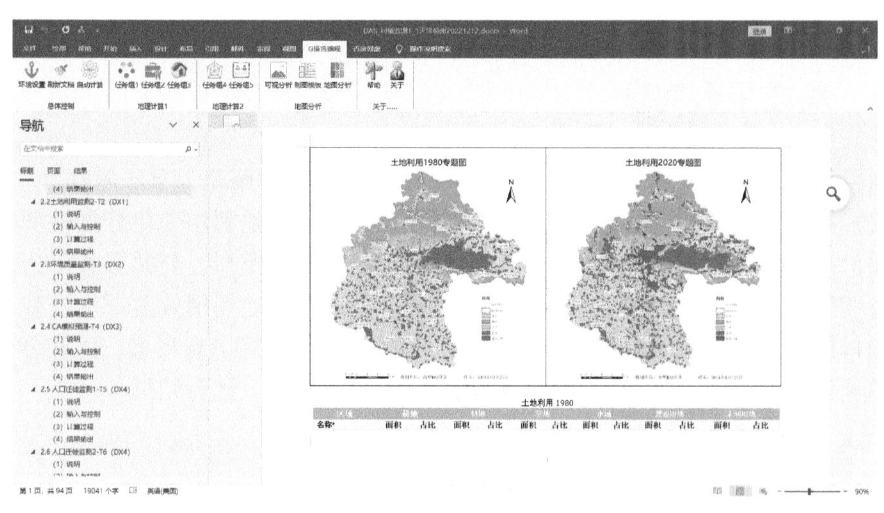


图 10-7　地理计算任务中的结果输出

3. 系统调试和运行

由 G 语言所构建的 DAS 应用系统是在基于 MS Word 的 G 语言集成开发环境下进行调试或运行的，单个地理计算任务调试时，可通过设定【输入与控制表】中【计算控制】内容来执行指定的单个或多个地理计算项，运行结果可通过输出栏中的超链接进行观察或直接在【计算结果】部分输出。系统运行时既可单独运行指定的地理计算任务，也可以采用批量模式对指定的多个地理计算任务进行运行（图 10-8）。

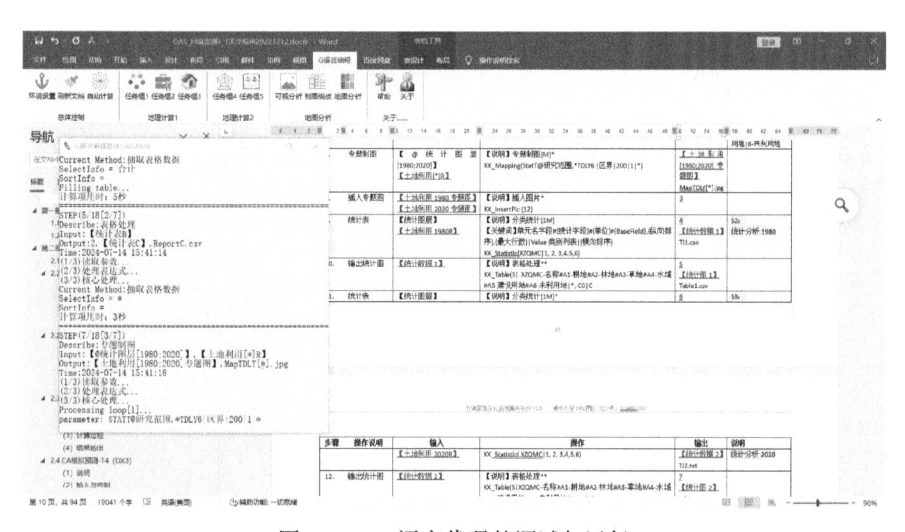


图 10-8　G 语言代码的调试与运行

# 10.4　集成平台实现

## 10.4.1　集成平台实现

目前乡村聚落变化监测集成平台已开发完成，并与天津蓟州、重庆永川、广东番禺、陕西杨凌、浙江宁海等5个示范区的数据库整合，实现了土地利用变化分析模型、生态环境质量评价模型、人口迁徙分析模型、公服设施匹配度评价模型、公共服务可达性评价模型、可持续发展水平评价模型、乡村聚落类型识别模型、土地利用效益评价模型、基于社会调查的村镇发展水平评价模型以及CA模拟模型等10个地理分析模型，这些分析模型可用于村镇规划相关问题的研究，图10-9～图10-15为系统部分运行结果。

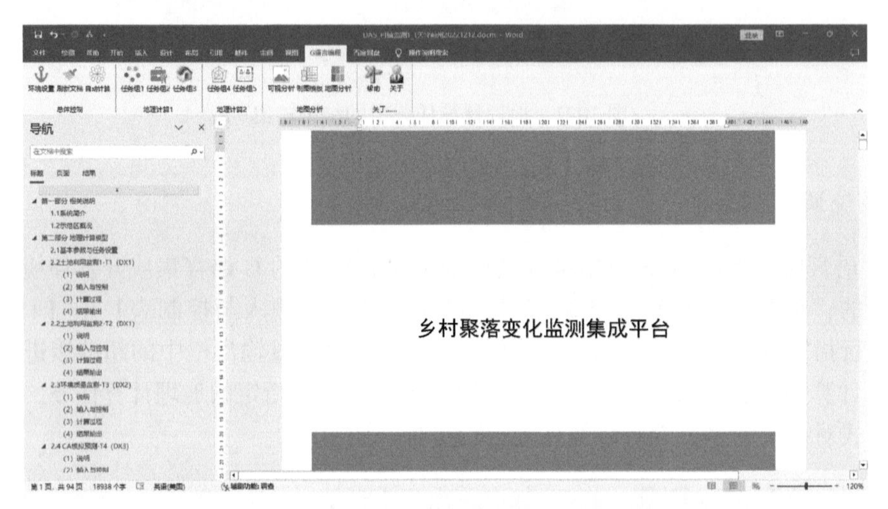


图10-9　基于DAS的乡村聚落变化监测集成平台主界面

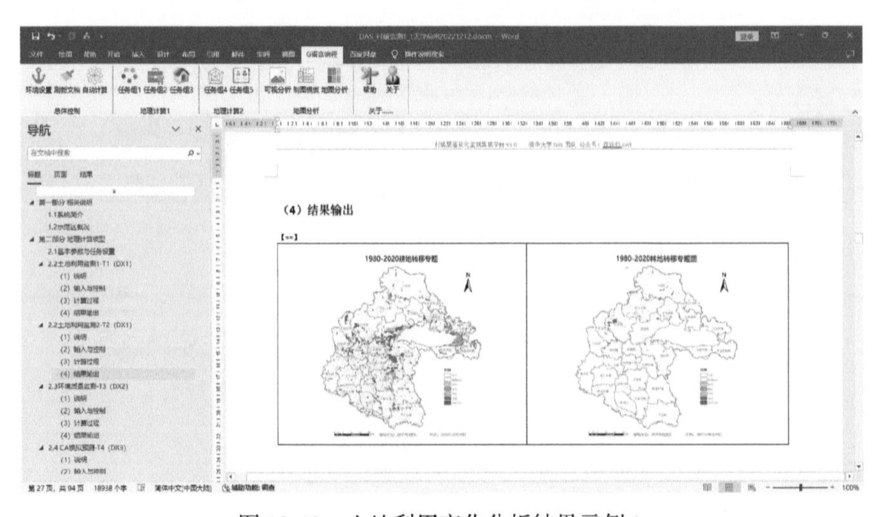


图10-10　土地利用变化分析结果示例1

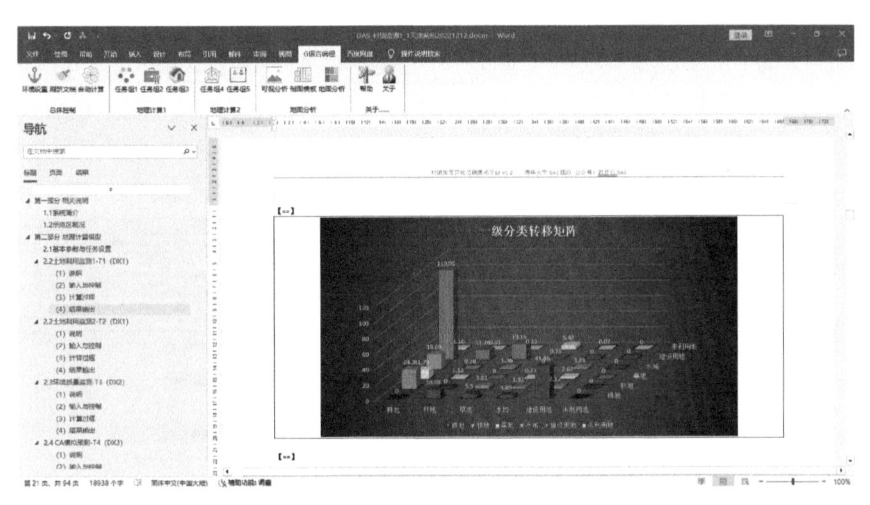


图 10-11　土地利用变化分析结果示例 2

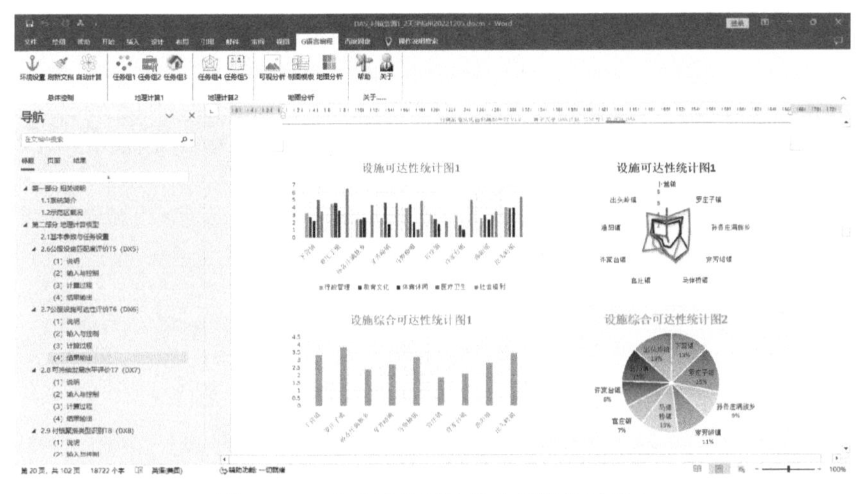


图 10-12　公共服务可达性分析结果示例 1

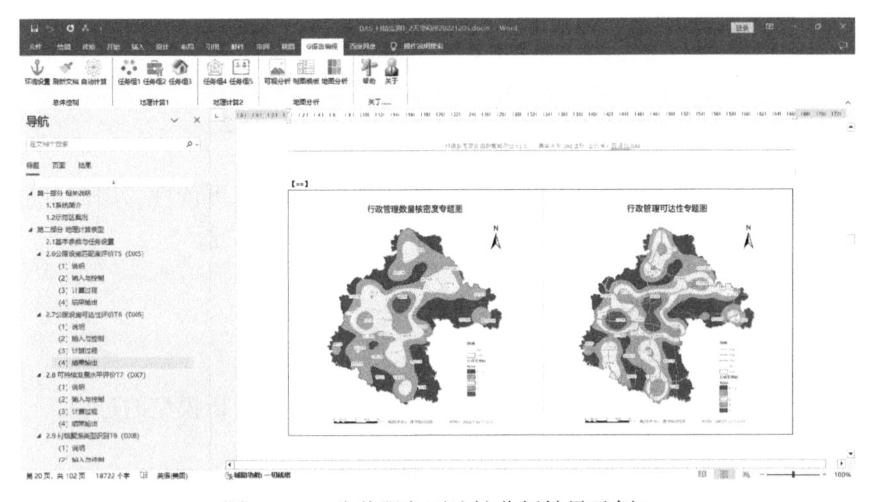


图 10-13　公共服务可达性分析结果示例 2

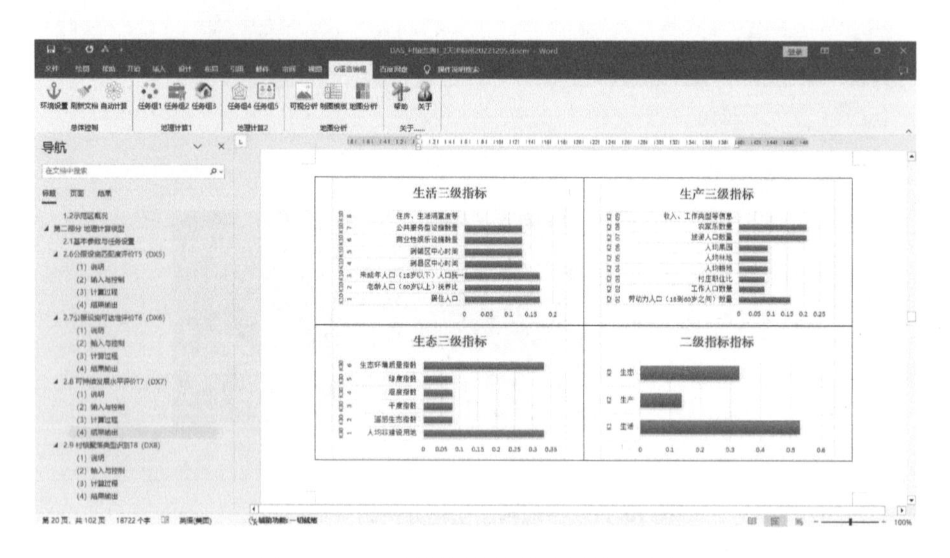


图 10-14　可持续发展水平评价结果示例 1

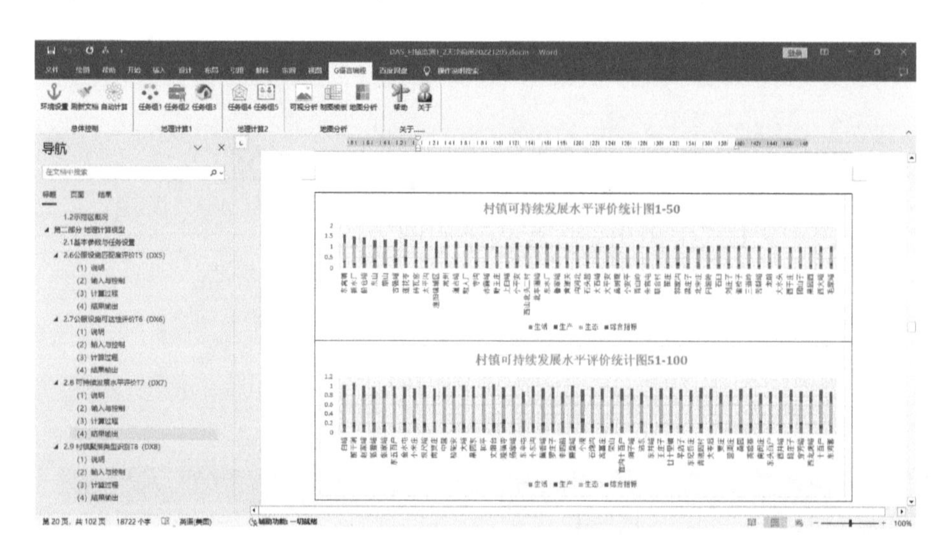


图 10-15　可持续发展水平评价结果示例 2

由于平台利用 G 语言构建，地理分析模型的实现过程具有可读性，用户可根据实际工作需要自行对其进行维护，这为系统平台的真正落地奠定了基础。

## 10.4.2　典型模型的 G 语言实现

本节以生态环境质量评价模块为例说明 G 语言描述地理分析模型的过程。

1. 相关说明

生态环境质量作为生态系统结构、功能和要素在一定时间和空间上的综合表征，一直是当今社会最受关注的热点之一。及时监测多尺度生态系统的变化并发现所存在的问题，已成为保护生态系统的重要手段。利用遥感数据构建反映生态系统不同方面的不同指数，可以表征生态系统的质量，而在反映生态质量的诸多自然因素中，绿度、湿度、热度、干度是与人类生存密切相关的 4 个重要指标。为此，本地理分析模型将根据相关的研究成果分别计算研究区域的湿度、绿度、干燥度和地表温度，在此基础上采用主成分分析法进行生态环境质量的综合评价（乔敏，2021；覃志豪等，2001；岳辉和刘英，2018）。

### 2. 模型说明

遥感生态指数 RSEI 的计算公式为：

$$RSEI = f(NDVI, Wet, LST, NDSI) \tag{10-1}$$

式中，RSEI 为遥感生态指数；NDVI 为绿度指标；Wet 为湿度指标；LST 为热度指标。

采用主成分分析的方法对湿度（Wet）、绿度（NDVI）、干度（NDSI）和热度（LST）进行分析，取第一主成分作为遥感生态环境指数 RSEI 的最终评价结果。

### 3. 输入与控制

生态环境质量评价模型的输入数据如表 10-5 所示。

**表 10-5　生态环境质量评价模型输入与控制表**

| 序号 | 图层名称 | 物理图层 | 参考页 | 值及说明 |
|---|---|---|---|---|
| 1 | 【范围图层】 | BaseMap/MapRangeJX. shp | | |
| 2 | 【栅格大小】 | 30 | | |
| 3 | 【统计图层】 | BaseMap/MapStatJX9. shp | | 统计单元面图层 |
| 4 | 【B1】 | R2019B1 | | Landsat-8OLI 蓝波段 |
| 5 | 【B2】 | R2019B2 | | Landsat-8OLI 绿波段 |
| 6 | 【B3】 | R2019B3 | – | Landsat-8OLI 红波段 |
| 7 | 【B4】 | R2019B4 | | Landsat-8OLI 近红外波段 |
| 8 | 【B5】 | R2019B5 | | Landsat-8OLI 短波红外波段 |
| 9 | 【B6】 | R2019B6 | | Landsat-8TIRS 热红外波段 |
| 10 | 【变量】 | 变量 1. csv | | 变量文件 |
| 【计算控制】 | | | | |
| | | | | |

说明：本次计算采用的是 Landsat 8OLI 的 6 个波段的数据，分别用【B1】，…，【B6】表示，表格文件【变量】中存储的用于辐射定标的 6 个波段的加常数和乘常数（根据下载的遥感数据中的元数据文件获得）以及湿度计算公式中的 6 个系数。

### 4. 计算过程

表 10-6 为生态环境质量评价模型的 G 语言实现过程，该表所罗列的处理步骤是将生态环境质量评价模型用 G 语言转译为后台 G 语言编译器可识别和运行的数据处理指令。

**表 10-6 生态环境质量评价模型计算过程表**

| 步骤 | 操作说明 | 输入 | 操作 | 输出 | 说明 |
|---|---|---|---|---|---|
| 1 | 制作专题地图 | 【@［1：6］范围图层】<br>【B［*］】 | 【说明】专题制图［M］*<br>KX_ Mapping（MapRange@研究范围，BAND｜区界｜200） | 【［蓝；绿；红；近红外；短波红外；热红外］波段专题地图】<br>MapB［1：6］C. jpg | S1：<br>制作输入数据专题地图 |
| 2 | 插入专题地图 | 【［蓝；绿；红；近红外；短波红外；热红外］波段专题地图】 | 【说明】插入图片*<br>KX_ InsertPic（6） | 1 | |
| 3 | 辐射定标 | 【B［1：6］】<br>【变量】 | 【说明】栅格计算［M］*<br>KX_ RasCalculator（$｛B［1：6］C｝+｛B［1：6］M｝*［R1］） | 【B［1：6］R】<br>B［*］R. tif | S2：<br>辐射定标 |
| 4 | 计算湿度（Wet） | 【B［1：6］R】<br>【变量】 | 【说明】栅格计算［M］*<br>KX_ RasCalculator（$｛Wet1｝*［R1］+｛Wet2｝*［R2］+｛Wet3｝*［R3］+｛Wet4｝*［R4］+｛Wet5｝*［R5］+｛Wet6｝*［R6］） | 【湿度】<br>WET. tif | S3：<br>计算湿度 |
| 5 | 计算绿度（NDVI） | 【B4R】<br>【B3R】 | 【说明】栅格计算［M］*<br>KX_ RasCalculator（（［R1］-［R2］）/（［R1］+［R2］）） | 【绿度】<br>NDVI. Tif | S4：<br>计算绿度 |
| 6 | 计算 SI | 【B1R】<br>【B3R】<br>【B4R】<br>【B5R】 | 【说明】栅格计算［M］*<br>KX_ RasCalculator（（（［R4］+［R2］）-（［R3］+［R1］））/（（［R4］+［R2］）+（［R3］+［R1］））） | 【SI】<br>SI. tif | S5：<br>计算<br>干燥度 |
| 7 | 计算 IBI | 【B2R】<br>【B3R】<br>【B4R】<br>【B5R】 | 【说明】栅格计算［M］*<br>KX_ RasCalculator（（2*［R4］/（［R4］+［R3］）-（［R3］/（［R3］+［R2］）+［R1］/（［R1］+［R4］）））/（2.0*［R4］/（［R4］+［R3］）+（［R3］/（［R3］+［R2］）+［R1］/（［R1］+［R4］）））） | 【IBI】<br>IBI. tif | |
| 8 | 计算干度（NDSI） | 【SI】<br>【IBI】 | 【说明】栅格计算［M］*<br>KX_ RasCalculator（（［R1］+［R2］）/2） | 【干燥度】<br>NDSI. tif | |

续表

<table>
<tr><th>步骤</th><th>操作说明</th><th>输入</th><th>操作</th><th>输出</th><th>说明</th></tr>
<tr><td>9</td><td>计算 LN</td><td>【B6R】</td><td>【说明】转换工具 *<br>【方法】全能拷贝 [M] -sc, SCopyFile, <A * , A * ><br>KX_ Conversion (SC)</td><td>【LN】<br>LN. tif</td><td>S6:<br>计算<br>热度</td></tr>
<tr><td>10</td><td>计算植被覆盖度</td><td>【绿度】</td><td>【说明】栅格计算 [M] *<br>KX_ RasCalculator ( ( [R1] > 0.7), 1% ( [R1] <0), 0% [R1] /0.7)</td><td>【FV】<br>FV. tif</td><td></td></tr>
<tr><td>11</td><td>计算地表比辐射率</td><td>【绿度】<br>【FV】</td><td>【说明】栅格计算 [M] *<br>KX_ RasCalculator ( ( [R1] < 0), 0.995% ( [R1] >0) and ( [R1] <0.7), 0.9589+0.086 * [R2] -0.0671 * [R2] * [R2]% ( [R1] > = 0.7), 0.9625 + 0.0614 * [R2] - 0.0461 * [R2] * [R2])</td><td>【E】<br>E. tif</td><td></td></tr>
<tr><td>12</td><td>计算黑体辐射亮度</td><td>【E】<br>【LN】</td><td>【说明】栅格计算 [M] *<br>KX_ RasCalculator ( ( [R2] - 0.60-0.91 * (1 - [R1]) * 1.07) / (0.91 * [R1]))</td><td>【LT】<br>LT. tif</td><td></td></tr>
<tr><td>13</td><td>计算地表温度</td><td>【LT】</td><td>【说明】栅格计算 [M]<br>【关键词】{$-文件变量} {@-标准化} 算数表达式、逻辑表达式、单元统计、焦点统计<br>KX_ RasCalculator (1321.08/Ln (774.89/ [R1] +1) -273)</td><td>【热度】<br>LST. tif</td><td></td></tr>
<tr><td>14</td><td>归一化处理</td><td>【湿度】<br>【绿度】<br>【干燥度】<br>【热度】</td><td>【说明】归一化 [M]<br>【关键词】{归一化字段} | 处理模式 (1|2)<br>KX_ StandardField (1)</td><td>【湿度 1】<br>WET1. tif<br>【绿度 1】<br>NDVI1. tif<br>【干燥度 1】<br>NDSI1. tif<br>【热度 1】<br>LT1. tif</td><td>S7: 计算生态环境质量</td></tr>
<tr><td>15</td><td>制作专题地图</td><td>【湿度 1】<br>【绿度 1】<br>【干燥度 1】<br>【热度 1】</td><td>【说明】专题制图 [M] *<br>KX_ Mapping ({[Blue; Green; Red; Color]} | 区界 | 200)</td><td>【湿度专题地图】WET1. jpg<br>【绿度专题地图】NDVI1. jpg<br>【干燥度专题地图】NDSI1. jpg<br>【热度专题地图】LT1. jpg</td><td></td></tr>
</table>

续表

<table>
<tr><th>步骤</th><th>操作说明</th><th>输入</th><th>操作</th><th>输出</th><th>说明</th></tr>
<tr><td>16</td><td>插入专题地图</td><td>【湿度专题地图】<br>【绿度专题地图】<br>【干燥度专题地图】<br>【热度专题地图】</td><td>【说明】插入图片 *<br>KX_ InsertPic（9）</td><td>2</td><td></td></tr>
<tr><td>17</td><td>计算生态环境质量</td><td>【湿度 1】<br>【绿度 1】<br>【干燥度 1】<br>【热度 1】</td><td>【说明】栅格叠置分析 *<br>【方法】主成分分析-p，PrincipalComponents，<R *，R#A>，<主成分数目><br>KX_ RasOverlay（P | 1）</td><td>【RSEI2】<br>RSEI2. tif<br>【参数】<br>P1. txt</td><td></td></tr>
<tr><td>18</td><td>分级</td><td>【RSEI2】</td><td>【说明】重分类<br>【关键词】{{分类字段}，{目标字段}，{缺省值}} #重分类表达式<br>KX_ Reclass（1 | 2 | 3 | 4 | 5）</td><td>【RSEI】<br>RSEI. tif</td><td></td></tr>
<tr><td>19</td><td>制作专题地图</td><td>【RSEI】</td><td>【说明】专题制图［M］ *<br>KX_ Mapping（C1 | 区界 | 200）</td><td>【生态环境质量分级图】<br>RSEI. jpg</td><td>S8：计算成果输出</td></tr>
<tr><td>20</td><td>插入专题地图</td><td>【生态环境质量分级图】</td><td>【说明】插入图片 *<br>KX_ InsertPic（12）</td><td>3</td><td></td></tr>
<tr><td>21</td><td>生成统计表</td><td>【RSEI】</td><td>【说明】分类统计［1M］ *<br>KX_ Statistic（ZLDWMC | 5，4，3，2，1）</td><td>4，环境质量评价统计表<br>【统计数据】<br>TJ. csv</td><td></td></tr>
<tr><td>22</td><td>输出统计表</td><td>【统计数据】</td><td>【说明】表格处理 * *<br>KX_ Table（S | ZLDWMC-名称#A5-高#A4-较高#A3-中等#A2-较低#A1-低 | *，-C0 | C）</td><td>5</td><td></td></tr>
<tr><td>23</td><td>城市统计图</td><td>【统计数据】</td><td>【说明】表格处理 * *<br>KX_ Table（S | ZLDWMC-名称 #A5-高#A4-较高#A3-中等#A2-较低#A1-低 | 合计 | C）</td><td>6，各级别面积统计图<br>【统计图】<br>Table1. csv</td><td></td></tr>
</table>

5. 计算结果

在 G 语言集成开发环境中执行表 10-6 中所描述的地理计算任务，即可在 MS Word 文档中直接生成图 10-16 ~ 图 10-19 所示的分析结果。

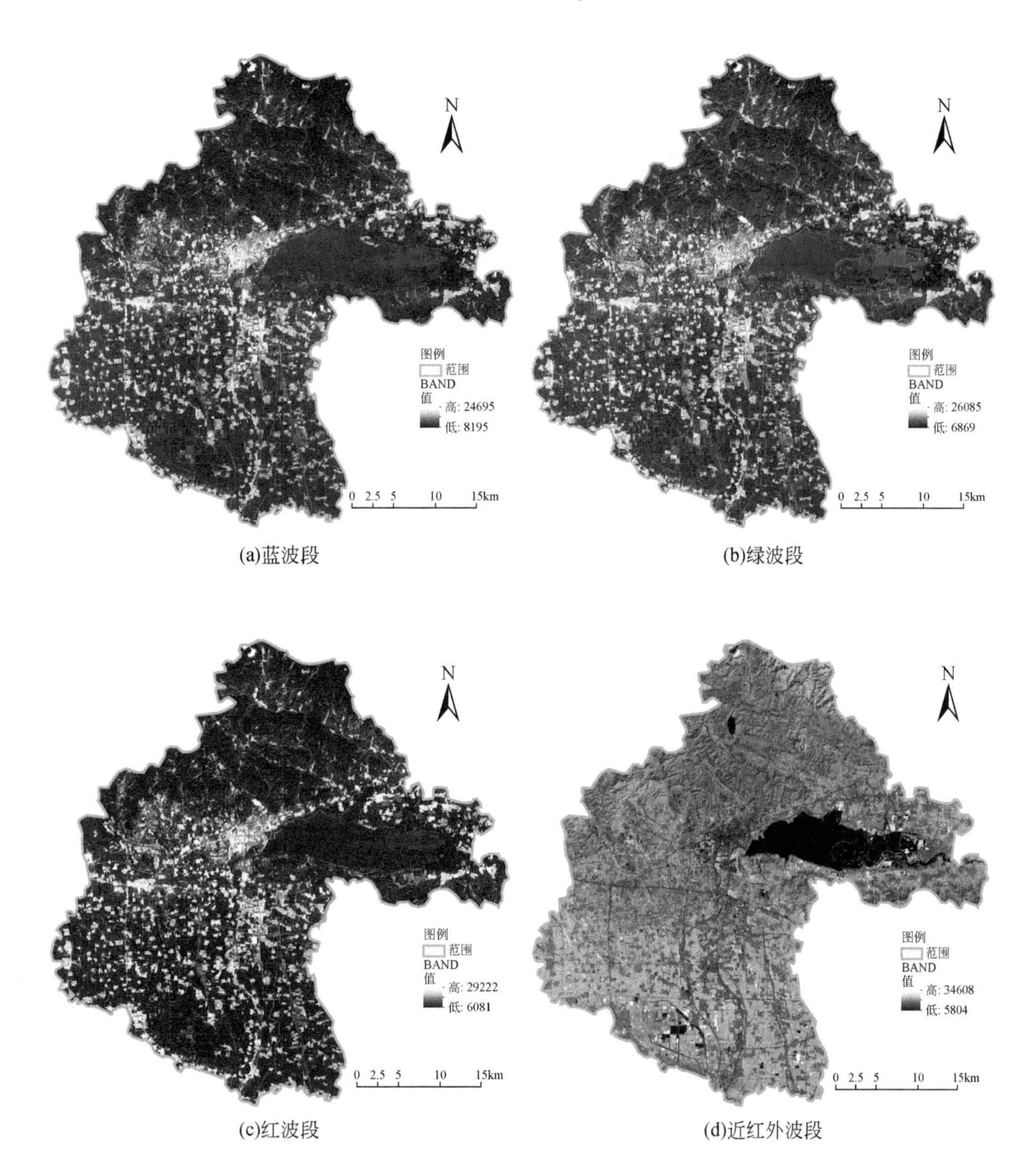


(a)蓝波段

(b)绿波段

(c)红波段

(d)近红外波段

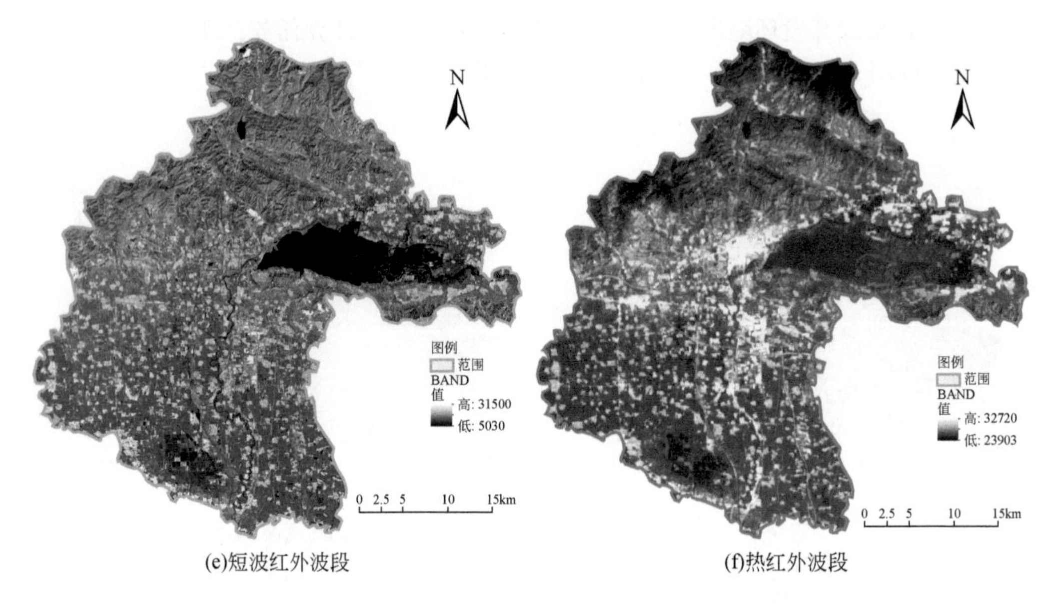


(e)短波红外波段　　(f)热红外波段

图 10-16　6 个波段遥感影像

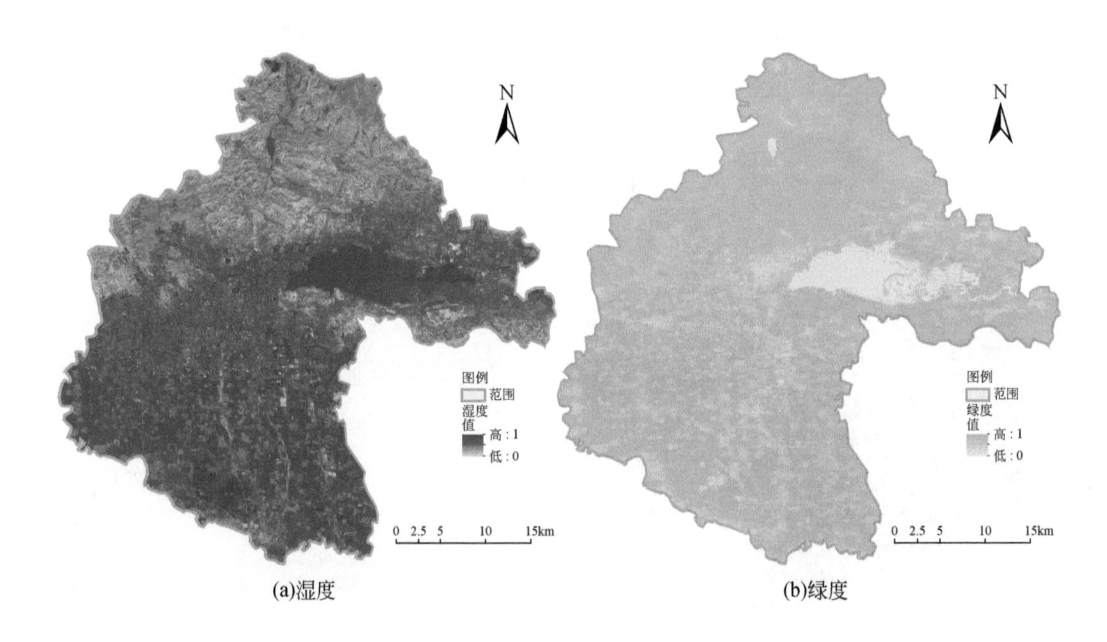


(a)湿度　　(b)绿度

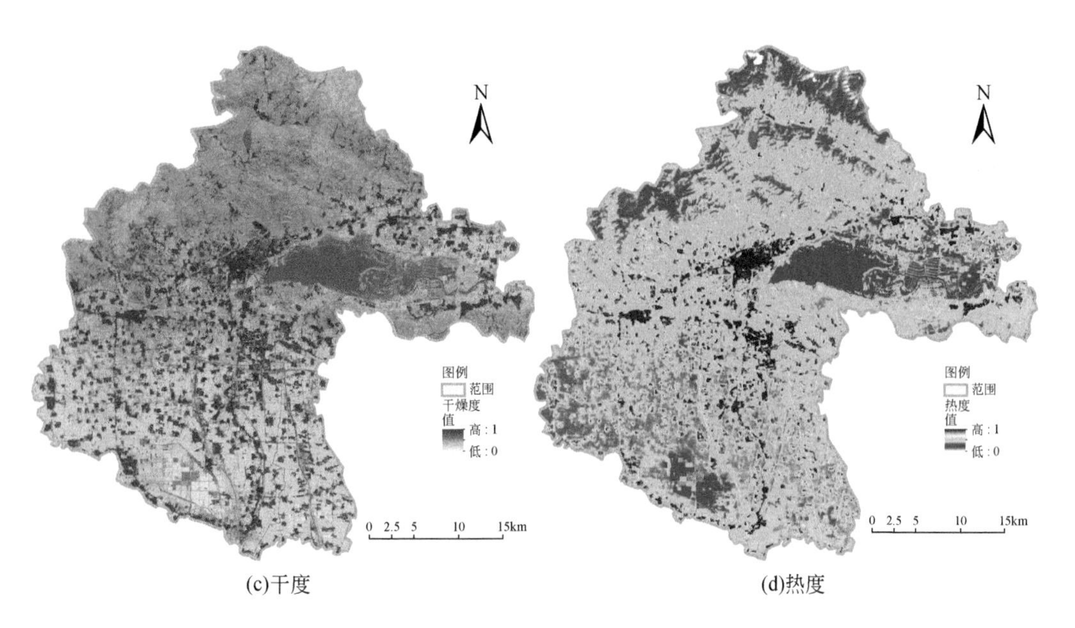


(c)干度　　(d)热度

图 10-17　湿度、绿度、干度与热度分析结果

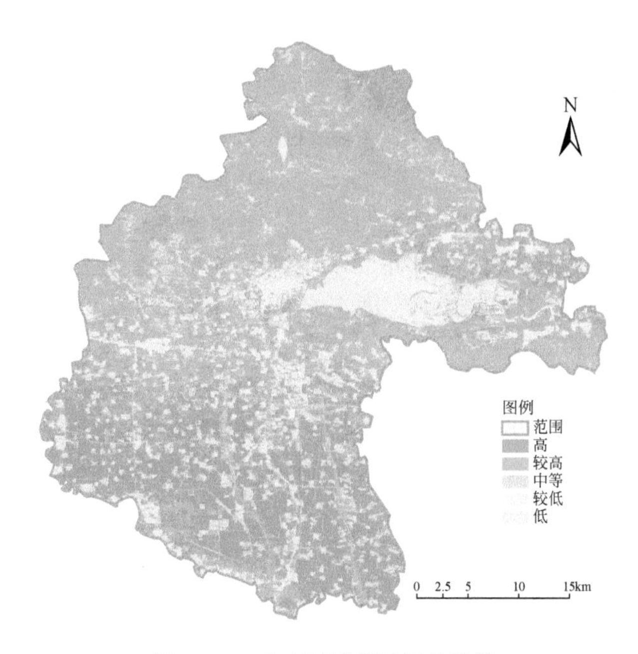


图 10-18　生态环境质量评价结果

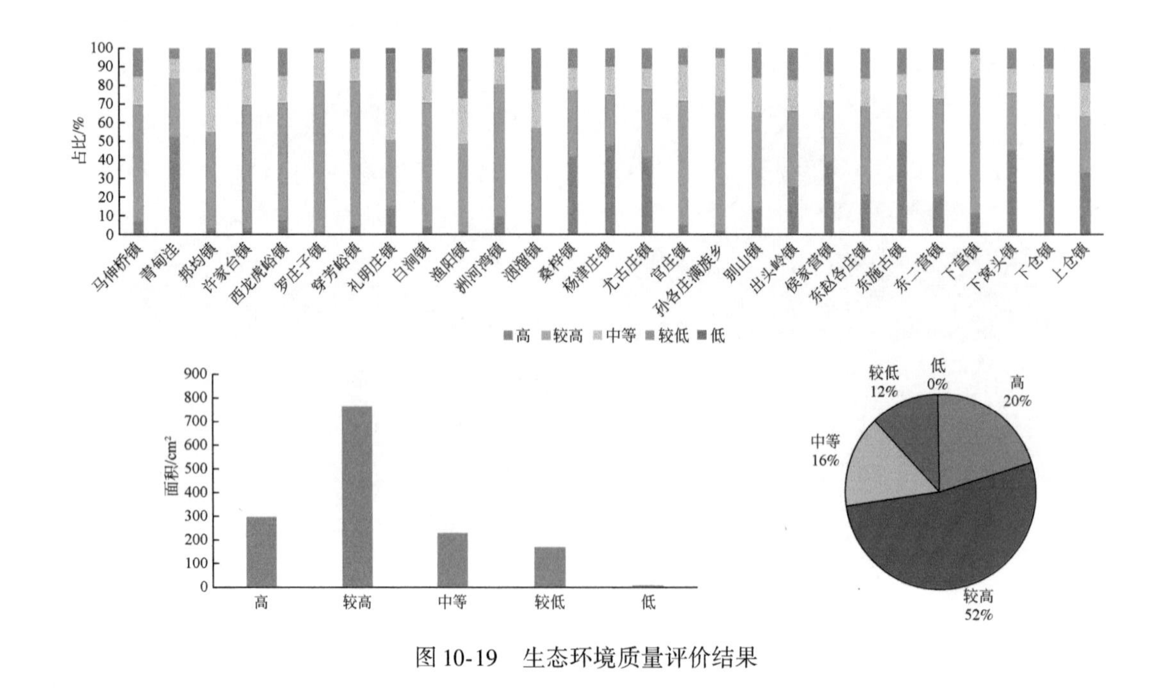


图 10-19　生态环境质量评价结果

# 10.5　结　　论

乡村聚落变化监测集成平台是一个利用 DAS 技术所开发的、以乡村聚落物质空间、社会空间、经济空间以及生态环境空间评价为核心功能的决策分析系统，目前整合了研究的 10 个地理分析模型，即土地利用变化分析、生态环境质量评价、人口迁徙分析、公服设施匹配度评价、公共服务可达性评价、可持续发展水平评价、村镇聚落类型识别、土地利用效益评价、基于社会调查的村镇发展水平评价以及 CA 模拟，这些模型可为村镇规划、建设和管理提供支持。

与常规 GIS 应用系统相比，采用 DAS 技术所构建的集成平台具有以下三个优势。

第一，DAS 技术可以将集成平台所有的地理分析模型通过表格形式清晰地表达出来，使地理分析模型不再是“黑箱”，方便人们了解地理分析模型逻辑，为分析模型的应用、维护和扩展提供便利条件。

第二，集成平台的建设过程实际就是 DAS 智能文档的编写过程，由于所关注的是“做什么”的问题，而不是传统软件开发模式中“怎么做”的问题，从而节省了大量系统编码与调试时间，大大提高了集成平台的开发效率。

第三，由于集成平台的开发采用易于理解和掌握的表格化编程语言，对开发人员编程能力的要求不高，普通业务人员或研究人员只要了解地理分析模型的逻辑并具备基本的 GIS 知识也可参与集成平台的建设，这有利于集成平台的调整和扩展，为研究成果的真正落地创造了条件。

# 参考文献


包学会 . 2022. 分析农村人口老龄化和年轻人口流失对农业经济的影响和策略．科技资讯，20（4）：254-256.

包玉斌，刘康，李婷，等．2015. 基于InVEST模型的土地利用变化对生境的影响——以陕西省黄河湿地自然保护区为例．干旱区研究，32（3）：622-629.

曹连海，郝仕龙，陈南祥 . 2010. 农村生态环境指标体系的构建与评价．水土保持研究，17（5）：238-240，244.

曹勇．2020. 基于遥感光谱指数的城市建筑信息提取方法及应用研究．重庆：重庆邮电大学．

陈冲，白硕，黄丽达，等．2020，基于视频分析的人群密集场所客流监控预警研究．中国安全生产科学技术，16（4）：6.

陈华飞，洪旗，冯健．2016.“规土融合”的城乡结合部土地集约利用评价——基于城市规划目标导向的方法创新与实践．地域研究与开发，35（6）：155-160.

陈然，姚小军，闫超，等 . 2012. 基于GIS和组合赋权法的农村生态功能适宜性评价及管制分区——以义乌市岩南村为例．长江流域资源与环境，21（6）：720-725.

陈柔珊，王枫．2021. 低碳生态城市视角下珠三角土地利用效益评价及障碍诊断．水土保持研究，28（2）：351-359.

陈山山，周忠学 . 2012. 中心村选择中村庄发展潜力评价指标体系的探讨．安徽农业科学，40（32）：16026-16029.

陈生科，万玉，杨明姣，等．2017. 贵阳某农村饮用水源地水环境健康风险评价．生态与农村环境学报，33（5）：403-408.

陈伟强，代亚强，耿艺伟，等 . 2020. 基于POI数据和引力模型的村庄分类方法研究．农业机械学报，51（10）：195-204.

陈颜，姜博，初楠臣，等．2021. 城市土地利用效益及新型城镇化指标遴选与体系重构．中国农业资源与区划，42（3）：67-75.

陈玉兰，苏武铮．2005. 新疆土地利用经济效益综合分析及评价．新疆农业科学，（S1）：198-202.

程慧波，王乃昂，李晓红，等 . 2015. 基于甘肃省73个村庄的农村环境质量评价研究．甘肃农业大学学报，50（6）：112-118.

程金香，刘玉龙，林积泉 . 2004. 水资源生态价值初论．石家庄经济学院学报，（1）：24-27.

程朋根，童成卓，聂运菊，等 . 2015. 基于RS与GIS技术的城市生态环境监测与评价系统设计及其应用．东华理工大学学报（自然科学版），38（3）：314-318.

丁维，李正方，王长永，等．1994. 江苏省海门县农村生态环境评价方法．农村生态环境，（2）：38-40.

杜博文，曹昌盛，侯玉梅，等．2016. 绿色生态村镇环境指标体系量化方法研究．建设科技，（15）：100-103.

杜海峰，顾东东 . 2017. 中国人口净流出地区的农村基层组织现状——以河南省Y县为例．行政论坛，24（6）：71-80.

樊海强，陈雅风，陈璐璐，等 . 2019. 传统村落空间地理设计模型研究——以和平村为例．华中建筑，

37（8）：66-70.
樊平．2018. 以科学范式理解乡村振兴战略．中国农业大学学报（社会科学版），35（3）：117-126.
范文瑜，张荣群，朱道林，等．2011. 基于GIS的村镇建设用地节地效果评价系统．计算机工程与设计，32（10）：3526-3529.
方琳娜，陈印军，宋金平．2013. 城市边缘区土地利用效益评价研究——以北京市大兴区为例．中国农学通报，29（8）：154-159.
方晓丹．2020. 从居民收支看全面建成小康社会成就．人民日报 2020-07-27（010）.
封亮，王淑彬，黄国勤．2020，建设山水林田湖草一体化国家公园的优势、问题与对策——以江西省为例．环境与发展，32（7）：1-3.
冯丹萌，孙鸣凤．2020，国际视角下协调推进新型城镇化与乡村振兴的思考．城市发展研究，27（8）：29-36.
冯旭，张湛新，潘传杨，等．2022. 人口收缩背景下的乡村活力分析与实践——基于美国、德国、日本、英国的比较研究．国际城市规划，37（3）：42-49.
高春艳．2005. 小城镇生态环境质量评价研究．北京：中国农业大学．
高银宝，谭少华，薛德升，等．2018. 基于行动者网络的农村土地开发利益协调研究——对韶关市区典型村的分析．城市规划，42（7）：69-78，92.
顾康康，刘雪侠．2018. 安徽省江淮地区县域农村人居环境质量评价及空间分异研究．生态与农村环境学报，34（5）：385-392.
郭美荣，李瑾．2021. 数字乡村发展的实践与探索——基于北京的调研．中国农学通报，37（8）：159-164.
郭强，李荣喜．2003. 农业现代化发展水平评价体系研究．西南交通大学学报，38（1）：97-101.
韩德培．2003. 环境保护法教程．第4版．北京：法律出版社．
韩非，蔡建明．2011. 我国半城市化地区乡村聚落的形态演变与重建．地理研究，30（7）：1271-1284.
韩静，芮旸，杨坤，等．2020. 基于地理探测器和GWR模型的中国重点镇布局定量归因．地理科学进展，39（10）：1687-1697
郝茂喜．2022. 新农村建设背景下农村经济现状及优化措施．新农业，（3）：69.
郝英群，赵晓军，周扣洪，等．2011. 农村环境质量评价方法研究——以江苏省泰州市姜堰沈高镇河横村为例．中国环境监测，27（3）：97-101.
胡航军，张京祥．2022．“超越精明收缩”的乡村规划转型与治理创新——国际经验与本土化建构．国际城市规划，37（3）：50-58.
胡毅，乔伟峰，万懿，等．2020. 江苏省县域土地利用效益综合评价及其分异特征．经济地理，40（11）：186-195.
华德尊，任佳．2007. 小城镇生态环境质量评价实证研究——以哈尔滨市双城市周家镇为例．小城镇建设，（6）：25-28.
环境保护部．2012. 环境空气质量标准：GB 3095—2012. 北京：中国环境科学出版社．
黄公元．1996. 乡村发展指标探析——兼论不发达乡村之界定．社会科学，（7）：72-76.
黄辉玲，吴次芳，张守忠．2012. 黑龙江省土地整治规划效益分析与评价．农业工程学报，28（6）：240-246.
黄蔚欣，齐大勇，周宇舫，等．2019. 基于视频数据提取的环境行为分析初探——以清华大学校河与近春园区域为例．住区，（4）：8-14.
吉燕宁，廉冰洁，陈阳，等．2016. 新型城镇化背景下村镇土地利用效益评价模型研究．价值工程，35（20）：6-11.

贾虎军．2015. 3S 技术在云南鲁甸县重点乡镇生态环境评价中应用．成都：成都理工大学．
江文亚，郑新奇，杨玲莉．2010. 村镇建设用地集约利用评价研究．水土保持研究，17（3）：166-170.
姜棪峰，龙花楼，唐郁婷．2021. 土地整治与乡村振兴——土地利用多功能性视角．地理科学进展，40（03）：487-497.
金宝石，查良松．2005. 基于 GIS 的村镇管理信息系统设计与实现．地域研究与开发，24（2）：112-115.
金俊，金度延，赵民．2016. 1970—2000 年代韩国新村运动的内涵与运作方式变迁研究．国际城市规划，31（6）：15-19.
鞠昌华，朱琳，朱洪标，等．2016. 我国农村环境监管问题探析．生态与农村环境学报，32（5）：857-862.
赖亚妮，桂艺丹．2019. 城中村土地发展问题：文献回顾与研究展望．城市规划，43（7）：108-114.
李伯华，刘传明，曾菊新．2009. 乡村人居环境的居民满意度评价及其优化策略研究——以石首市久合垸乡为例．人文地理，24（1）：28-32.
李丁．2013. 城乡统筹下小城镇人居环境质量评价研究．甘肃农业，（4）：3-4.
李红波．2015. 转型期乡村聚落空间重构研究：以苏南地区为例．南京：南京师范大学出版社．
李明月，江华．2005. 广州市土地利用效益评价．国土资源科技管理，（3）：36-38，47.
李强，孟广艳．2020. 类型学视角下乡村振兴的需求差异及行动路径研究——以重庆市为例．云南农业大学学报（社会科学），14（1）：12-18.
李松睿，曹迎．2019.“乡村振兴”视角下生态宜居评价及其对农村经济转型发展的启发——以川西林盘四川都江堰精华灌区为例．农村经济，（6）：66-74.
李穗浓，白中科．2014. 城镇化地区乡村土地利用效益评价研究．广东社会科学，（6）：47-53.
李晓荣．2016. 旅游资源非优区域旅游业发展探讨——以石楼县为例．智能城市，2（11）：219.
李裕瑞，卜长利，曹智，等．2020. 面向乡村振兴战略的村庄分类方法与实证研究．自然资源学报，35（2）：243-256.
李泽华．2022. 基于深度学习的视频监控预警系统．河北软件职业技术学院学报，24（4）：11-14.
梁发超，刘黎明．2011. 景观格局的人类干扰强度定量分析与生态功能区优化初探——以福建省闽清县为例．资源科学，33（6）：1138-1144.
刘安乐，杨承玥，明庆忠．2016. 区域城镇发展质量综合测度及空间自相关研究．六盘水师范学院学报，28（1）：1-6.
刘超，罗建美，霍永伟，等．2020. 陕西省县域土地利用效益与城镇化的时空变化及协调性分析．水土保持研究，27（3）：320-327，335.
刘三长，李桂祥，黎元诚．2011. 南方地区农村环境质量监测与评价指标体系研究．环境科技，24（S2）：46-48.
刘新卫，周华荣．2005. 基于景观的区域生态环境质量评价指标体系与方法研究——以塔河中下游典型区为例．水土保持研究，（2）：7-10.
刘轩，岳德鹏，马梦超．2016. 基于变异系数法的北京市山区小流域生态环境质量评价．西北林学院学报，31（2）：66-71，294.
刘彦随．2018. 中国新时代城乡融合与乡村振兴．地理学报，73（4）：637-650.
刘燕．2016. 论“三生空间”的逻辑结构、制衡机制和发展原则．湖北社会科学，（3）：5-9.
龙花楼，戈大专，王介勇．2019. 土地利用转型与乡村转型发展耦合研究进展及展望．地理学报，74（12）：2547-2559.
龙花楼，胡智超，邹健．2010. 英国乡村发展政策演变及启示．地理研究，29（8）：1369-1378.
龙花楼，邹健，李婷婷，等．2012. 乡村转型发展特征评价及地域类型划分——以“苏南-陕北”样带为例．地理研究，31（3）：495-506.
陆大道．2013. 地理学关于城镇化领域的研究内容框架．地理科学，33（8）：897-901.
陆邵明．2021. 基于视觉认知的地域建筑特征语言识别与评价——以怒江地区少数民族住屋为例．新建筑，（1）：110-115.
吕梦婷，王宏卫，杨胜天，等．2019. 生态视角下绿洲乡村聚落空间格局及优化研究：以新疆博乐市为例．生态与农村环境学报，35（11）：1369-1377.
罗罡辉，吴次芳．2003. 城市用地效益的比较研究．经济地理，（3）：367-370，392.
罗小超，宋国敏．2019. 乡村土地利用效益评价与对策探讨．科技资讯，17（35）：225-226.
马广文，王晓斐，王业耀，等．2016. 我国典型村庄农村环境质量监测与评价．中国环境监测，32（1）：23-29.
彭建，蒋依依，李正国，等．2005. 快速城市化地区土地利用效益评价——以南京市江宁区为例．长江流域资源与环境，（3）：304-309.
齐大勇．2019. 基于视频图像数据的环境行为研究方法初探．北京：中国科学院大学．
乔陆印．2019. 乡村振兴村庄类型识别与振兴策略研究——以山西省长子县为例．地理科学进展，38（9）：1340-1348.
乔敏．2021. 面向空间规划的村镇聚落分类制图研究——以北京为例．唐山：华北理工大学．
芮菡艺，朱琳，赵克强，等．2016. 农村环境质量综合评估方法及实证研究．生态与农村环境学报，32（5）：852-856.
陕永杰，孙勤芳，朱琳．2013. 农村生活垃圾处理技术和模式应用进展．山西师范大学学报（自然科学版），27（4）：81-85.
邵云，李斌，赵光明．2010. 农村环境质量评价方法研究．中国农村小康科技，（10）：73-76.
盛姝，黄奇，郑姝雅，等．2021. 在线健康社区中用户画像及主题特征分布下信息需求研究——以医享网结直肠癌圈数据为例．情报学报，40（3）：308-320.
石忆邵．1990. 中国乡村地区功能分类初探——以山东省为例．经济地理，（3）：20-26.
史进，黄志基，贺灿飞，等．2013. 中国城市群土地利用效益综合评价研究．经济地理，33（2）：76-81.
史焱文，李小建，许家伟．2018. 基于 GeoSOS 的乡村工业化地区土地利用变化模拟分析——以河南省长垣县为例．地域研究与开发，37（5）：140-146.
斯丽娟，曹昊煜．2022. 县域经济推动高质量乡村振兴：历史演进、双重逻辑与实现路径．武汉大学学报（哲学社会科学版），75（5）：165-174.
孙道亮，洪步庭，任平．2020. 都江堰市农村居民点时空演变与驱动因素研究．长江流域资源与环境，29（10）：2167-2176.
孙勤芳，赵克强，朱琳，等．2015. 农村环境质量综合评估指标体系研究．生态与农村环境学报，31（1）：39-43.
孙艳伟，王润，郭青海，等．2021. 基于人居尺度的中国城市热岛强度时空变化及其驱动因子解析．环境科学，42（1）：501-512.
覃志豪，Zhang M H，Arnon K，等．2001. 用陆地卫星 TM6 数据演算地表温度的单窗算法．地理学报，56（4）：456-466.
谭博文，宋伟，陈百明，等．2018. 基于空间核密度的新型城镇化实验区农村居民点变化研究——以天津市蓟州区为例．中国农业资源与区划，39（5）：183-192.
唐宁，王成．2018. 重庆县域乡村人居环境综合评价及其空间分异．水土保持研究，25（2）：315-321.
唐倩，李孝坤，钟博星，等．2019. 基于 GIS 的重庆城口县村落空间分布特征及人居环境适宜性评价研究．水土保持研究，26（2）：305-311.

陶婷婷，杨洛君，马浩之，等．2017. 中国农村聚落的空间格局及其宏观影响因子．生态学杂志，36（5）：1357-1363.
田明，张小林．1999. 我国乡村小城镇分类初探．经济地理，（6）：92-96.
田维民，吴振荣．2006. 农村环境保护与建设社会主义新农村．社科纵横，（8）：44-46.
佟香宁，杨钢桥，李美艳．2006. 城市土地利用效益综合评价指标体系与评价方法——以武汉市为例．华中农业大学学报（社会科学版），（4）：53-57.
屠爽爽，蒋振华，龙花楼，等．2023. 广西乡村聚落空间分异与类型划分，经济地理，43（12）：159-168.
万成伟，杨贵庆．2020. 式微的山地乡村——公共服务设施需求意愿特征、问题、趋势与规划响应．城市规划，44（12）：77-86，102.
王成，唐宁．2018. 重庆市乡村三生空间功能耦合协调的时空特征与格局演化．地理研究，37（6）：1100-1114.
王非，党纤纤．2019. 基于“压力-状态-响应”模型的西安市小城镇生态安全评价研究．小城镇建设，37（3）：54-62.
王劲峰，徐成东．2017. 地理探测器：原理与展望．地理学报，72（1）：116-134.
王俊淑，张国明，胡斌．2018. 基于深度学习的推荐算法研究综述．南京师范大学学报（工程技术版），18（4）：33-43.
王磊，来臣军，卢恩平．2016. 城乡一体化进程中乡村土地利用效益评价．中国农业资源与区划，37（2）：186-190.
王莉．2013. 基于 WebGIS 的农业环境动态监测与评价管理信息系统设计与实现．南昌：江西农业大学．
王丽君，路一平．2023. 基于数据挖掘技术的数字图书馆交互服务系统开发研究．信息技术与信息化，（4）：35-38.
王梦梅．2023. 基于 YOLOv5+DeepSORT 的实验室监控视频人流量检测及预警研究．电脑知识与技术，19（29）：23-25.
王庆安．2007. 美国战后新城镇开发建设及其启示．国际城市规划，（1）：63-66.
王晓君，吴敬学，蒋和平．2017. 中国农村生态环境质量动态评价及未来发展趋势预测．自然资源学报，32（5）：864-876.
王雨晴，宋戈．2006. 城市土地利用综合效益评价与案例研究．地理科学，（6）：743-748.
王竹，孙佩文，钱振澜，等．2019. 乡村土地利用的多元主体“利益制衡”机制及实践．规划师，35（11）：11-17，23.
韦青，赵健，王芷，等．2021. 实战低代码．北京：机械工业出版社．
文学敏，高志亮，詹常辉，等．2002. 资源型小城镇生态环境质量评价的指标体系初探．陕西环境，（6）：13-16.
吴纳维，张悦，王月波．2015. 北京绿隔乡村土地利用演变及其保留村庄的评估与管控研究——以崔各庄乡为例．城市规划学刊，（1）：61-67.
吴玉，杨武年，刘恩勤，等．2015. 若尔盖县生态环境状况评价．遥感信息，30（5）：111-115.
肖辰畅，吴文晖，邓荣，等．2012. 农村环境质量监测与综合评价方法研究．农业环境与发展，29（6）：72-76.
谢晖，王兴平，章建豪，等．2007. 基于效益分析的节约型城市规划方法探索——以常州天宁经济开发区规划为例．规划师，（6）：15-20.
谢嘉丽．2019. 基于高分辨率遥感影像的农村建筑物信息提取若干关键技术研究．重庆：西南交通大学．
熊彬宇，李永浮，赵伯川．2021. 乡村振兴背景下村镇土地变化与承载力多情景模拟——以江苏省溧阳市社渚镇为例．上海城市规划，(6)：8-14.
徐光宇，徐明德，王海蓉，等．2015. 基于GIS的农村环境质量综合评价．干旱区资源与环境，29 (07)：39-46.
徐海根，叶亚平．1994. 农村环境质量区划原则及指标体系．农村生态环境，(3)：26-29.
徐涵秋．2013. 城市遥感生态指数的创建及其应用．生态学报，33 (24)：7853-7862.
徐锦华．1993. 中国农村小康标准研究——摘要与思考．柴达木开发研究，(1)：81-83.
徐羽，钟业喜，徐丽婷，等．2018. 江西省农村居民点时空特征及其影响因素研究．生态与农村环境学报，34 (6)：504-511.
杨靖．2017. 农村环境质量监测与评价的现状研究综述及展望．中国资源综合利用，35 (2)：39-42.
杨廉，袁奇峰．2012. 基于村庄集体土地开发的农村城市化模式研究——佛山市南海区为例．城市规划学刊，(6)：34-41.
杨士弘．2003. 评介《环境地理学导论》．地理科学，(2)：255.
杨仲玮．2015. 主成分分析法在农村环境质量评价中的应用．甘肃科学学报，27 (1)：72-75.
于静，周静海，许士翔，等．2014. 绿色生态小城镇可持续发展研究及评价指标体系建立．建设科技，(15)：26-29.
于明洋，张子民，史同广．2011. 基于GIS的中国传统村镇管理系统设计和实施．Agricultural Science & Technology，12 (1)：153-156.
郁天宇．2013. 面向最终用户的领域特定语言的研究．上海：上海交通大学．
袁奇峰，陈世栋．2015. 城乡统筹视角下都市边缘区的农民、农地与村庄．城市规划学刊， (3)：111-118.
岳辉，刘英．2018. 基于Landsat 8 TIRS的地表温度反演算法对比分析．科学技术与工程，18 (20)：200-205.
曾广权，李宏文．1987. 农村生态环境质量指标体系的初步探讨——云南省元谋县生态环境质量评价．生态经济，(2)：14-16.
仉振宇，朱记伟，解建仓，等．2020，西安市土地利用效益与城镇化耦合协调关系．水土保持研究，27 (4)：308-316.
张彬，杨联安，向莹，等．2016. 基于RS和GIS的生态环境质量综合评价与时空变化分析——以湖北省秭归县为例．山东农业大学学报（自然科学版)，47 (1)：64-71.
张晨阳，史北祥．2022. 基于知识图谱技术的村镇公共服务设施网络研究．西部人居环境学刊，37 (4)：26-32.
张冬．2017. 基于城镇化视角的乡村土地利用效益评价及调控机制研究．技术与市场，24 (5)：326-327.
张董敏，齐振宏．2020. 农村生态文明水平评价指标体系构建与实证．统计与决策，36 (1)：36-39.
张海涛，崔阳，王丹，等．2018. 基于概念格的在线健康社区用户画像研究．情报学报，37 (9)：11.
张京祥，葛志兵，罗震东，等．2012. 城乡基本公共服务设施布局均等化研究——以常州市教育设施为例．城市规划，36 (2)：9-15.
张明斗，莫冬燕．2014. 城市土地利用效益与城市化的耦合协调性分析——以东北三省34个地级市为例．资源科学，36 (1)：8-16.
张荣天，张小林，陆建飞，等．2021. 我国乡村转型发展时空分异格局与影响机制分析．人文地理，36 (3)：138-147.
张思源，聂莹，张海燕，等．2020. 基于地理探测器的内蒙古植被NDVI时空变化与驱动力分析．草地学报，28 (5)：1460-1472.
张涛，刘晟呈．2007. 天津市生态小城镇规划指标体系数据库的研究．天津科技，(6)：52-53.

张铁亮，刘凤枝，李玉浸，等．2009. 农村环境质量监测与评价指标体系研究．环境监测管理与技术，21（6）：1-4.

赵浩楠，赵映慧，宁静，等．2021. 基于TOPSIS法的长三角城市群土地利用效益评价．水土保持研究，28（5）：355-361.

赵景柱．1995. 社会—经济—自然复合生态系统持续发展评价指标的理论研究．生态学报，（3）：327-330.

赵梦龙．2021. 基于潜力评估的乡村分类模式研究——以贵州省安顺市为例．城市建筑，18（34）：18-22.

赵明霞，包景岭．2015. 农村生态文明建设的评价指标体系构建研究．环境科学与管理，40（2）：131-135.

赵少华，刘思含，刘芹芹，等．2019. 中国城镇生态环境遥感监测现状及发展趋势．生态环境学报，28（6）：1261-1271.

郑琼洁，潘文轩．2021. 后脱贫时代相对贫困治理机制的构建——基于发展不平衡不充分视角．财经科学，（11）：36-49.

郑渊茂，王业宁，周强，等．2020. 基于景感生态学的生态环境物联网框架构建．生态学报，40（22）：8093-8102.

周彪，周晓猛，杨勇，等．2010. 镇域生态环境风险评价指标体系探究．安全与环境学报，10（2）：112-118.

周书宏，李锋，陈春．2020. 基于“三生空间”的村镇土地利用适宜性评价研究——以重庆市永川区为例．小城镇建设，38（5）：85-91.

周文生，汪延彬，王娅妮．2022. DAS技术在村镇聚落变化监测集成平台中的应用研究．城市与区域规划研究，14（2）：73-92.

周文生．2019. 新型地理计算模式及其在双评价中的应用．北京：测绘出版社．

周文生．2021. 基于DAS的地理设计方法在空间规划中的应用．人类居住，（3）：32-42.

周文生．2023. 地理计算语言及其应用．北京：科学出版社．

周小平，郭一嘉，张辉，等．2021. 城市周边乡村多功能评价及治理策略——以宁波市鄞州区和聊城市茌平区为例．城市发展研究，28（11）：110-117.

朱承章．1994. 试论农村生态环境质量监测与评价．环境监测管理与技术，（1）：18-20.

朱文娟，孙华．2019. 江苏省城市土地利用效益时空演变及驱动力研究．中国土地科学，33（4）：103-112.

朱珠，张琳，叶晓雯，等．2012. 基于TOPSIS方法的土地利用综合效益评价．经济地理，32（10）：139-144.

Bai Y B，Wu S，Ren Y，et al. 2014. A New Approach for Indoor Customer Tracking Based on a Single Wi-Fi Connection. New York：2014 International Conference on Indoor Positioning and Indoor Navigation（IPIN）.

Bengio Y. 2009. Learning deep architectures for AI. Boston：Now Publishers Inc.

Cai J，Li B，Yu W，et al. 2020. Household dampness and their associations with building characteristics and lifestyles：Repeated cross-sectional surveys in 2010 and 2019 in Chongqing China. Building and Environment，183：107172.

Cattivelli V. 2021. Institutional methods for the identification of urban and rural areas—A review for Italy. Smart and Sustainable Planning for Cities and Regions，（1）：187-207.

Chen L C，Barron J T，Papandreou G，et al. 2016. Semantic image segmentation with task-specific edge detection using CNNs and a discriminatively trained domain transform. The Proceedings of the IEEE conference on computer vision and pattern recognition.

Chen T, Feng Z, Zhao H, et al. 2020. Identification of ecosystem service bundles and driving factors in Beijing and its surrounding areas. Science of the Total Environment, 711: 134687.

Cheng G, Han J. 2016. A survey on object detection in optical remote sensing images. ISPRS Journal of Photogrammetry and Remote Sensing, 117: 11-28.

Cheng G, Yang C, Yao X, et al. 2018. When deep learning meets metric learning: Remote sensing image scene classification via learning discriminative CNNs. IEEE Transactions on Geoscience and Remote Sensing, 56 (5): 2811-2821.

Chollet F. 2017. Xception: Deep learning with depthwise separable convolutions. The Proceedings of the IEEE conference on computer vision and pattern recognition.

Cloke P, Edwards G. 2007. Rurality in England and Wales 1981: A replication of the 1971 index. Regional Studies, 20 (4): 289-306.

Cloke P. 1977. An index of rurality for England and Wales. Regional Studies, 11 (1): 31-46.

Dai M, Ward W O C, Meyers G, et al. 2021. Residential building facade segmentation in the urban environment. Building and Environment, 199 (6): 107921.

Diakogiannis F I, Waldner F, Caccetta P, et al. 2020. ResUNet-a: A deep learning framework for semantic segmentation of remotely sensed data. ISPRS Journal of Photogrammetry and Remote Sensing , 162: 94-114.

Dian R, Li S, Guo A, et al. 2018. Deep hyperspectral image sharpening. IEEE Trans Neural Netw Learn Syst , 29 (11): 5345-5355.

Dong B, Wang X. 2016. Comparison deep learning method to traditional methods using for network intrusion detection. Beijing: The 2016 8th IEEE International Conference on Communication Software and Networks (ICCSN) .

Dong C, Loy C C, He K, et al. 2014. Learning a deep convolutional network for image super-resolution. Columbus: The European conference on computer vision.

European commission. 1999. European Spatial Development Perspective. European commission, 22-30.

Fan C, Yan D, Xiao F, et al. 2020. Advanced data analytics for enhancing building performances: From data-driven to big data-driven approaches. Building Simulation, 14 (1): 3-24.

Fan Y, Ding X, Wu J, et al. 2021. High spatial-resolution classification of urban surfaces using a deep learning method. Building and Environment, 200: 107949.

Francois-Michel Le T. 2017. Using small spatial units to refine our perception of rural America. GeoJournal, 83: 803-817.

Gawrys M R, Carswell A T. 2020. Exploring the cost burden of rural rental housing. Journal of Rural Studies, 80: 372-379.

Gkartzios M, Scott M, Gallent N. 2020. Rural Housing. International Encyclopedia of Human Geography: 35-41.

Gong F Y, Zeng Z C, Zhang F L, et al. 2018. Mapping sky tree and building view factors of street canyons in a high-density urban environment. Building and Environment, 134: 155-167.

Gonzalez D, Rueda-Plata D, Acevedo A B, et al. 2020. Automatic detection of building typology using deep learning methods on street level images. Building and Environment, 177: 106805.

Great Britain Department of the Environment. 1999. Planning Policy Guidance. London: H. M. Stationery Office.

Guo R, Liu J, Li N, et al. 2018. Pixel-Wise Classification Method for High Resolution Remote Sensing Imagery Using Deep Neural Networks. ISPRS International Journal of Geo-Information, 7 (3): 110.

Haapio A, Viitaniemi P. 2008. A critical review of building environmental assessment tools. Environmental Impact Assessment Review , 28 (7): 469-482.

Han L, Shi L, Yang F, et al. 2021. Method for the evaluation of residents' perceptions of their community based on landsenses ecology. Journal of Cleaner Production, 281 (7): 124048.

He K, Zhang X, Ren S, et al. 2016. Deep residual learning for image recognition. Las Vegas: The Proceedings of the IEEE conference on computer vision and pattern recognition.

Himeur Y, Ghanem K, Alsalemi A, et al. 2021. Artificial intelligence based anomaly detection of energy consumption in buildings: A review current trends and new perspectives. Applied Energy, DOI: 10. 1016/j. apenergy. 2021. 116601.

Hu C B, Zhang F, Gong F Y, et al. 2020. Classification and mapping of urban canyon geometry using Google Street View images and deep multitask learning. Building and Environment, 167 (1): 1-12.

Hu Q, Zhen L, Mao Y, et al. 2021. Automated building extraction using satellite remote sensing imagery. Automation in Construction, 123 (4): 103509.

Huang J, Zhang X, Xin Q, et al. 2019. Automatic building extraction from high-resolution aerial images and LiDAR data using gated residual refinement network. ISPRS Journal of Photogrammetry and Remote Sensing, 151: 91-105.

Höhle J. 2021. Automated mapping of buildings through classification of DSM-based ortho-images and cartographic enhancement. International Journal of Applied Earth Observation and Geoinformation, DOI: 10. 1016/j. jag. 2020. 102237.

IEEE Computer Society. 2016. IEEE Standard for Information technology—Telecommunications and information exchange between systems Local and metropolitan area networks—Specific requirements - Part 11: Wireless LAN Medium Access Control (MAC) and Physical Layer (PHY) Specifications. In: IEEE Std 802. 11-2016. DOI: 10. 1109/IEEESTD. 2016. 7786995.

Jin X Y, Davis C H. 2005. Automated building extraction from high-resolution satellite imagery in urban areas using structural contextual and spectral information. Eurasip Journal on Applied Signal Processing , (14): 2196-2206.

Jin Y, Yan D, Chong A, et al. 2021. Building occupancy forecasting: A systematical and critical review. Energy and Buildings, 251 (9): 111345.

Jocher G, Stoken A, Borovec J, et al. 2021. ultralytics/yolov5: v5. 0 - YOLOv5- P6 1280 models, AWS, Supervise. ly and YouTubeintegrations. Zenodo [2021-06-02] . https: //zenodo. org/record/4679653. DOI: 10. 5281/zenodo. 4679653.

Johnston C J, Andersen R K, Toftum J, et al. 2019. Effect of formaldehyde on ventilation rate and energy demand in Danish homes: Development of emission models and building performance simulation. Building Simulation , 13 (1): 197-212.

Kamath C N, Bukhari S S, Dengel A. 2018. Comparative study between traditional machine learning and deep learning approaches for text classification. The Proceedings of the ACM Symposium on Document Engineering 2018: 1-11.

Kang J, Körner M, Wang Y, et al. 2018. Building instance classification using street view images. ISPRS Journal of Photogrammetry and Remote Sensing, 145: 44-59.

Kang X, Yan D, An J, et al. 2021. Typical weekly occupancy profiles in non-residential buildings based on mobile positioning data. Energy and Buildings, 250 (2): 111264.

Kong L, Liu Z, Wu J. 2020. A systematic review of big data-based urban sustainability research: State-of-thescience and future directions. Journal of Cleaner Production, DOI: 10. 1016/j. jclepro. 2020. 123142.

Leaman A, Stevenson F, Bordass B. 2010. Building evaluation: practice and principles. Building Research & Information , 38 (5): 564-577.

LeCun Y, Bengio Y, Hinton G. 2015. Deep learning. Nature, 521 (7553): 436-444.

Li E, Femiani J, Xu S, et al. 2015. Robust Rooftop Extraction From Visible Band Images Using Higher Order CRF. IEEE Transactions on Geoscience and Remote Sensing, 53 (8): 4483-4495.

Li Y, Huang X, Liu H. 2017. Unsupervised deep feature learning for urban village detection from high-resolution remote sensing images. Photogrammetric Engineering & Remote Sensing , 83 (8): 567-579.

Lin T Y, Goyal P, Girshick R, et al. 2017. Focal loss for dense object detection. Venice: The Proceedings of the IEEE international conference on computer vision.

Lin Y M, Huang W X. 2017. Behavior analysis and individual labeling using data from Wi-Fi IPS. In: ACADIA. Disciplines & Disruption- Proceedings of the 37th Annual Conference of the Association for Computer Aided Design in Architecture (ACADIA) . ME: Acadia Publishing Company.

Lin Y M, Huang W X. 2018. Social Behavior analysis in innovation incubator based on Wi-Fi data-A case study on Yan Jing Lane Community. In: Fukuda T, Huang W, Janssen P, et al. Learning, Adapting and Prototyping-Proceedings of the 23rd CAADRIA Conference. Beijing: Tsinghua University.

Liu J, Li T, Xie P, et al. 2020. Urban big data fusion based on deep learning: An overview. Information Fusion, 53: 123-133.

Liu Y, Chen X, Wang Z, et al. 2018a. Deep learning for pixel-level image fusion: Recent advances and future prospects. Information Fusion, 42: 158-173.

Liu Y, Fan B, Wang L, et al. 2018b. Semantic labeling in very high resolution images via a self-cascaded convolutional neural network. ISPRS Journal of Photogrammetry and Remote Sensing, 145: 78-95.

Liu Y, Li Y. 2017, Revitalize the world's countryside. Nature, 548 (7667): 275-277.

Liu Y. 2018. Introduction to land use and rural sustainability in China. Land Use Policy, 74: 1-4.

Long H, Liu Y, Li X, et al. 2010, Building new countryside in China: A geographical perspective. LandUse Policy, 27 (2): 457-470.

Lu X, Feng F, Pang Z, et al. 2020. Extracting typical occupancy schedules from social media (TOSSM) and its integration with building energy modeling. Building Simulation, 14 (1): 25-41.

Lu Z, Im J, Rhee J, et al. 2014. Building type classification using spatial and landscape attributes derived from LiDAR remote sensing data. Landscape and Urban Planning, 130: 134-148.

Lu Z, Wang T, Guo J, et al. 2021. Data-driven floor plan understanding in rural residential buildings via deep recognition. Information Sciences, 567: 58-74.

Lyu P, Yu M, Hu Y. 2020. Contradictions in and improvements to urban and rural residents' housing rights in China's urbanization process. Habitat International, DOI: 10. 1016/j. habitatint. 2019. 102101.

Ma L, Liu Y, Zhang X, et al. 2019. Deep learning in remote sensing applications: A meta-analysis and review. ISPRS Journal of Photogrammetry and Remote Sensing, 152: 166-177.

Mangalathu S, Burton H V. 2019. Deep learning- based classification of earthquake- impacted buildings using textual damage descriptions. International Journal of Disaster Risk Reduction, DOI: 10. 1016/ j. ijdrr. 2019. 101111.

Marcos D, Volpi M, Kellenberger B, et al. 2018. Land cover mapping at very high resolution with rotation equivariant CNNs: Towards small yet accurate models. ISPRS Journal of Photogrammetry and Remote Sensing, 145: 96-107.

Na H, Choi H, Kim T. 2020. Metabolic rate estimation method using image deep learning. Building Simulation.

Na R, Shen Z. 2020. Assessing cooling energy reduction potentials by retrofitting traditional cavity walls into passively ventilated cavity walls. Building Simulation, 14 (4): 1295-1309.

Nadai M D, Staiano J, Larcher R, et al. 2016. The death and life of great italian cities: A mobile phone data perspective. In: International World Wide Web Conferences Steering Committee. International Conference on World Wide Web. Switzerland: Republic and Canton of Geneva.

Porikli F, Shan S, Snoek C, et al. 2018. Deep learning for visual understanding: Part 2. IEEE Signal Processing Magazine, 35 (1): 17-19.

Preiser W F, Nasar J L. 2008. Assessing building performance: Its evolution from post-occupancy evaluation. International Journal of Architectural Research, 2 (1): 84-99.

Romano S , Cozzi M , Viccaro M , et al. 2013. The green economy for sustainable development: a spatial multicriteria analysis- ordered weighted averaging approach in the siting process for short rotation forestry in the Basilicata Region, Italy. Italian Journal of Agronomy, 8 (3): 158-167.

Romanoa S, Cozzi M, Viccaro M, et al. 2016. A geostatistical multicriteria approach to rural area classification: from the European perspective to the local implementation. Agriculture and Agricultural Science Procedia, 8: 499-508.

Rueda-Plata D, Gonzάlez D, Acevedo A B, et al. 2021. Use of deep learning models in street-level images to classify one- story unreinforced masonry buildings based on roof diaphragms. Building and Environment , 189: .

Shao J, Qiu Q, Qian Y, et al. 2020. Optimal visual perception in land- use planning and design based on landsenses ecology. International Journal of Sustainable Development and World Ecology, 27 (3): 233-239.

Shaoming L. 2021. Regional architectural language recognition and evaluation based on visual perception: the case of minority housing in Nujiang area. New Architecture, (1): 110-115.

Shen W, Zheng Z C, Qin Y C, et al. 2020. Spatiotemporal characteristics and driving force of ecosystem health in an important ecological function region in China. International Journal of Environmental Research and Public Health, 17 (14): 5075.

Sun Y, Wang X, Tang X. 2014. Deep Learning Face Representation from Predicting 10000 Classes. Long Beach: The Proceedings of the IEEE conference on computer vision and pattern recognition.

Tan M, Le Q. 2019. Efficientnet: Rethinking Model Scaling for Convolutional Neural Networks. The International Conference on Machine Learning, DOI: 10. 1016/j. autcon. 2019. 103017.

Tang L, Wang L, Li Q, et al. 2018. A framework designation for the assessment of urban ecological risks. International Journal of Sustainable Development and World Ecology, 25 (5): 387-395.

Tian W, Zhu C, Sun Y, et al. 2020. Energy characteristics of urban buildings: Assessment by machine learning. Building Simulation, 14 (1): 179-193.

Venetianer P L, Werblin F, Roska T, et al. 1995. Analogic CNN algorithms for some image compression and restoration tasks. IEEE Transactions on Circuits and Systems I: Fundamental Theory and Applications, 42 (5): 278-284.

von Wright G H. 1971. Explanation and Understanding. New York: Cornell University Press.

Wandl A, Nadin V, Zonneveld W, et al. 2014. Beyond urban-rural classifications: characterizing and mapping territories in-between across Europe. Landscape Urban Planning, 130: 50-63.

Wang C, Yan D, Jiang Y. 2011. A novel approach for building occupancy simulation. Building Simulation, 4 (2): 149-167.

Wang X, Zhao Y, Pourpanah F. 2020. Recent advances in deep learning. International Journal of Machine Learning and Cybernetics, 11 (4): 747-750.

Watts A C, Ambrosia V G, Hinkley E A. 2012. Unmanned aircraft systems in remote sensing and scientific research: Classification and considerations of use. Remote Sensing, 4 (6): 1671-1692.

Xie J. 2019. Research on Key Technologies of Rural Building Information Extraction Based on High Resolution Remote Sensing Images. Chongqing: Southwest Jiaotong University.

Xu M, Luo T, Wang Z. 2020. Urbanizationdiverges residents′ landscape preferences but towards a more natural landscape: case to complement landsenses ecology from the lens of landscape perception. International Journal of Sustainable Development and World Ecology, 27 (3): 250-260.

Xu X, Li J, Huang X, et al. 2016. Multiple morphological component analysis based decomposition for remote sensing image classification. IEEE Transactions on Geoscience and Remote Sensing, 54 (5): 3083-3102.

Yan X, Ai T, Yang M, et al. 2019. A graph convolutional neural network for classification of building patterns using spatial vector data. ISPRS Journal of Photogrammetry and Remote Sensing, 150: 259-273.

Yang L J, Huang W X. 2019. Multi- scale Analysis of residential behaviour based on UWB indoor positioning system: A case study of retired household in Beijing, China. Journal of Asian Architecture and Building Engineering, 18 (5): 494-506.

Yin L, Wang Z. 2016. Measuring visual enclosure for street walkability: Using machine learning algorithms and Google Street View imagery. Applied Geography, 76: 147-153.

Yong C. 2020. Research on Method and Application of Urban Built- up Area Information Extraction Based on Spectral Index. Chongqing: Chongqing University of Posts and Telecommunications.

Yu D, Ji S, Liu J, et al. 2021. Automatic 3D building reconstruction from multi- view aerial images with deep learning. ISPRS Journal of Photogrammetry and Remote Sensing, 171: 155-170.

Yuan L, Guo J, Wang Q. 2020. Automatic classification of common building materials from 3D terrestrial laser scan data. Automation in Construction, 110: DOI: 10. 1016/j. autcon. 2019. 103017.

Yuan Q, Wei Y, Meng X, et al. 2018. A Multiscale and Multidepth Convolutional Neural Network for Remote Sensing Imagery Pan-Sharpening. IEEE Journal of Selected Topics in Applied Earth Observations and Remote Sensing, 11 (3): 978-989.

Zampieri A, Charpiat G, Girard N, et al. 2018. Multimodal Image Alignment Through a Multiscale Chain of Neural Networks with Application to Remote Sensing. The 15th European Conference Computer Vision Munich.

Zeng Y, Pathak P H, Mohapatra P. 2015. Analyzing shopper's behavior through WiFi signals. In: Proceedings of the 2nd workshop on Workshop on Physical Analytics. New York: ACM.

Zhan S, Chong A, Lasternas B. 2020. Automated recognition and mapping of building management system (BMS) data points for building energy modeling (BEM) . Building Simulation, 14 (1): 43-52.

Zhang F, Fan Z, Kang Y, et al. 2021. "Perception bias": Deciphering a mismatch between urban crime and perception of safety. Landscape and Urban Planning, 207 (1): DOI: 10. 1016/j. landurbplan. 2020. 104003.

Zhang X, Gao P, Liu S, et al. 2020a. Accurate and efficient image super- resolution via global- local adjusting dense network. IEEE Transactions on Multimedia, (23): 1924-1937.

Zhang X, Gao P, Zhao K, et al. 2020b. Image restoration via deep memory- based latent attention network. IEEE Access, 8: 104728-104739.

Zhang Y, Wang C, Wang X, et al. 2020c. FairMOT: On the Fairness of Detection and Re- Identification in Multiple Object Tracking. International Journal of Computer Vision, (11), DOI: 10. 1007/S11263- 021-01513-4.

Zhao J Z, Liu X, Dong R C, et al. 2016. Landsenses ecology and ecological planning toward sustainable development. International Journal of Sustainable Development & World Ecology, 23 (4): 293-297.

Zhao R, Zhan L, Yao M, et al. 2020. A geographically weighted regression model augmented by Geodetector analysis and principal component analysis for the spatial distribution of $PM_{2.5}$. Sustainable Cities and Society, 56: 102106.

Zhong B, Xing X, Love P, et al. 2019. Convolutional neural network: Deep learning-based classification of building quality problems. Advanced Engineering Informatics, 40: 46-57.

Zhou W S. 2020. A new geocomputation pattern and its application in dual-evaluation. Berlin: Springer Nature.

Zhou X, Tian S, An J, et al. 2021. Comparison of different machine learning algorithms for predicting air-conditioning operating behavior in open-plan offices. Energy and Buildings, 251: DOI: 10.1016/j.enbuild.2021.111347.